As Coisas Que Amamos

As Coisas Que Amamos

Como Nossas Paixões Nos Conectam *e* Nos Transformam em Quem Somos

A A R O N   A H U V I A
Desenvolvedor do Conceito *Amor às Marcas*

ALTA BOOKS
GRUPO EDITORIAL
Rio de Janeiro, 2023

As Coisas que Amamos

Copyright © 2023 da Starlin Alta Editora e Consultoria Ltda.
ISBN: 978-85-508-1907-5

Translated from original The Things We Love. Copyright © 2022 by Aaron Ahuvia. ISBN 978-03-1649-822-7. This translation is published and sold by permission of Hachette Book Group, the owner of all rights to publish and sell the same. PORTUGUESE language edition published by Starlin Alta Editora e Consultoria Ltda, Copyright © 2023 by Starlin Alta Editora e Consultoria Ltda.

Impresso no Brasil — 1ª Edição, 2023 — Edição revisada conforme o Acordo Ortográfico da Língua Portuguesa de 2009.

Todos os direitos estão reservados e protegidos por Lei. Nenhuma parte deste livro, sem autorização prévia por escrito da editora, poderá ser reproduzida ou transmitida. A violação dos Direitos Autorais é crime estabelecido na Lei nº 9.610/98 e com punição de acordo com o artigo 184 do Código Penal.

A editora não se responsabiliza pelo conteúdo da obra, formulada exclusivamente pelo(s) autor(es).

Marcas Registradas: Todos os termos mencionados e reconhecidos como Marca Registrada e/ou Comercial são de responsabilidade de seus proprietários. A editora informa não estar associada a nenhum produto e/ou fornecedor apresentado no livro.

Erratas e arquivos de apoio: No site da editora relatamos, com a devida correção, qualquer erro encontrado em nossos livros, bem como disponibilizamos arquivos de apoio se aplicáveis à obra em questão.

Acesse o site **www.altabooks.com.br** e procure pelo título do livro desejado para ter acesso às erratas, aos arquivos de apoio e/ou a outros conteúdos aplicáveis à obra.

Suporte Técnico: A obra é comercializada na forma em que está, sem direito a suporte técnico ou orientação pessoal/exclusiva ao leitor.

A editora não se responsabiliza pela manutenção, atualização e idioma dos sites referidos pelos autores nesta obra.

Produção Editorial
Grupo Editorial Alta Books

Diretor Editorial
Anderson Vieira
anderson.vieira@altabooks.com.br

Editor
José Ruggeri
j.ruggeri@altabooks.com.br

Gerência Comercial
Claudio Lima
claudio@altabooks.com.br

Gerência Marketing
Andréa Guatiello
andrea@altabooks.com.br

Coordenação Comercial
Thiago Biaggi

Coordenação de Eventos
Viviane Paiva
comercial@altabooks.com.br

Coordenação ADM/Finc.
Solange Souza

Coordenação Logística
Waldir Rodrigues

Gestão de Pessoas
Jairo Araújo

Direitos Autorais
Raquel Porto
rights@altabooks.com.br

Produtor da Obra
Thales Silva

Produtores Editoriais
Illysabelle Trajano
Maria de Lourdes Borges
Paulo Gomes
Thiê Alves

Equipe Comercial
Adenir Gomes
Ana Claudia Lima
Andrea Riccelli
Daiana Costa
Everson Sete
Kaique Luiz
Luana Santos
Maira Conceição
Nathasha Sales
Pablo Frazão

Equipe Editorial
Ana Clara Tambasco
Andreza Moraes
Beatriz de Assis
Beatriz Frohe
Betânia Santos
Brenda Rodrigues

Caroline David
Erick Brandão
Elton Manhães
Gabriela Paiva
Gabriela Nataly
Henrique Waldez
Isabella Gibara
Karolayne Alves
Kelry Oliveira
Lorrahn Candido
Luana Maura
Marcelli Ferreira
Mariana Portugal
Marlon Souza
Matheus Mello
Milena Soares
Patricia Silvestre
Viviane Corrêa
Yasmin Sayonara

Marketing Editorial
Amanda Mucci
Ana Paula Ferreira
Beatriz Martins
Ellen Nascimento
Livia Carvalho
Guilherme Nunes
Thiago Brito

Atuaram na edição desta obra:

Tradução
Bianca Albuquerque

Copidesque
Isabella Veras

Revisão Gramatical
Bernardo Kallina
Denise Himpel

Diagramação
Joyce Matos

Capa
Maria Cristina Lima

Editora afiliada à: ASSOCIADO

Rua Viúva Cláudio, 291 – Bairro Industrial do Jacaré
CEP: 20.970-031 – Rio de Janeiro (RJ)
Tels.: (21) 3278-8069 / 3278-8419
www.altabooks.com.br — altabooks@altabooks.com.br
Ouvidoria: ouvidoria@altabooks.com.br

Para Ruth, Syd, Hannah, Aura, Isaac e Jonah, que me ensinaram o que eu realmente precisava saber sobre o amor

Agradecimentos

Devo começar agradecendo imensamente à minha esposa, Aura, que me apoiou de todas as maneiras possíveis durante o longo processo de escrita deste livro. Ela não apenas me incentivou e me possibilitou o tempo necessário para realizar este trabalho, mas também foi minha parceira de conversa e editou cuidadosamente o conteúdo deste trabalho. Também sou grato aos meus filhos, Isaac e Jonah, que, no início deste projeto, me mostraram um pouco do mundo tal como visto pelos seus olhos de criança. Quando concluí este trabalho, os dois já estavam opinando sobre o seu conteúdo.

Sou profundamente grato às diversas pessoas que teceram comentários atenciosos sobre as versões anteriores deste projeto, incluindo John Abramyan, Mara Adelman, Jeff e Rena Basch, Hannah Bernard, Ruth Bernard, Corry Buckwalter, Paula Caproni, Christine Chastain, Darren Dahl, Robert Diener, Scott Foster, Ben e Shari Fox, Leah e Ron Gilbert, Beth Greenapple, Dan Haybron, David Isaacson, Mark Jannot, Nomi e Cory Joyrich, Ann Manikas, Rebekah Modrak, Janice Molloy, Alan e Margaret Ness, Ruth Ness, David Rosenfeld, Matt Roth, Jill Sundie, Neil Thin, Jean Timsit, Jeremy Wood e Larry J. Young.

Também gostaria de agradecer aos meus colaboradores na pesquisa que serviu de base para este livro, incluindo Mara Adelman, Rick Bagozzi, Rajeev Batra, Philipp Rauschnabel, Aric Rindfleisch e Nancy Wong. Em nossos projetos de pesquisa conjuntos, é impossível saber onde as ideias de uma pessoa começam e onde as de outra terminam. Tenho certeza de que muitas das ideias que estão neste livro vieram de meus colaboradores, e sou grato a eles por essas contribuições.

Tive uma surpresa agradável com as contribuições da minha maravilhosa editora, Tracy Behar, que estava sempre certa em seus conselhos — mesmo nas raras ocasiões em que eu não os segui. Também fiquei impressionado com a habilidade, a dedicação e a sensibilidade da editora Barbara Clark e de toda a equipe da Little, Brown Spark: Ian Straus, Pat Jalbert-Levine, Jessica Chun e Juliana Horbachevsky.

Devo uma menção honrosa ao meu extraordinário agente, Esmond Harmsworth. Ele mostrou um imenso amor por este projeto ao incentivá-lo por mais de uma década, um período muito mais longo do que seus genes teriam considerado evolutivamente favorável, dados os retornos esperados. Por meio do vai e vem de sete (!) versões diferentes da proposta do livro, o manuscrito passou de uma miscelânea de dados e anedotas a uma teoria (que espero que seja) abrangente e coerente que explica como e por que as pessoas amam as coisas. Ao longo desse processo, ele continuou a me dar feedbacks detalhados sobre o conteúdo e a escrita, sem os quais o projeto jamais teria se concretizado.

Sobre o Autor

Aaron Ahuvia tem PhD em marketing e é o especialista mais publicado e citado do mundo na área de amor não interpessoal, incluindo aí o amor à marca. Ele também é uma das principais autoridades na questão da influência do dinheiro e do materialismo na felicidade. Em um estudo independente realizado na Universidade de Stanford em nível mundial, abrangendo todas as áreas do conhecimento, o Dr. Ahuvia ficou em 22º lugar pelo impacto de sua pesquisa sobre comportamento do consumidor e ficou entre os melhores cientistas do mundo, ocupando a marca dos 2% melhor classificados. Ele estudou filosofia na Universidade de Michigan antes de obter o doutorado em marketing pela Faculdade de Administração Kellogg, da Universidade Northwestern. Então, tornou-se professor da Faculdade de Negócios Ross, da Universidade de Michigan, e atualmente é professor de Marketing, dotado de uma bolsa Richard E. Czarnecki, da Faculdade de Negócios da Universidade de Michigan–Dearborn. Ele também faz parte da equipe de professores da Faculdade de Arte e Design da Penny W. Stamps, da Universidade de Michigan.

O Dr. Ahuvia tem mais de cem publicações acadêmicas e apresentações vinculadas ao seu nome. Além de pesquisar e lecionar, ele presta consultoria para governos, organizações sem fins lucrativos e corporações em países como China, Dinamarca, Omã, Finlândia, Polônia, Marrocos, França, Paquistão, Alemanha, Índia, Israel, Itália, Jordânia, Cazaquistão, Portugal, Ruanda, Singapura, Eslováquia, Suíça, Holanda e Iêmen. Ele já apresentou pesquisas ou prestou consultoria para empresas como Google, L'Oréal S.A., Samsung, Maybelline New York, Procter & Gamble, Audi, General Motors, Microsoft, Ford, Chrysler, Grow for Knowledge e Herman Miller, entre outras.

Sumário

	Introdução	*1*
CAPÍTULO 1	Uma Coisa de Grande Esplendor	5
CAPÍTULO 2	Pessoas Honorárias	43
CAPÍTULO 3	O Que Significa Ter um Relacionamento com uma Coisa?	69
CAPÍTULO 4	Conectores de Pessoas	93
CAPÍTULO 5	Você se Torna Aquilo que Ama	115
CAPÍTULO 6	Encontrando-nos nas Coisas que Amamos	143
CAPÍTULO 7	Satisfação e Fluidez	169
CAPÍTULO 8	O Que as Coisas que Amamos Dizem Sobre Nós	207
CAPÍTULO 9	Por Causa da Evolução	245
CAPÍTULO 10	O Futuro das Coisas Que Amamos	279
	Bibliografia Selecionada	*297*
	Notas	*299*
	Índice	*319*

Introdução

EM 1988, EU HAVIA INICIADO, RECENTEMENTE, MEU PROGRAMA DE doutorado em marketing na Faculdade de Administração Kellogg, da Universidade Northwestern, e tive a sorte de fazer um curso com a lenda do marketing, Philip Kotler. (Ele é tão conhecido que, uma vez, quando eu estava dando uma palestra no Cazaquistão, uma plateia surpreendente de 300 pessoas apareceu — não porque queriam me ouvir, mas porque queriam assistir a uma palestra de um tal "aluno do famoso Philip Kotler"!) O professor Kotler explicou que o marketing é para todos, e não somente para empresas. Tanto organizações sem fins lucrativos como políticos precisam do marketing; e até mesmo pessoas solteiras em busca de um romance precisam vender a sua imagem.

Na época, eu tinha vinte e poucos anos e era solteiro. Portanto, embora o marketing fosse interessante, namorar era muito mais. Estávamos no final dos anos 1980, e os chats de paquera estavam começando a se popularizar. O professor Kotler concordou que eu poderia escrever um trabalho de conclusão de curso sobre as semelhanças entre o marketing e o namoro. Ele me falou de uma professora pesquisadora na área de Comunicação, Mara Adelman, que compartilhava o meu interesse. Juntos, eu e ela publicamos uma série de artigos sobre a influência dos chats de paquera sobre os relacionamentos amorosos. Esses artigos atraíram tanta atenção da mídia que acabei sendo convidado para ir ao *programa da Oprah Winfrey*.

Foi muito divertido, mas, quando chegou a hora de escolher um tema para a minha tese de doutorado, eu sabia que precisava escrever sobre algo que me ajudasse a ser contratado como professor em uma boa escola de negócios. Estudar chats de paquera podia até ter me levado ao programa da *Oprah*, mas não me ajudaria a conseguir um emprego. No entanto, eu já havia investido anos de trabalho para me tornar um especialista na psicologia do amor. Fiquei pensando se não havia um jeito de aproveitar todo esse conhecimento.

Então, tive uma ideia. As pessoas falam o tempo todo sobre amar coisas. Será que podemos interpretar isso literalmente, ou seria esta apenas mais uma metáfora exagerada? E se elas realmente amarem coisas, o que as pesquisas sobre o amor interpessoal têm a dizer sobre isso? Não fui nem de longe a primeira pessoa a notar que todos têm essas paixões. Mas, para a minha sorte, fui o primeiro a coletar dados científicos específicos sobre esse tipo de amor que, nos círculos de marketing, passou a ser chamado de "amor à marca". Por mais de trinta anos, foi este o meu interesse profissional.

Embora eu seja professor de Marketing, minha pesquisa sempre foi baseada nas áreas da Psicologia, Filosofia e Sociologia. Em meu programa de doutorado, havia um ditado: "Nós estudamos os consumidores do jeito que os biólogos marinhos estudam os peixes, não do jeito que os pescadores o fazem." Seguindo essa linha de pensamento, este livro foi escrito para qualquer pessoa que tenha curiosidade sobre a definição e o funcionamento do amor. Aqui, você encontrará uma investigação científica sobre a psicologia de amar coisas, não um manual de marketing. Dito isso, acho maravilhoso quando empresas, artistas e organizações sem fins lucrativos focam em produzir coisas que as pessoas realmente amam. Os insights deste livro serão úteis para qualquer pessoa comprometida com uma missão afim a essa.

Mesmo que o título do livro seja *As Coisas que Amamos*, na verdade, ele não trata das coisas, propriamente; mas, sim, de pessoas, porque, por incrível que pareça, nossas paixões estão profundamente relacionadas à construção de nossas identidades e às nossas conexões com pessoas queridas. Neste livro, você verá como utilizamos as coisas como ferramentas para nos ajudar a descobrir quem somos, quem queremos ser e a encontrar a melhor versão de nós mesmos. Também utilizamos as coisas para sustentar nossos relacionamentos mais próximos e para manter nossa reputação diante das diversas pessoas que não nos são íntimas, mas que ainda assim nos são importantes.

Neste livro, você encontrará respostas com embasamento científico para perguntas comuns, por exemplo: Como comparar o nosso amor por coisas ao nosso amor pelas pessoas? Por que amamos certas coisas, e não outras? Por que nem todos amam as mesmas coisas que nós? Por que as coisas desempenham um papel tão importante em nossas vidas? Qual é a diferença entre amar e admirar algo? Amar coisas diminui nossa capacidade de amar as pessoas?

Em relação à terminologia, aplico a palavra *coisas* de maneira bastante ampla, podendo significar "tudo aquilo que não é uma pessoa". Portanto, o termo *coisas* pode denotar não apenas objetos, mas também atividades, como fazer o que quiser ou chamar alguém para sair. Falar sobre o amor por objetos e atividades é eficiente porque, na prática, é difícil separar essas duas coisas — por exemplo, o seu amor pelo seu smartphone está ligado a tudo aquilo que você faz com ele.

O termo *coisas* também indica animais; por isso, rogo desde já o perdão dos meus colegas apaixonados por animais. Eu os chamo assim simplesmente porque quero discutir nosso amor por eles neste livro, e ficaria muito prolixo se escrevesse "as coisas e os animais que amamos" o tempo todo.

Gostaria de esclarecer mais uma expressão: "objeto de amor" é um termo psicológico que, em princípio, significa "algo que alguém ame"; na Psicologia, entretanto, geralmente se refere a uma pessoa (por exemplo: "A mãe é o primeiro objeto de amor do bebê"). Este pode muito bem ser o primeiro livro em que a expressão "objeto de amor" se refere principalmente a coisas, e não a pessoas.

Independentemente de você ter um hobby específico — ser um amante da natureza, um comerciante, um designer, um empresário, um fã de esportes, um amante da música, ou ser apaixonado por qualquer outra coisa —, espero que encontre neste livro algum insight, seja pessoal ou relacionado a outras pessoas de sua vida, e que ele o ajude a levar uma vida mais abundante.

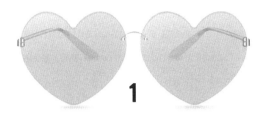

1

Uma Coisa de Grande Esplendor

É bom amar muitas coisas, pois isso requer força; quem muito ama, muito faz e muito alcança; e o que é feito com amor é bem-feito.

— Vincent Van Gogh

Existem diversos livros que tratam da psicologia do amor, mas este aqui é diferente. Este livro trata do nosso amor por coisas, incluindo aquelas que nos são indispensáveis, mas também as que amamos fazer e que, de algum jeito, conseguimos escolher em meio a uma variedade impressionante de opções. Por exemplo, em uma ida casual ao Walmart, que contém mais de 140 mil itens à venda, pode ser que vejamos mais produtos no período de 1 hora do que a maioria de nossos ancestrais teria visto em muitas vidas. E isso ainda é pouco perto da Amazon, que vende mais de 200 milhões de coisas diferentes. Junto a essa enorme lista de mercadorias disponíveis para escolha, também há coisas que amamos mas que não estão à venda, como nosso país e aquelas coisas que nós mesmos produzimos.

Também há uma lista impressionante de atividades possíveis, que vai desde aquelas já legitimadas, como ler, ouvir música e cuidar do jardim, até outras surpreendentemente populares, como fazer "penteados" em cães para que se pareçam com ursos panda, roupas com fita adesiva, *noodling* (pescar com as próprias mãos) e participar de uma competição de mugidos. Em meio a essa enorme variedade de objetos e atividades, nós amamos alguns bastante específicos.

Em 2021, foram gastos US$755 bilhões[1] para convencer as pessoas de que elas deveriam se preocupar com os bens de consumo. Parte do motivo para os anunciantes precisarem investir tanto foi a tentativa de mudar o relacionamento padrão dos consumidores com os produtos — que normalmente é o de um interesse moderado ou de talvez certa curiosidade, não caracterizando nenhuma paixão ou grande preocupação. Portanto, conforme veremos, quando as pessoas amam coisas, é porque há algo bastante incomum acontecendo.

O que as pessoas tendem a amar, geralmente? Após passar mais de trinta anos perguntando por aí, notei que algumas respostas são recorrentes. Amar a natureza ou atividades que envolvem a natureza (como fazer trilhas) é a atividade número um da lista. O amor pela natureza é algo que quase todos temos em comum, independentemente de nossas visões de mundo e opiniões: mesmo os caçadores de direita e os mochileiros de esquerda podem concordar nesse aspecto. E a natureza, metaforicamente, também nos ama: há uma série de estudos científicos provando que estar em meio à natureza, ou mesmo o simples ato de olhar para um vaso de plantas, nos traz felicidade.[2] Amar Deus e animais de estimação não é tão comum como amar a natureza, principalmente porque nem todos acreditam em Deus ou têm um animal de estimação (embora boa parte das pessoas que não tem animais de estimação também os ame). Nosso amor por Deus e pelos animais de estimação é uma espécie de meio-termo entre amar pessoas e amar coisas — um tópico que retomarei mais adiante. Outras coisas geralmente amadas são os esportes e as artes, bem como o lar, o carro, o celular e as roupas que se possui.

Essas coisas que normalmente amamos, no entanto, contam apenas parte da história. Existe a noção romântica de que, para cada pessoa na Terra, há um parceiro amoroso ideal. Da mesma forma, quando se trata de coisas, sempre acabo me surpreendendo, porque há gosto para quase tudo. Os colecionadores amam coisas de todo o tipo — algemas, assentos de vasos sanitários trabalhados por algum artista famoso, pedaços de asfalto, adesivos de charuto, itens funerários, ferramentas dentárias, latas de preservativos, papéis para assento sanitário e sacos de enjoo. Entre esses colecionadores, está o ator ganhador do Oscar, Tom Hanks, que tem o hábito de sair à procura de máquinas de escrever vintage quando não está no set de filmagem. Além de colecionar, as pessoas têm muitos outros passatempos amados e incomuns. Em seu tempo livre, o cofundador da Apple, Steve Wozniak, joga polo Segway, enquanto o cofundador da Google, Sergey Brin, gosta de extravasar pulando de um trapézio. Às vezes, nossas paixões podem ser surpreendentes por parecerem tão mundanas. Você sabia, por exemplo, que Winston Churchill também era um pedreiro talentoso? Ele teria passado dois anos reconstruindo e expandindo, com as próprias mãos, a casa que pertencera a seus antepassados — um projeto que lhe rendeu um cartão de aprendiz do *Amalgamated Union of Building Trade Workers*. Outra curiosidade é a da madeira norueguesa. Em 2013, a televisão norueguesa exibiu um programa de 12 horas chamado *National Firewood Night*, em que apresentava aficionados pela luz do fogo discutindo técnicas de corte e empilhamento de lenha, e depois mais 8 horas de imagens ao vivo de um incêndio — quase 20% dos noruegueses acompanharam o programa na íntegra.

QUIZ DO AMOR PELAS COISAS

E *você*, o que ama? Para descobrir se ama alguma coisa, faça o quiz do Amor pelas coisas. Ele foi desenvolvido minuciosamente, ao longo de muitos anos, por mim e dois de meus colaboradores frequentes, Rajeev Batra e Rick Bagozzi, ambos do departamento de marketing da Faculdade de Negócios Ross, da Universidade de Michigan. Foi publicado nas principais revistas científicas que contam com revisão por pares.[3]

Para começar, escolha um objeto ou uma atividade que você ame; qualquer coisa que não seja uma pessoa. Leia as treze afirmações a seguir com isso em mente e escolha um número para indicar se você concorda ou discorda, muito ou pouco, de cada afirmação: 1 significa "discordo totalmente" e 5 significa "concordo totalmente". Ao final, some sua pontuação.

QUIZ DO AMOR PELAS COISAS

		DISCORDO TOTALMENTE				CONCORDO TOTALMENTE
1.	Em geral, meus sentimentos e avaliações em relação a isso são muito positivos.	1	2	3	4	5
2.	Sinto que é algo que desejo.	1	2	3	4	5
3.	Estou disposto a investir muito tempo, energia ou dinheiro nisso.	1	2	3	4	5
4.	Já estive envolvido com isso no passado.	1	2	3	4	5
5.	Tenho a sensação de que isso foi feito para mim.	1	2	3	4	5
6.	Considero agradável.	1	2	3	4	5
7.	Sinto uma conexão emocional com isso.	1	2	3	4	5
8.	Meu envolvimento com isso revela algo verdadeiro e profundo sobre mim.	1	2	3	4	5
9.	Isso me ajuda a ser quem eu quero ser.	1	2	3	4	5
10.	Isso faz com que minha vida tenha mais significado.	1	2	3	4	5
11.	Eu me pego pensando nisso com frequência.	1	2	3	4	5
12.	Isso fará parte da minha vida por muito tempo.	1	2	3	4	5
13.	Se isso deixasse de existir, eu teria uma enorme sensação de perda.	1	2	3	4	5

COLOQUE AQUI SUA PONTUAÇÃO TOTAL:

Guia de Pontuação

Não existe uma regra exata para demarcar a diferença entre as coisas que amamos e as que não amamos. Por isso, criei pontos de corte aproximados no "termômetro do amor" (ver próxima página) para lhe dar uma ideia do que sua pontuação significa.

Uma pontuação de 60 ou mais indica amor verdadeiro; entre 50 e 59 atesta que talvez seja amor — uma zona cinzenta entre amor e não amor. Já uma pontuação de 49 ou menos significa que não se trata de amor.

Guia de pontuação do termômetro do amor

UM AMOR VERDADEIRO, MAS DIFERENTE

Para a maioria das pessoas, parece óbvio que possamos amar coisas; mas há quem discorde. Por exemplo, em 1988, Terence Shimp e Thomas Madden,[4] pioneiros no estudo desse tema, afirmaram que, quando as pessoas dizem amar algo, estão apenas falando metaforicamente, e portanto não se trata de um amor verdadeiro.

No entanto, ao longo deste livro, veremos muitas evidências de que nosso amor pelas coisas é, sim, verdadeiro. Ainda assim, isso não significa que o amor por coisas é o mesmo que o amor pelas pessoas. Existem muitos tipos de amor: amor romântico, amor platônico, amor familiar, amor fraternal, paqueras, amor não correspondido e assim por diante. Observe que cada frase caracteriza um tipo específico de relacionamento: por exemplo, relacionamentos amorosos incluem desejo sexual, enquanto o amor familiar, não. Em cada caso, o amor muda para atender às necessidades da situação em questão. Da mesma forma, nosso amor por coisas difere de outras formas de amor, porque é parcialmente moldado por nossa relação com objetos e atividades.

Para tratar sobre essas diferenças, costumo adotar uma abordagem comparativa, que contrasta o amor por coisas com o amor pelas pessoas. Também discuto os processos psicológicos que criam o primeiro tipo de amor e sua influência profunda no segundo tipo. Por isso, falarei muito sobre relacionamentos entre seres humanos. Embora meu objetivo principal seja ajudar você a entender o nosso amor por coisas, se eu também conseguir ajudá-lo a entender seus relacionamentos com as pessoas, melhor ainda!

AMOR INCONDICIONAL?

Embora pessoas realmente amem coisas, às vezes usamos a palavra *amor* quando achamos que algo é excelente. Por exemplo, quando se diz "Amei seu corte de cabelo!", na verdade, o que se quer dizer é "Que lindo corte de cabelo!" Quando usamos a palavra *amor* dessa maneira, estamos empregando uma figura de linguagem chamada sinédoque, na qual, para se referir a um todo, utiliza-se uma palavra que designa uma parte dele. Por exemplo, dizemos "Gostei dessas rodas!" (a parte) para designar "Gostei do carro!" (o todo), ou "Sente a bunda aqui" (a parte) para falar "Venha cá" (o todo). Utilizar a palavra *amor* para dizer que algo é "excelente" é um tipo de sinédoque reversa, na qual o amor (o todo) se refere à excelência percebida (uma parte do amor).

O fato de utilizarmos com frequência a palavra *amor* nesse sentido é uma evidência de que essa excelência percebida é um aspecto importante do amor. É por isso que, apesar de todos os mistérios que envolvem o amor, quando as pessoas começam a falar sobre as coisas que amam, acontece algo bem previsível: elas começam a listar as virtudes do objeto amado — por exemplo, correr é um hábito estimulante e saudável; os veículos da Tesla têm uma aceleração fantástica; e assim por diante. Em um estudo[5], descobri que isso aconteceu com 94,5% das pessoas com quem conversei, independentemente do seu objeto de amor. Para citar o comentário de uma delas a respeito de seu prato favorito de frutos do mar: "Se você morrer e for para o céu, vão servir isto aqui."

Quando as pessoas se apaixonam por algo, tendem a exagerar suas qualidades da mesma forma que os pais exageram com relação ao talento dos filhos. Nesse sentido, nosso amor por coisas é muito semelhante ao nosso jeito de descrever nossos relacionamentos. Um estudo[6] realizado em 1988 investigou o comportamento amoroso, descobrindo que, quando alguém se apaixona, o principal elemento desse novo amor é a crença de que a outra pessoa não é nada menos do que esplêndida. O autor desse estudo, Bernard Murstein, batizou esse aspecto do amor romântico de "fator Jack Armstrong" para homens (em homenagem a um herói perfeito em todos os sentidos de uma radionovela dos anos 1930) e de "fator Madonna" para mulheres (em homenagem à Virgem Maria, e não à Madonna de "Like a Virgin"). É claro que poucas pessoas são, de fato, esplêndidas. Assim, à medida que o frenesi emocional da nova paixão desaparece com o tempo, mantemos o amor por nossos parceiros combinando a estratégia de aceitar suas falhas à de exagerar suas virtudes.

Há uma grande vantagem em exagerar as virtudes das pessoas que amamos. Os casais mais felizes não são aqueles que se veem pelo que são de verdade, mas, sim, os que se iludem, imaginando que seus cônjuges são melhores do que de fato são.[7] Na verdade, em casamentos felizes, tende-se a idealizar o cônjuge, vendo-o de modo mais positivo do que ele próprio se vê. Da mesma forma, exagerar as qualidades das coisas presentes em nossa vida nos deixa mais satisfeitos com elas.

O que talvez seja ainda mais surpreendente é que idealizar uma coisa pode não só nos levar a pensar que ela é excelente, mas também torná-la mais prazerosa. Por exemplo, se você oferecer um vinho barato a alguém e disser que ele custou caro, a pessoa tem mais chances de dizer que o sabor é fantástico. É fácil suspeitar que esse alguém esteja mentindo a respeito de ter apreciado o vinho. No entanto, a partir da neuroimagiologia, neurocientistas mostraram que, quanto mais se espera do vinho antes de degustá-lo, mais prazer se sente ao bebê-lo.[8] E isso não vale só para o vinho; vale também para as histórias em quadrinhos: quando alguém começa a ler uma história em quadrinhos com muita expectativa, essa pessoa tende a gostar mais dela do que gostaria se tivesse começado sem quaisquer expectativas.[9]

O fato de as pessoas amarem coisas que consideram excelentes levanta a questão do amor incondicional. Certa vez, após dar uma palestra sobre o assunto, fui abordado por um homem que tinha um irmão com deficiência intelectual grave. Ele disse que, em alguns aspectos, seu irmão não era "excelente", mas que era uma "alma carinhosa e gentil" e "um amor de pessoa". Esse homem amava muito o irmão. Então, quer dizer que o amor não está ligado à excelência? Mais ou menos.

Em primeiro lugar, é interessante notar que, ao descrevê-lo, o homem fez questão de dizer o quanto o irmão era carinhoso. Então, em parte, ele *de fato* enxergou certos aspectos do irmão como excelentes e os listou como motivos para amá-lo. Além da questão da excelência, provavelmente havia um elemento de amor incondicional nessa relação. O famoso pesquisador do amor, Robert Sternberg, chama esse elemento amoroso de decisão — isto é, a decisão de amar algumas pessoas, apesar de todos os seus defeitos. Essa decisão está bastante associada ao conceito religioso de graça divina, que sustenta que Deus nos concede amor, mesmo que não sejamos dignos dele. Como disse o ensaísta do século XVIII, Joseph Joubert: "A bondade consiste… em amar as pessoas mais do que elas merecem." Atrevo-me a dizer que uma vida bem-sucedida com outras pessoas, especialmente uma vida familiar, seria impossível de existir sem uma boa quantidade desse amor incondicional. E, por definição, amar uma coisa inclui se importar com ela de um jeito que vai além da questão de "merecimento", que é um sentimento baseado estritamente nos benefícios práticos que essa coisa oferece a você, conforme argumento ao longo deste livro.

Essa é, no entanto, uma das diferenças mais comuns entre amar pessoas e amar coisas. Somos muito mais tolerantes com as pessoas do que com as coisas. Quando as pessoas começam a acreditar que há algum problema muito sério com algo que amam, raramente continuam a amá-lo com a mesma intensidade (embora ainda possa haver apego suficiente para dificultar a separação). Isso não quer dizer que só amamos coisas perfeitas, mas que toleramos muito menos falhas em coisas do que em pessoas. Nosso amor por aquelas raramente é incondicional.

Mas parece que há uma exceção a essa regra que, paradoxalmente, reforça meu principal argumento. Às vezes, somos capazes de amar coisas imperfeitas, caso estas estejam relacionadas a alguém que amamos — como um pai que ama o desenho do filho, mesmo que não se trate exatamente de uma obra de arte. Mas deve-se considerar que os pais amam muito mais os desenhos dos filhos do que aqueles dos filhos dos vizinhos. O amor dos pais pelos desenhos imperfeitos é como a Lua, que reflete a luz do Sol, envolvendo uma energia que parte de outra fonte: o amor incondicional pelo filho imperfeito. Dito isso, embora possamos colar com orgulho cada desenho de nossos filhos na porta da geladeira, aqueles que escolhemos guardar em um álbum, os que realmente amamos, são os melhores. Portanto, até mesmo *nesse* amor por um objeto, não deixamos de julgar sua qualidade.

Além disso, as pessoas têm uma tolerância particularmente baixa a imperfeições em coisas que compraram. Por exemplo, entrevistei uma pessoa[10] que inicialmente amava seu aparelho MP3, mas que parou de amá-lo assim que produtos mais novos e melhores chegaram ao mercado. Mesmo que o dispositivo não tivesse quebrado, e que ela ainda estivesse satisfeita em usá-lo, só o fato de saber que já existia algo melhor foi suficiente para enfraquecer seu amor por ele.

Quer dizer que as pessoas só amam produtos que são modelos top de linha e supercaros? Felizmente para o meu bolso, a resposta é não. Ao decidir se amam um produto, elas estão dispostas a aceitar algumas imperfeições se acharem que o preço é bom. Porém, mesmo para produtos com preços baixos, a alta qualidade geralmente é uma característica essencial para que passem a amá-los. Curiosamente, ao entrevistar algumas pessoas e questioná-las sobre os produtos de luxo que amavam, a única reclamação que aparecia estava relacionada ao seu preço. Logo em seguida, no entanto, elas declaravam que objetos de marca valiam cada centavo, porque eram fantásticos. E, mesmo nesse caso, qualquer comentário que se fizesse sobre o preço era, na verdade, metade reclamação, metade elogio — para contar vantagem, ainda que de maneira humilde, sobre a maravilha que o produto deveria ser para custar uma quantia tão exorbitante.

Embora sintamos uma necessidade imensa de amar pessoas, amar coisas é mais um luxo do que uma necessidade. Isso provavelmente acontece porque, durante a maior parte da evolução humana, as coisas não tiveram uma grande importância em nossa vida. Como Nicholas Christakis, em seu livro *Blueprint*, explica sobre os primeiros humanos, "Se ninguém do grupo tiver posses, isso impõe uma condição de igualdade." Como não temos uma necessidade psicológica de amar coisas da mesma forma que precisamos amar pessoas, podemos ser exigentes com as coisas que escolhemos amar; não precisamos decidir por ultimato.

E as empresas notaram que os consumidores exigem uma quase perfeição dos produtos que escolheram amar. Quando afirmam "Não se fazem mais produtos como antigamente", é verdade —

porém, hoje, isso não tem o mesmo significado. Desde a década de 1980, à medida que as empresas passaram a se esforçar para criarem produtos mais satisfatórios ou até mesmo dignos de amor, houve uma enorme melhoria na qualidade dos manufaturados.

Apaixonar-se por alguma coisa, muitas vezes, começa pela nossa percepção de sua excelência. No entanto, se apenas a achamos excelente, mas não sentimos uma conexão pessoal com essa coisa, isso não pode ser considerado amor. Assim, embora o amor possa começar dessa forma, ele não termina assim. Em parte, compreender o nosso amor por coisas é importante porque as coisas que amamos importam para nós de maneiras que vão muito além de sua utilidade prática.

O AMOR É PROFUNDO

Será que gostar de uma coisa é simplesmente a mesma coisa que amá-la, mas de forma atenuada? Em algumas situações, usa-se a palavra *gostar* dessa maneira, mas, na maioria das vezes, a distinção entre gostar de algo e amá-lo é muito mais interessante. Por exemplo, as pessoas gostam dos seus parceiros românticos só um pouco mais do que gostam dos amigos, mas amam seus parceiros românticos muito mais do que os amigos.[11] Então, a lógica diz que "amar" não pode simplesmente ser considerado apenas uma versão mais forte de "gostar".

Quando comparei o que as pessoas diziam sobre as coisas que amavam com o que diziam sobre aquelas de que simplesmente gostavam, surgiu um padrão interessante. Há cerca de quatro vezes mais chances de elas dizerem que realmente amam alguma coisa se tiverem uma conexão profunda e pessoal com ela, seja enquanto um auxílio para expressar melhor suas identidades ou um complemento que torna a vida mais plena.[12] Como qualquer pessoa que já se apaixonou dirá, *o amor é uma experiência profunda e intensa.* E ser escolhida e passar por uma experiência tão significativa assim exige muito mais do que ser a melhor candidata em meio ao leque de opções possíveis. O amor requer uma conexão muito mais profunda e, se considerarmos novamente as coisas que as pessoas mais amam — natureza, Deus, animais de estimação, esportes, artes, casas, carros, celulares e roupas —, veremos que, para muitos, todas são coisas que contribuem trazendo um certo significado ou propósito para a vida.

Certa vez, entrevistei uma mulher[13] (vou chamá-la de Kathy) que era uma "cupom-maníaca", pois basicamente integrava uma olimpíada de caça a descontos. Pessoas assim tendem a buscar produtos com diversos descontos cumulativos e juntá-los, a fim de obter descontos ainda maiores. Esses cupons, então, lançam descontos sucessivos nos produtos até que os entusiastas consigam, como no exemplo de Kathy, "sair da loja levando US$500 em produtos pagando apenas US$30". Existe uma comunidade considerável de cupom-maníacos que se conecta por meio de programas de TV como o *Extreme Couponing* e de sites próprios. Kathy, uma contadora profissional, ama esse esporte de consumo assim como Tom Brady ama o futebol americano, e o nível de determinação com que ela joga é semelhante ao dele, sempre visando a vitória. No caso de Kathy, entretanto, há uma reviravolta inesperada. Muitos dos itens que apresentam os maiores descontos são produtos de higiene pessoal, como fraldas, sabonetes, maquiagens e antitranspirantes. Quando ela vê uma oportunidade particularmente interessante, sempre compra o número máximo de itens permitido e os leva a centros de reabilitação para usuários de drogas, onde faz kits de higiene pessoal para as mulheres que estão lá. "Muitas dessas mulheres vêm das ruas, e ganhar algo assim é tudo para elas." É essa reviravolta na história — doar os produtos adquiridos — que embute nessa atividade puramente consumista um sentido maior e mais profundo. E é esse senso de significado que, combinado a seus sentimentos de sucesso e de satisfação, leva Kathy a amar tal atitude.

Temos outro exemplo semelhante: o de "Sarah", que, no início de uma entrevista para minha pesquisa,[14] colocou seus protetores de ouvido na lista de coisas que amava. Pedi que os descrevesse, e ela começou com aquela típica lista das características de que mais gostava neles: "Eles são ótimos, funcionais e badalados; além do mais, são bem clássicos, então não saíram de moda." E acrescentou: "Eu os uso todos os dias durante o inverno, então passo muito tempo com eles." Apesar disso, e após refletir um pouco sobre, Sarah mudou de ideia e disse que não os amava tanto assim, afinal. Mas por quê? "São apenas protetores de ouvido", respondeu. Eles não estavam relacionados às coisas que achava que davam mais sentido à sua vida, como "a família, os amigos... e talvez dar algum retorno à sociedade".

Anteriormente neste capítulo, mencionei que alguns pesquisadores afirmaram que não se pode, de fato, amar coisas. Às vezes, ouço isso de pessoas que não estão ligadas à ciência e que têm curiosidade sobre o meu trabalho. Em resposta, eu pergunto se elas acham que é possível amar a natureza. Todas concluem que a natureza é uma exceção — que é possível amar a natureza. Após mais alguns minutos de conversa, elas geralmente concordam que pessoas religiosas também podem amar a Deus e que os patriotas podem amar seu país. Elas só não acham que se possa, de fato, amar as "pequenas coisas", como celulares. Mesmo que essa visão esteja incorreta, ela revela algo real — nosso amor pelas pessoas é uma experiência muito significativa. O que explica esses céticos concordarem que as pessoas podem amar a natureza, Deus e o próprio país é eles conseguirem ver que amar essas coisas também pode ser algo profundamente significativo. Mas, para algumas pessoas, se alguém diz que ama um celular, está desonrando e degradando o amor. No entanto, conforme veremos ao longo deste livro, há muitas maneiras de imbuir objetos mundanos, como celulares, de um significado que vai muito além dos benefícios práticos que eles possam vir a apresentar.

O AMOR É SAGRADO

A autora e personalidade de TV Barbara De Angelis certa vez disse: "A maior qualidade do amor é a capacidade de tornar sagrado tudo o que toca." Isso ressoa nas pessoas que entrevistei,[15] as quais afirmam que a beleza e a imensidão da natureza fazem com que se sensibilizem e se maravilhem. Por exemplo:

Ouvir o silêncio de uma floresta de pinheiros, observar as montanhas ao meu redor ou aquelas entre eu mesmo e o céu — isso me relaxa, me acalma, e me sinto muito pequeno, como se meu tempo aqui fosse muito breve em comparação com o das montanhas e dos oceanos.

Essas experiências não se limitam à natureza. As catedrais medievais foram projetadas para gerar um sentimento semelhante de admiração, e a arquitetura ainda tem o poder de afetar as pessoas desse modo. Mas, enquanto a natureza muitas vezes evoca um senso de humildade — uma consciência da própria pequenez face à imensidão do mundo —, a arquitetura é capaz de provocar orgulho e confiança no poder criativo da humanidade. Como disse um homem[16] ao comentar sobre os edifícios que amava:

> A boa arquitetura me deixa pasmo. É minha forma de arte favorita. Linda e funcional. Fico impressionado que o homem tenha a capacidade de fazer algo assim. Acho que até soa um pouco machista dizer que o homem é capaz de abrir um buraco na terra e construir um prédio de 110 andares ou algo do tipo.

Essas experiências contrastantes — humildade e poder — me lembram de uma de minhas citações filosóficas favoritas, a do rabino Simcha Bunam de Peshischa, Polônia (1767–1827):

> Todos devem ter dois bolsos, para poder enfiar a mão em um deles de acordo com suas necessidades. No bolso direito, devem estar as palavras: "O mundo foi criado por minha causa"; no esquerdo: "Não passo de pó e cinzas".

O que o rabino quer dizer é que ambas as perspectivas são verdadeiras e que as duas são úteis dependendo do momento.

UMA NOVA RELIGIÃO

Os jovens estão cada vez mais se afastando das religiões tradicionais. Em 2012, quando o Pew Research Center fez uma pesquisa indagando as pessoas a respeito de suas religiões e dando como opções cristão, judeu, muçulmano, hindu e "nenhuma das opções anteriores", os pesquisadores descobriram que o grupo religioso que mais crescia nos Estados Unidos era o último, "nenhuma das opções anteriores" — os também chamados não religiosos.[17] Essa tendência era particularmente forte entre pessoas com menos de 30 anos. Isso, no entanto, não quer dizer que fossem ateus. Muitos se descreveram como "espirituais, mas não religiosos", e 68% disseram que ainda acreditavam em Deus.

Às vezes, a espiritualidade aparece separada da religião nas coisas que as pessoas amam:[18]

> [A música é] espiritualmente estimulante no sentido de me tirar desse mundo e me levar a um plano além da minha vida cotidiana, sabe?

> Para mim, o oceano representa um conceito incorporado que tenho de Deus. Parece haver tão poucas coisas neste mundo que realmente são da ordem do divino — tanto na grandeza quanto no poder. O oceano serve como um ótimo lembrete disso. É algo que mexe muito comigo, como uma conexão amorosa.

Essas pessoas foram claras a respeito das características espirituais de suas experiências, mas nem todos os vínculos religiosos são tão explícitos. Em conformidade com o papel central que as marcas comerciais desempenham em nossa cultura, o amor de algumas pessoas por suas marcas favoritas abarca características religiosas. Por exemplo, em minha pesquisa, descobri que a Apple é, de longe, a marca mais amada da América do Norte. Russell Belk, da Universidade de Utah na época da pesquisa, e Gülnur Tumbat, da Universidade Estadual de São Francisco[19], estudaram os fiéis devotos da Apple e descobriram que, pela existência de uma comunidade bastante unida e pelas práticas de proselitismo e conversão de descrentes, o fenômeno tinha todas as características próprias a uma religião. Belk e Tumbat também encontraram diversos sistemas de crenças míticas e quase religiosas entre os devotos da Apple, as quais incluem um mito de criação envolvendo o sacrifício de Steve Jobs ao vender sua Kombi VW e o de Steve Wozniak ao vender sua calculadora HP, o que permitiu que criassem o primeiro Mac na garagem dos pais de Jobs. Há, também, um mito satânico, em que as forças da luz (a Apple) travam uma batalha contra as forças das trevas (na época, a IBM e a Microsoft). E há ainda outro mito, o do salvador ressuscitado, no qual Steve Jobs (que foi à primeira festa de Halloween da Apple vestido de Jesus) é forçado a deixar a empresa, retornando posteriormente para restaurar a fé de todos e trazer a salvação.

Os fãs da Apple que se apaixonaram pela empresa no início de suas atividades — quando ela ainda era um pequeno Davi lutando contra grandes Golias corporativos — enxergam-na como uma forasteira, uma marca anticorporativa. Como um usuário antigo da marca, se alguém me perguntasse quais produtos não tecnológicos os proprietários da Apple provavelmente teriam em mãos, eu teria respondido sandálias Birken, granola e maconha. Como os tempos mudaram! Muitos jovens da atualidade veem a Apple como uma marca de luxo semelhante a Gucci e Chanel, com seus atributos positivos (qualidade e criatividade) e negativos (materialismo superficial) que, por vezes, são associados às marcas de luxo.

Enquanto antigamente apenas nerds e hipsters costumavam adquirir os produtos da Apple, nas escolas de ensino médio da atualidade, ter um iPhone é quase uma regra entre os jovens mais populares. Infelizmente, hoje, as crianças podem até sofrer bullying na escola por terem smartphones de outras marcas que não sejam Apple. Esse tipo de comportamento desagradável por parte de alguns de seus usuários custou à marca pelo menos uma venda importante. Uma reportagem do *New York Times* relatou que a filha de Jerry Seinfeld ficou chateada quando ele comprou um iPhone para ela, "chamando-o de 'telefone das valentonas' e pedindo algo mais barato."[20]

Se a Apple é vista pelos jovens como uma marca de luxo semelhante à Gucci e à Chanel, ela ainda seria compatível com uma devoção quase religiosa? Afinal, as religiões tradicionais geralmente valorizam a humildade e a castidade (mesmo que os líderes religiosos nem sempre apresentem tais características) — valores que não estão exatamente associados à maioria das marcas de luxo. As pesquisas sobre marcas e religião conduzidas pelos professores de escolas de Administração Ron Shachar, Tülin Erdem, Keisha Cutright e Gavan Fitzsimons[21] ajudam a entender essa questão. Eles descobriram que, na vida de alguns, a religião pode ser substituída por bens de marcas descoladas ou prestigiosas. Por meio desse estudo, eles descobriram especificamente que, embora todos tenham a necessidade de expressar a própria identidade, alguns o fazem, em parte, por meio da afiliação religiosa, enquanto outros buscam formas seculares de autoexpressão, como o uso de marcas descoladas ou prestigiosas. A pesquisa conduzida por Shachar e seus colegas foi ao encontro dessa teoria; eles constataram que, ao escolher o que comprar, as pessoas religiosas tendiam a se preocupar menos com a marca do que as não religiosas. Curiosamente, isso só foi confirmado para as escolhas de produtos que podem afetar a reputação de alguém (por exemplo, óculos de sol da Ralph Lauren versus óculos de sol comuns da Target). Mas, quanto a escolhas que não afetariam sua reputação (por exemplo, pilhas Energizer versus pilhas Panasonic), não houve diferença entre religiosos e não religiosos em relação à importância da marca. Com efeito, parece que essa tendência de os não religiosos se importarem com a marca tem a ver com uma necessidade de expressar sua própria identidade, necessidade esta que, para outros, é parcialmente atendida por meio da religião.

Para que fique claro, essa pesquisa não sugere que *todas* as pessoas que não têm uma religião se importem com as marcas. Particularmente, pessoas intelectuais e politicamente progressistas tendem a ser bastante céticas em relação a marcas e religiões, mas esse grupo representa apenas uma pequena parcela da população. Considerando a população como um todo, ainda é verdade que quanto menos religioso se é, mais se tende a usar as marcas para expressar a própria identidade. Além disso, mesmo aqueles muito céticos com relação a marcas utilizam-nas para expressar suas identidades — não tanto pelas marcas que compram, mas pelas marcas que *deixam de* comprar. Por exemplo, é comum que intelectuais rejeitem roupas de que gostam porque estas trazem um logotipo da grife muito visível; em alguns casos, eles removem esses logotipos das roupas antes de usá-las.

Uma amiga minha, Rebekah Modrak, que é artista e professora na Faculdade de Arte e Design Penny W. Stamps, da Universidade de Michigan, fez isso de uma forma melhor ainda. Ela criou alguns emblemas de pano com a imagem de um homem jogando polo (semelhante ao logotipo da Ralph Lauren), mas com o nome Ralph Lifshitz (o nome original do Sr. Lauren) embaixo. Eu costurei um deles em um de meus casacos. Tempos depois, eu estava na fila da Macy's e puxei uma conversa com uma mulher ao meu lado que, por coincidência, era uma executiva da Ralph Lauren. Então lhe mostrei o emblema em meu casaco. Ela olhou para ele sem acreditar no que estava vendo; depois caiu na gargalhada e disse em seguida: "Ah, meu Deus! Ninguém usa esse nome."

UMA VISÃO GERAL

O que as pessoas amam? Uma maneira de responder a isso é fazendo uma lista: a natureza, Deus e assim por diante. Melhor ainda é dizer que as pessoas amam coisas que apresentam determinados atributos. Rajeev Batra, Rick Bagozzi e eu conduzimos uma bateria de estudos[22] que revelaram treze componentes do amor por coisas, conforme indicado no diagrama em forma de coração na página 28. Estes correspondem às treze afirmações do Quiz do Amor pelas Coisas, na página 9. Como a pontuação desse teste indica, você não precisa ter uma pontuação alta em todas as perguntas para que seus sentimentos sejam classificados como amor.

Excelência. Conforme mencionei anteriormente, as pessoas pensam que as coisas que elas amam são ótimas, mesmo que as estejam vendo através de lentes cor-de-rosa — o que ajuda a enxergá-las como coisas valiosas e importantes. Em termos psicológicos, essas avaliações positivas são *cognitivas*, ou seja, são pensamentos, e não sentimentos. Mas, obviamente, o amor inclui um enorme componente emocional, e não apenas pensamentos. O que nos leva à...

Conexão Emocional Positiva. Em um estudo, Wendy Maxian, residente do Departamento de Comunicação da Universidade Xavier, e suas colegas[23] utilizaram sensores para medir a resposta dos músculos *orbicularis oculi* (ao redor dos olhos) de algumas pessoas, os quais são ativados automaticamente quando alguém sente vontade de sorrir. Os pesquisadores apenas precisaram mostrar aos voluntários as marcas que estes amavam, e seus músculos *orbicularis oculi* começaram a se mover, indicando *sentimentos positivos*.

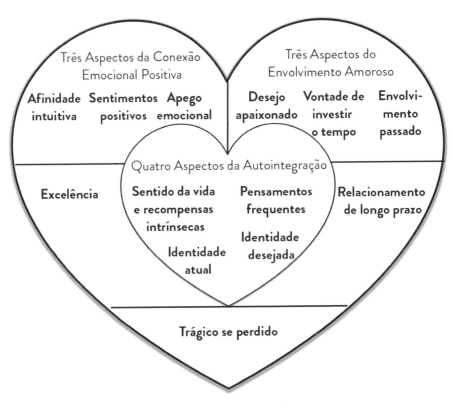

Aspectos do amor por coisas

Em minha pesquisa[24], descobri que essas experiências emocionais vêm em duas variações deliciosas: alegria e relaxamento. Veja o que este voluntário tem a dizer sobre a capacidade que a música tem de produzir experiências emocionais estimulantes:

> [A música] me desperta uma onda de emoções. É inebriante; ela te envolve de um jeito... tanto a letra quanto a melodia. No final, parece que eu acabei de transar ou algo assim, a adrenalina é incrível. Caramba, para mim não tem coisa melhor!

Embora essas comparações relacionadas ao sexo sejam exceções à regra, paixão e animação são respostas comuns ao contato com objetos de amor dos mais variados, que vão desde fazer compras até praticar esqui aquático. Veja o que esta voluntária tem a dizer sobre seu amor por viajar:[25]

> É emocionante, empolgante; um sonho que se realiza. Quando fui a Paris e vi a Torre Eiffel, eu não conseguia acreditar que aquilo era real. Depois de tanto tempo e de ler tanto a respeito — ela estava logo ali. Fiquei tão feliz que até chorei. O amigo que me acompanhava achou que eu tinha ficado maluca.

Com a mesma frequência, no entanto, as pessoas associam as coisas que amam a sensações como calma, conforto e satisfação. Veja o exemplo desta voluntária falando sobre seu amor pelo banho:[26]

> Me proporciona uma sensação de calma, porque é a única hora em que me permito não me distrair ou me envolver com coisas que exigem concentração. É apenas um momento em que posso ficar sozinha e relaxar, e é nessa hora que consigo escapar um pouco da rotina.

Também pode haver emoções negativas associadas ao amor. O ciúme, por exemplo, pode fazer parte do amor romântico. Mas, embora seja improvável que sintamos aquela ansiedade relacionada ao ciúme por suspeitar, por exemplo, que nossos sapatos novos estejam nos traindo, outras emoções negativas podem surgir. O amor intenso que os torcedores sentem por um time de futebol, por exemplo, está diretamente ligada à intensidade de sua dor quando o time perde uma partida. Na verdade, o desgaste emocional que acompanha uma grande derrota pode ser tão extremo que, se fosse feito um inventário de todas as alegrias e tristezas dos torcedores ao longo de uma temporada, ficaria claro que alguns deles certamente ficariam mais felizes se parassem de acompanhar aquele time. Alguns ex-esportistas que conheço, inclusive, pararam justamente por causa disso. No entanto, muitos torcedores que têm a má sorte de amar um time que sofre derrotas constantes permanecem leais a ele não porque é divertido, mas porque a ideia de abandonar o time parece moralmente desprezível — é como abandonar um ente querido na hora em que ele mais precisa de apoio.

Muitas vezes, as pessoas têm uma *sensação intuitiva de afinidade* em relação a coisas que amam. Isso, por vezes, cria uma impressão de "amor à primeira vista" — por exemplo, quando aqueles que amam a própria casa dizem que a escolheram porque "sentiram que era a escolha certa":

> Na primeira vez em que entrei nesta casa, eu sabia que tínhamos que comprá-la. Meu marido sentiu a mesma coisa. Parecia que, a cada cômodo que visitávamos, se confirmava mais ainda essa impressão cada vez maior de que esta era a casa que tínhamos que comprar. Então, quando estávamos na parte de trás da casa, e o corretor de imóveis nos deixou sozinhos, eu explodi e soltei: "*Nós precisamos morar nesta casa — mesmo!*"

Também sentimos *apego emocional* a coisas e pessoas que amamos, como se estivéssemos conectados a elas por meio de um vínculo emocional, um elástico invisível, que nos puxa de volta para elas quando nos afastamos demais. Existe um grande número de publicações sobre a teoria do apego que aborda a influência desses tipos de ligações emocionais entre pais e filhos sobre os relacionamentos futuros das crianças. Essas pesquisas constatam que as crianças desenvolvem certos estilos de relacionamento com outras pessoas (estilos de apego) baseados no jeito que foram tratadas por seus pais; e esses estilos de apego continuam a influenciar sua vida social mesmo depois de adultos. Por exemplo, crianças que crescem em lares estáveis e amorosos desenvolvem um estilo de vínculo seguro que lhes permite ter relacionamentos amorosos duradouros e satisfatórios quando adultos. Em contrapartida, aquelas que crescem em famílias emocionalmente disfuncionais desenvolvem diversos tipos de estilos de apego também disfuncionais que afetam seus relacionamentos quando adultos.

Mas acontece que esses estilos de apego emocional influenciam não apenas nossos relacionamentos com pessoas, mas também com coisas. A professora Vanitha Swaminathan, da Universidade de Pitsburgo, e seus colegas[27] descobriram que as pessoas que tinham um vínculo seguro com as mães eram mais propensas a começar e manter relacionamentos não apenas com pessoas quando adultas, como também com marcas. No outro extremo, estão as crianças que não puderam contar com o amor dos pais; às vezes, elas desenvolvem um estilo de vínculo receoso. De acordo com o que os pesquisadores Allison Johnson, Jodie Whelan e Matthew Thomson[28] descobriram, adultos que tinham vínculos receosos com os pais também podem desenvolver "atrações fatais" pelas marcas: no início do relacionamento, eles amam a marca com grande intensidade, mas, se ela eventualmente os decepcionar, eles se tornam seus inimigos obcecados por vingança, escrevendo críticas negativas e cruéis para produtos que nunca usaram, vandalizando propriedades da empresa, ameaçando prejudicar seus funcionários, entre outras coisas bastante desagradáveis.

Quando se combina as avaliações positivas que as pessoas dão para coisas que amam com as recompensas emocionais que recebem delas e os apegos emocionais que sentem por elas, tudo isso resulta em um grande...

Envolvimento Apaixonado. O envolvimento apaixonado inclui um *desejo apaixonado* de usar determinado objeto ou de se envolver em determinada atividade. Por exemplo, tanto amar pessoas como amar coisas ativam a região do cérebro associada à fome e ao desejo. As pessoas também estão *dispostas a investir recursos* nas coisas que amam. Se for uma atividade, podemos gastar tempo e dinheiro para fazer aulas relacionadas a ela. Se for um objeto, podemos mimá-lo, por assim dizer. Os professores de marketing John Lastovicka e Nancy Sirianni[29] descobriram que as pessoas que amavam seus carros gastavam três vezes mais dinheiro cuidando deles do que as pessoas que simplesmente gostavam de seus veículos. E quando as primeiras compravam algo relacionado a carros (por exemplo, novas calotas), tendiam a considerar isso um presente para o automóvel. Por fim, descobriram que as pessoas são mais propensas a amar uma coisa se tiverem uma longa história de *envolvimento passado* com ela. Veja o que este voluntário tem a dizer sobre seu carro antigo:[30]

Mesmo que meu relacionamento possa estar chegando ao fim, eu diria que, em termos de objetos inanimados, eu amo esse carro... Tem sido meu companheiro de viagem há anos.

Todos esses aspectos do amor — a percepção de que a coisa que se ama é excelente, a conexão emocional positiva e o envolvimento apaixonado com ela — se combinam, criando a...

Autointegração do Objeto de Amor. Quando amamos alguém ou alguma coisa, expandimos nosso senso de identidade para que o objeto de amor se torne parte de nós. As coisas que amamos tornam-se parte de nossa *identidade atual* (quem pensamos ser), bem como parte de nossa *identidade desejada* (quem queremos ser). Quando entrevisto alguém, geralmente incluo as assim chamadas "perguntas projetivas": "Se seu aparelho de som magicamente virasse uma pessoa, que tipo de pessoa ele seria?" Como as coisas amadas fazem parte da identidade das pessoas, elas geralmente imaginam seus objetos de amor se tornando uma combinação de quem elas são e de quem querem ser. Por exemplo, eu entrevistei[31] um escritor freelancer que ganhava pouco e personificava seu computador Apple, tratando-o como um cavalheiro vitoriano, "uma pessoa com gostos muito parecidos com os meus." No entanto, "ele provavelmente se interessaria um pouco mais pelos confortos que a vida pode nos proporcionar... boas refeições, por exemplo." Então, refletiu: "Acho que eu daria um bom cavalheiro vitoriano. Sim... alguém trabalhador e dedicado ao que faz, mas que deseja que o dinheiro não tenha tanta importância. Sim, eu gostaria muito de ser assim."

O processo de integrar algo à própria identidade não acontece de um dia para o outro; o cérebro precisa trabalhar para isso acontecer. Nossos *pensamentos frequentes* sobre as coisas que amamos ajudam a integrá-las ao nosso senso de identidade, porque sentimos que elas fazem parte de nós; que ajudam a dar *sentido* à nossa vida. O diagrama da página 28 mostra a autointegração como um coração dentro de um coração, porque ela desempenha um papel particularmente central no amor. Uma vez que as coisas que amamos se tornam parte de nós, não é de se admirar que também esperemos que nossa conexão com elas se torne um...

Relacionamento de Longo Prazo. Já vimos que, se nosso relacionamento com uma determinada coisa tem uma história longa e permanece ativo e apaixonado, ele continua firme. Então, seguindo esse padrão, quanto mais forte for esse amor, mais esperamos que o relacionamento se mantenha no futuro. Como afirmou o falecido psicólogo Albert Ellis: "A arte do amor é, em grande medida, a da persistência." Mas por que não amar só por hoje? Por que os planos futuros são tão importantes?

O amor não evoluiu a fim de que acabássemos nos relacionando com nossos celulares. Ele evoluiu nos animais, para que os pais cuidassem dos filhos e, em alguns casos, também uns dos outros. Uma das coisas que mais me surpreendeu enquanto eu fazia minha pesquisa para este livro foi descobrir quantas espécies de animais se comportam de maneiras que se parecem muito com o amor humano. Há muitas espécies que deixam os filhotes por conta própria já a partir do nascimento. Contudo, em espécies cujos filhotes levam muito tempo para amadurecer, os relacionamentos evoluíram de modo a manter os pais motivados a alimentar e proteger seus filhos, assim como ocorre com o amor humano; em algumas espécies, essas relações mantêm os pais unidos, para que ambos possam sustentar seus filhotes.

As crianças humanas amadurecem muito lentamente. É preciso muitos anos para que consigam sobreviver sem o apoio dos pais, e seu desenvolvimento cerebral não está completo até os 25 anos. O ideal é que o amor que as pessoas sentem por seus companheiros e filhos dure muito tempo, embora isso nem sempre aconteça na vida real. Da mesma forma, o amor motiva relacionamentos de longo prazo com coisas e pessoas. Mas essa motivação de união é mais branda para coisas do que para pessoas amadas, porque nós geralmente não sentimos (com razão) o mesmo senso de obrigação moral para com as coisas.

Considerando que visualizamos nossos relacionamentos com as coisas que amamos como duradouros no futuro, faz sentido considerá-los...

Trágicos, Caso Sejam Perdidos. Quando as pessoas tentam decidir se amam algo, elas frequentemente se perguntam: "Quão terrível seria se isso deixasse de existir?" Quanto mais trágica a perda, mais se ama aquele item. Em parte, isso reflete o fato de que quanto mais importante uma coisa é para nós, mais tendemos a amá-la. Embora eu ainda não tenha medido isso formalmente, notei um padrão: qualquer coisa que amamos, muitas vezes, será importante para nós de diversas maneiras diferentes, podendo ser, ao mesmo tempo, útil, divertida *e* repleta de valor sentimental, por exemplo. Conforme veremos no Capítulo 5, essa consciência trágica ligada à perda do objeto de amor também está relacionada à integração dele à própria identidade, de modo que perdê-lo seria o mesmo que perder uma parte de si.

OBJETIFICAÇÃO, HUMANIZAÇÃO E VITALIZADORES DE RELACIONAMENTOS[*]

Amar coisas parece normal para nós. Mas isso, na verdade, é muito estranho. Para entender por que, precisamos começar entendendo a *hipótese do cérebro social*, que afirma que, como coordenar a atividade dentro de famílias e tribos era muito importante para a sobrevivência dos primeiros humanos, nosso cérebro evoluiu para se importar mais com pessoas do que com coisas. Assim, o cérebro coloca automaticamente pessoas e coisas em categorias diferentes, e muitas vezes pensa nelas de maneiras diferentes. Em algumas situações, chegamos a usar regiões distintas do cérebro para pensar em uma e em outra.[32] Mais especificamente, o cérebro normalmente aborda coisas de uma maneira mais fria e prática, enquanto analisa pessoas com mais emoção, compaixão, e às vezes até com amor.

Batizei esses diferentes jeitos de estudar pessoas e coisas de "modos padrão" de pensamento. O modo padrão do cérebro para abordar coisas é muito pragmático[33]. Considere a quantidade de coisas que se vê todos os dias e que se ignora completamente por

---

[*] Escrever este livro permitiu que eu me afastasse dos estudos de interesse próprio em que estava trabalhando e examinasse as pesquisas existentes sobre o amor e a nossa relação com as coisas, buscando um entendimento integral dos fenômenos. Embora este livro se baseie em estudos científicos já publicados, ele entrelaça todos eles, formando uma nova teoria abrangente, baseada em minha pesquisa junto com meus colegas, sobre o funcionamento e o motivo do amor pelas coisas. Esta seção apresenta um pouco dessa nova abordagem.

elas não serem registradas pelo cérebro como uma ameaça em potencial (como um carro que se aproxima) ou uma boa oportunidade (como um bolo de aparência deliciosa). Nosso modo padrão com relação às pessoas é olhar para elas de modo mais interessado (elas atraem nossa atenção) e, inclusive, se importar um pouco com elas (se um estranho nos pede uma informação, nossa primeira reação é tentar ajudá-lo).

Mas a ideia de um modo padrão também implica que pensar sobre pessoas e coisas dessa maneira não é inevitável, pois um padrão é necessariamente modificável. Objetificar pessoas, por exemplo, significa pensar nelas como se fossem objetos. Às vezes, isso é inofensivo, como quando estamos em meio a uma grande multidão, e nosso cérebro ignora a maioria das pessoas da mesma forma que ignora a maioria dos objetos. Mas, geralmente, objetificar pessoas é uma prática muito ruim. A filósofa Martha Nussbaum[34] define essa ação como encarar pessoas simplesmente como ferramentas para nossos próprios fins. Quando objetificamos pessoas, desrespeitamos sua autonomia, enxergando-as como seres carentes de autocontrole, e até as tratamos como se fossem propriedade nossa. Li um post no Reddit sobre um barista trabalhando em uma cafeteria durante a pandemia da Covid-19. Havia apenas um cliente no lugar. Então, o barista lhe pediu para colocar a máscara, e ele respondeu: "Por quê? Não há ninguém aqui." No nível da consciência, ele sabia que o barista era uma pessoa, mas no nível inconsciente, o cérebro dele estava tratando-o como apenas mais uma parte do maquinário da cafeteria.

Podemos dizer que a objetificação se opõe ao amor de diversas maneiras. Para amar coisas, devemos reduzir nossa objetificação delas, pensando nelas, ao menos em parte, de maneiras que normalmente reservamos a pessoas. Para tomarmos um exemplo incomum, uma mulher que entrevistei[35] falou que se sentia magoada quando alguém *elogiava* seus amados móveis antigos. O mobiliário em questão era uma herança familiar e, portanto, estava fortemente ligado à sua identidade. Ela disse que ficou "magoada" e "ofendida" por alguns amigos terem elogiado a beleza dos móveis. Inicialmente, fiquei confuso com tal afirmação, mas então ela me explicou que seus amigos não viam além da aparência dos móveis: "São coisas que eu amo. Se eles não percebem que, para mim, *não são meros móveis*, isso me machuca." A situação é a mesma quando uma mulher se sente ofendida porque um homem a elogiou apenas por sua aparência. Não é que pense que ser atraente é algo ruim, mas ela sente que ele não a valoriza como pessoa, em todos os seus aspectos e, portanto, se sente desumanizada e objetificada. A amante de móveis sentiu o mesmo: apesar de eles serem uma coleção de objetos, ela se sentiu ofendida ao pensar que estavam sendo tratados como tal.

Quando objetificamos as pessoas, mudamos a maneira como nosso cérebro as trata. As pesquisadoras Lasana Harris e Susan Fiske, da Universidade de Princeton,[36] descobriram que, quando pensamos em pessoas que relacionamos a estereótipos negativos, ativamos as regiões do cérebro normalmente usadas para analisar objetos em vez do córtex pré-frontal medial, que normalmente é usado para pessoas. Por outro lado, quando amamos objetos, o cérebro os trata, ao menos em parte, como se fossem humanos. Em um estudo randomizado e controlado, o professor de marketing Andreas Fürst e seus colegas[37] descobriram que a ocitocina, que desempenha um papel crucial nas relações interpessoais, mas que normalmente não está envolvida em nossos relacionamentos com coisas, ajuda a criar o vínculo entre pessoas e suas marcas favoritas, assim como o faz em relação a pessoas apaixonadas. De maneira similar, Martin Reimann, da Universidade do Arizona, e Raquel Castaño, do Instituto Tecnológico de Monterrey,[38] compararam as regiões do cérebro que as pessoas usam para pensar sobre as marcas que amam com aquelas usadas para abordar marcas neutras. Eles descobriram que uma região do cérebro chamada ínsula, que geralmente é utilizada somente quando pensamos em pessoas, também a estava sendo para as marcas amadas — mas não para as neutras. Uma abordagem muito parecida foi adotada por Reimann, Castaño e pela pesquisadora Sandra Nuñez[39] em um estudo sobre a experiência da dor. Pesquisas anteriores estabeleceram que pensar naqueles que amamos ajuda a isolar a dor física. Reimann, Castaño e Nuñez descobriram que pensar nas marcas amadas tem um efeito similar quanto à redução da dor. E o que é ainda mais revelador é que esse efeito pode ser aumentado, fazendo com que se veja a marca amada em termos humanos; inversamente, ele também pode ser diminuído, fazendo com que se veja a marca apenas como um objeto.

Conforme explicarei em detalhes no Capítulo 9, a partir de uma perspectiva evolucionista, faz sentido que as pessoas se importem com os objetos na exata medida em que estes lhes são úteis. Se quisermos ser evolutivamente ótimos, devemos nos preocupar muito com um objeto útil; se este se tornar inútil, no entanto, devemos parar de nos importar com ele imediatamente. Afinal, se o cérebro evoluísse com o "objetivo"* de nos fazer amar coisas, perderíamos muito tempo e energia cuidando das coisas que amamos, ou até mesmo arriscaríamos nossa segurança para protegê-las. Mas a evolução quer que foquemos em ter muitos filhos e em cuidar *deles*, em vez de outras coisas.

Por outro lado, uma das principais características do amor é que ele envolve cuidar das pessoas e das coisas mais do que "elas merecem". Então, amar nos leva a tratar as coisas de maneiras evolutivamente não ideais.[†] É por isso que, de uma perspectiva evolutiva, faz sentido que o cérebro esteja configurado para nos impedir de amar coisas, reservando o amor exclusivamente para as pessoas. A conclusão é que toda vez que se ama uma coisa, o cérebro se confunde, tratando-a, acidentalmente, como se fosse uma pessoa.

Isso cria um quebra-cabeça científico que chamo de "desafio do cérebro social". Uma vez que o cérebro é fisicamente programado para formar conexões emocionais profundas com pessoas, e não com coisas, como é que começamos a amar as coisas? Ou, sendo mais direto: *Como as coisas que amamos superam o desafio do cérebro social?*

Há três respostas para essa pergunta, ou seja, existem três situações em que o cérebro substitui sua maneira padrão de pensar sobre as coisas e passa a abordá-las de maneiras que costuma reservar às pessoas. Batizei essas três situações de *vitalizadores de*

---

[*] Essa é uma metáfora antropomórfica para a evolução, que obviamente não tem desejo algum. A questão aqui é enfatizar a diferença entre nosso amor evoluído por certas pessoas, que é uma vantagem evolutiva, e nosso amor pelas coisas, que é um subproduto acidental de nossa capacidade de amar pessoas.

[†] Isso não significa que amar coisas seja ruim. Muitas das melhores coisas da vida não são evolutivamente ideais.

relacionamento, porque dão emoção e vitalidade a um relacionamento que tinha tudo para ser frio e pragmático: aquele entre uma pessoa e uma coisa.

A primeira situação vitalizadora é o antropomorfismo, que é quando os objetos se parecem com pessoas, soando ou agindo de modo semelhante a elas. Como resultado, o cérebro começa a pensar neles como se fossem, de fato, pessoas. Falaremos sobre o antropomorfismo nos capítulos 2 e 3.

A segunda situação vitalizadora é o que batizei de "conectores de pessoas", os quais nos ligam uns aos outros. Eles incluem fotos de amigos e familiares, presentes que recebemos, músicas e objetos que nos lembram de outras pessoas, dispositivos como celulares, que facilitam nosso contato com os outros, e muito mais. Quando alguém tem uma forte conexão com um objeto, o cérebro começa a enxergá-lo como parte da pessoa, e não apenas como uma coisa qualquer. E ele se torna digno de ser amado justamente por fazer parte da pessoa. Falaremos sobre os conectores de pessoas no Capítulo 4.

A terceira situação vitalizadora está ligada à nossa identidade. Todos já embarcamos no grande projeto de vida de tentar descobrir quem queremos ser e como fazer para nos tornarmos essa pessoa ideal. O processo de se apaixonar por alguma coisa — seja uma música que, de alguma forma, chama sua atenção, ou uma nova casa que "parece ter sido feita" para você — nos ajuda a discernir quem somos de verdade. Então, à medida que interagimos com as coisas que amamos, elas ficam cada vez mais incorporadas à nossa identidade, tornando-se parte de nós. Como o cérebro normalmente ama seu detentor, se certas coisas tornam-se parte deste, o cérebro para de pensar nelas como meros itens e passa a vê-las com amor. Discutiremos nosso senso de identidade nos capítulos 5 a 8.

Nosso amor pelas coisas vai além dessas três situações vitalizadoras. No entanto, elas são particularmente importantes porque fazem o cérebro ver algo de um jeito que geralmente reservava às pessoas. No próximo capítulo, falarei sobre a primeira delas: o antropomorfismo.

2

Pessoas Honorárias

Eu faço carinho no aparelho para induzi-lo a funcionar direito.

— Uma resposta comum à pergunta "o que fazer para que a tecnologia coopere conosco?"[1]

Um colaborador do Reddit lamentou ter precisado trocar a privada após dezessete anos de serviço leal e "não ter tido a chance de se despedir". É um pouco incomum alguém querer se despedir de uma privada, mas admito ter acenado e dito "Adeus, casa" à minha casa anterior quando minha família e eu nos mudamos para a atual. E, mudando de assunto — de "deixar" para "amar" objetos —, é válido observar que, em uma pesquisa realizada pela Progressive Insurance[2], 32% dos entrevistados disseram que deram nomes a seus carros, e 12% disseram que, inclusive, comprariam um presente para o carro no dia dos namorados. Essa tendência de se relacionar com objetos como se fossem pessoas é chamada de "pensamento antropomórfico" e tem um grande impacto em nosso amor pelas coisas.

O pensamento antropomórfico significa que, em um nível consciente, você sabe que uma coisa não é uma pessoa, mas seu cérebro reage como se ela o fosse. Conforme eu disse no capítulo 1, o cérebro normalmente sente amor por pessoas. Então, para amar uma coisa, ele precisa tratá-la, pelo menos em parte, como se fosse uma pessoa. O antropomorfismo é a maneira mais direta de se fazer isso.

O robô falante iCat

O pensamento antropomórfico geralmente ocorre quando as coisas "se disfarçam" de pessoas ao se parecerem, se comportarem, ou soarem como humanos. Acontece que o cérebro adora esses disfarces, por isso eles nem precisam ser tão bons para funcionar. Por exemplo, a imagem acima mostra um gato de plástico falante. Christoph Bartneck e seus colegas da Universidade de Canterbury, na Nova Zelândia,[3] realizaram uma pesquisa na qual os participantes interagiram com esse gato falante por um tempo e, depois, receberam instruções dos pesquisadores para desligá-lo.

No entanto, assim que o gato de plástico "ouvia" as instruções dos pesquisadores, ele começava a implorar para que o deixassem vivo, suplicando aos participantes que não o desligassem. Com relação ao disfarce, o brinquedo era muito ruim, pois não parecia uma pessoa. No entanto, quando ele implorou para não ser desligado, os cérebros dos participantes responderam com muitos dos processos de raciocínio que normalmente utilizariam para se referir a pessoas, como ao relutarem em fazer algo que não agradaria o gato e, inclusive, ao argumentarem com ele para justificar aquela ação.

Em outro exemplo, Sara Kim, da Universidade de Hong Kong, e Ann L. McGill, da Universidade de Chicago,[4] elaboraram duas imagens de uma máquina caça-níqueis semelhantes às mostradas a seguir.[5]

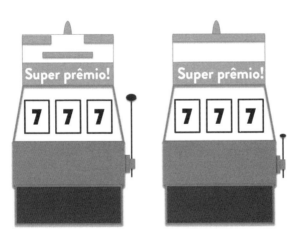

A única diferença entre as duas é que a da esquerda tinha luzes na parte de cima, que lembravam vagamente dois olhos e uma boca, e uma manivela mais longa, que, portanto, se parecia um pouco com um braço. As pesquisadoras mediram até que ponto as pessoas se consideravam capazes de manipular outras pessoas e, em contraponto, em que medida se sentiam vulneráveis à manipulação destas. Aquelas que se consideravam boas manipuladoras preferiram usar a máquina caça-níqueis com aparência humana (à esquerda), enquanto as pessoas que se consideravam manipuláveis viram mais chances de perder dinheiro nesta mesma máquina.

Esse experimento mostra que a tendência de ver objetos com aparência humana como dotados de qualidades humanas é tão forte que, mesmo que um objeto seja apenas minimamente antropomórfico, o cérebro responde a ele como se fosse humano. Podemos observar isso em estudos que examinaram o cérebro das pessoas enquanto elas observam objetos antropomórficos. Um estudo[6] se concentrou nos neurônios-espelho, responsáveis por promover empatia, desencadeando nas pessoas as mesmas emoções que observam em outras. A pesquisa descobriu que esses neurônios disparam não apenas quando se olha para pessoas, mas também quando se observa objetos antropomorfizados. Outro estudo[7] descobriu, ainda, que quando as pessoas antropomorfizam os objetos, essa atividade pode ser observada em regiões do cérebro que geralmente são utilizadas apenas para reflexões sobre pessoas — especificamente, o córtex pré-frontal medial e o sulco temporal superior.

Ao se deparar com objetos antropomórficos, o cérebro utiliza algumas das mesmas pistas para entender suas "personalidades" e as pessoas. As montadoras, por exemplo, projetam de maneira consciente os painéis dos carros, planejando-os com "rostos" diversos. A antropóloga evolucionista Sonja Windhager e seus colegas[8] descobriram que as pessoas atribuem traços de personalidade humana aos carros com base na aparência de sua parte dianteira — que os designers, por vezes, chamam de rosto. A maior diferença entre os rostos dos carros é que alguns (como o Subaru BRZ da imagem a seguir) projetam uma sensação de domínio, arrogância, raiva e, inclusive, hostilidade, enquanto outros (como o Austin-Healey Sprite, também conhecido como Bugeye) têm uma aparência mais gentil e adorável.

O Subaru BRZ tem um rosto que sugere "alta potência".

O Austin-Healey "Bugeye" Sprite tem um rosto amigável que indica "baixa potência".

A pesquisa mostrou, ainda, que o principal atributo do carro que influenciou esses julgamentos foi a percepção de um rosto infantil e não adulto na parte dianteira do veículo.

Em um estudo parecido, o professor de marketing Jan Landwehr e seus colegas[9] descobriram que, quando olhamos para rostos humanos, julgamos sua afabilidade com base no desenho da boca, e sua agressividade com base no desenho da boca e dos olhos. De maneira semelhante, as pessoas julgam a "afabilidade" de um carro com base no formato da grade da frente (ou seja, a "boca" do carro) e sua "agressividade" com base na grade e nos faróis (ou seja, seus "olhos").

Você pode estar se perguntando: Por que as pessoas iriam querer um carro que parecesse irritado ou hostil em vez de um outro que apresentasse um "rosto" feliz e sorridente? Seria razoável, apesar de incorreto, supor que o motivo disso é que as pessoas ricas e poderosas, que estão no topo da hierarquia social, sorriem muito e raramente ficam zangadas ou são hostis. Mas acontece que, em ambientes com diferentes grupos de pessoas, aquelas em posição de autoridade são as mais propensas a expressar desaprovação, raiva e hostilidade, enquanto aquelas que ocupam a base da hierarquia estão sempre sorridentes, independentemente do que estejam sentindo por dentro. Portanto, passamos a associar expressões faciais irritadas, arrogantes e hostis com "o chefe", e alguns clientes, especialmente os de carros de luxo e veículos esportivos, preferem produtos que transmitam a ideia de status social e de poder. Alguns clientes também acham que esses carros de aparência irritada transmitem "força" e, consequentemente, mais segurança.

É importante fazer uma ressalva: o antropomorfismo nos encoraja a tratar os objetos de maneira semelhante, porém não idêntica, à maneira como tratamos as pessoas. O consciente sabe que as coisas não estão vivas — e dificilmente se engana. Além disso, como os objetos antropomorfizados são *semelhantes* aos — mas não propriamente — humanos, a maneira como pensamos neles tende a ser um caminho do meio entre nosso jeito de pensar em objetos e em pessoas. As pesquisadoras Maferima Touré-Tillery e Ann L. McGill[10], por exemplo, pediram aos consumidores que olhassem os anúncios de uma empresa fictícia chamada CafeDirect, conforme ilustrado a seguir.

No primeiro anúncio, a mensagem está associada a uma caneca de café sorridente; no segundo, a uma pessoa sorridente. Os pesquisadores mediram a tendência geral de desconfiança dos consumidores em relação a outras pessoas, comparando isso ao quanto estes se deixaram influenciar pelo anúncio. Eles descobriram que o nível geral de confiança dos consumidores em outras pessoas afetava o quanto confiavam na caneca de café sorridente (quanto mais confiavam em outras pessoas, mais eram influenciados pela caneca). Isso revela que os consumidores estavam pensando na caneca como se ela fosse uma pessoa. Não surpreendentemente, os pesquisadores encontraram o mesmo padrão básico no anúncio da pessoa sorridente (ou seja, quanto mais os consumidores confiavam em outras pessoas, mais eram influenciados por essa imagem). É importante notar, porém, que a tendência geral de desconfiança dos consumidores em relação a outras pessoas teve um impacto maior na resposta deles ao anúncio da pessoa sorridente do que no da caneca de café sorridente. Ou seja, o cérebro dos consumidores reagiu à caneca sorridente como se esta fosse um pouco humana, porém menos humana do que uma pessoa de verdade.

O pensamento antropomórfico faz parte do nosso cotidiano, ainda que nem sempre saibamos reconhecê-lo. Se você não tem uma máquina de ressonância magnética funcional em casa, uma maneira de detectar o pensamento antropomórfico é prestar atenção sempre que falar com objetos. Uma pesquisa[11] mostrou que os objetos com os quais as pessoas costumam conversar com mais frequência são computadores e carros; já em outro estudo, mais de noventa outros objetos foram listados como interlocutores.

Outra maneira de descobrir se você tem se envolvido com o pensamento antropomórfico é percebendo como reage quando sente raiva dos objetos. Relembre alguma situação em que um computador ou outra maravilha tecnológica não funcionou da maneira que esperava. Você se sentiu zangado ou apenas frustrado? Raiva e frustração são coisas semelhantes. A diferença entre elas[12] é que sentimos raiva quando alguém faz escolhas que nos causam problemas, e nos sentimos frustrados com coisas que estão nos causando problemas, mas que não o fazem *de propósito* — cujas atitudes são o que são porque "o mundo é assim". Se um computador não está funcionando e sentimos não apenas frustração, mas também raiva, isso significa que, em um nível inconsciente, estamos respondendo a ele como se ele estivesse optando por não cooperar conosco.

O ANTROPOMORFISMO LEVA AO AMOR

Um dos jeitos de o cérebro tratar as coisas que parecem humanas como humanos é formando laços emocionais com elas.[13] Quando nos relacionamos com objetos, o cérebro pensa neles como parceiros sociais, e não simplesmente como objetos funcionais que nos oferecem benefícios práticos.[14] Sendo assim, a decisão de comprar mais de uma vez produtos que imaginamos serem vivos se baseia mais no quanto gostamos da "personalidade" deles do que nos benefícios práticos que eles nos trazem.[15]

Minha pesquisa com meu colega Philipp Rauschnabel mostrou, especificamente, que o pensamento antropomórfico está fortemente ligado ao amor.[16] Em um estudo, entrevistamos 1.100 alemães e perguntamos o quanto amavam suas marcas favoritas de roupas, chocolates, sapatos ou xampus; também pedimos que opinassem sobre a qualidade dessas marcas e, por fim, perguntamos até que ponto eles consideravam que esses produtos "pensavam por si mesmos" ou se eram um pouco antropomórficos de alguma maneira. Por meio desses dados, conseguimos analisar a força da ligação entre o amor das pessoas por um produto e a qualidade relativamente alta ou baixa que atribuíam a eles, bem como se tinham uma tendência a antropomorfizá-lo. O resultado não foi surpreendente: quanto mais qualidade as pessoas achavam que o produto tinha, maior era a probabilidade de amá-lo. No entanto, a tendência das pessoas a antropomorfizar um produto e a tendência a amá-lo era ainda mais forte — na verdade, *dezoito vezes mais forte.*[*]

Para citar um exemplo menos científico, porém muito mais fofo, havia uma história circulando na internet sobre uma menina de cerca de 5 anos que recebeu um aviso da mãe de que a pequena planta que ela tinha em casa, chamada Serena, não estava recebendo a quantidade adequada de luz solar. Então, a garotinha começou a levar Serena para passear no quarteirão, segurando-a sobre a cabeça, para ter certeza de que ela estaria pegando sol o suficiente. Tenho fortes suspeitas de que, se a menina e sua mãe não tivessem dado um nome à planta, não teria ocorrido à menina tratá-la com tanta gentileza. E, como a história apontou: "Gentileza é quando o amor se torna visível."

---

[*] No entanto, antes que alguém chegue à conclusão errada de que as pessoas não se importam com a qualidade do produto, é necessário um esclarecimento. Essa pesquisa criou uma situação semelhante à de consumidores indecisos entre duas opções finais de um produto. Geralmente, já no início do processo de compra, eles descartam aquilo que consideram ser de baixa qualidade. E, quando já estão escolhendo entre alguns finalistas, eles geralmente consideram que todos são de alta qualidade; então, nesse ponto, param de se preocupar tanto com a qualidade e focam em outros aspectos do produto. Muitas vezes, a escolha final é baseada em um sentimento intuitivo de atração, que faz parte do amor. E, quando as pessoas pensam em um produto em termos antropomórficos, tendem a amá-lo mais.

Quando pensamos em um objeto de maneira antropomórfica, ele se torna uma pessoa honorária, o que de certa forma é uma promoção. Quando isso acontece, muitos dos pensamentos e sentimentos positivos que temos em relação a pessoas podem passar para o objeto antropomorfizado. Isso explica por que, na maioria das situações, as pessoas veem os produtos antropomórficos como sendo melhores e tendo qualidade superior a outros similares, mas não antropomórficos.[17] Também vemos produtos antropomórficos como mais acolhedores, o que significaria que eles são mais propensos a nos tratarem bem — isso também pode explicar por que tendemos a confiar mais neles. E, sabendo disso, as empresas projetam carros autônomos, como o Waymo Firefly (da Google), para se parecerem com pessoas. Os consumidores consideram carros autônomos com aparência humana como motoristas mais "conscientes" e, portanto, mais competentes.[18]

Um desenho do Waymo Firefly, o protótipo de carro autônomo da Google

Embora geralmente o pensamento antropomórfico induza as pessoas a gostarem de coisas, o tiro pode sair pela culatra em algumas circunstâncias. Os pesquisadores Sara Kim, Rocky Peng Chen e Ke Zhang[19] conduziram um experimento no qual voluntários jogaram videogame e, enquanto jogavam, ganharam dicas para vencer no jogo. A equipe de pesquisa descobriu que os consumidores gostaram menos do jogo quando as dicas vinham de um personagem antropomorfizado, e mais quando elas simplesmente apareciam na tela. O problema de ter um personagem antropomórfico dando dicas era que, quando os jogadores ganhavam, eles sentiam que a vitória era menos merecida, porque recebiam ajuda em vez de ganharem sozinhos. Quando recebiam a mesma ajuda, porém vinda de outra fonte, esta não antropomorfizada, eles sentiam que a vitória era só deles.

ANTROPOMORFISMO E MARKETING

Os profissionais de marketing não deixaram passar nada disso. Produtos como o Mr. Clean, cuja marca, Procter & Gamble, é personificada como um personagem animado, foram antropomorfizados pela equipe de marketing por mais de 50 anos. Conforme apontam os autores Jing Wan e Pankaj Aggarwal,[20] ao longo dos anos, "o Mr. Clean fortaleceu sua faceta humana ao aparecer como o policial 'Grimefighter', como um 'homem mudado', quando uma nova fórmula foi introduzida e... no comercial 'Origin', de 2013, como alguém que trabalha duro desde a infância pela causa de combater a sujeira para ajudar outras pessoas."

Atualmente, as empresas estão procurando novas maneiras de fazer com que os consumidores pensem em seus produtos em termos antropomórficos. Pankaj Aggarwal e Ann L. McGill[21] mostraram que, se a empresa se referisse a um conjunto de garrafas como uma "família de produtos" e usasse uma imagem de garrafas em diversos tamanhos (conforme as mostradas a seguir), os consumidores as veriam em termos humanos e gostariam mais da marca do que se vissem uma imagem convencional de uma linha de produtos.

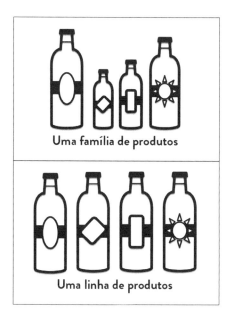

Outra maneira nova de levar os consumidores a verem os produtos como se fossem pessoas é fazer com que eles dialoguem com os usuários — como no caso de alguns telefones celulares, eletrodomésticos e carros. Essa conversa geralmente ocorre por meio das redes sociais, em que as empresas tuítam mensagens para os consumidores usando a primeira pessoa, falando como marca ou como mascote (por exemplo, em vez de um funcionário da empresa, é o próprio Burger King que pode tuitar). Simon Hudson, da

Universidade da Carolina do Sul, e seus colegas[22] descobriram que essas estratégias podem ser eficazes, porque quanto mais as pessoas antropomorfizam uma marca com a qual interagem online, mais forte e mais íntima se torna sua relação com ela.

Um dos produtos falantes mais populares é a Siri, que dá voz a muitos dispositivos da Apple. É tão comum as pessoas dizerem à Siri que a amam, que a empresa conta com uma variedade de respostas pré-programadas. Eis a minha favorita: "Aposto que você diz isso a todos os produtos da Apple." Isso também me lembrou do rapaz que perguntou para seu celular: "Siri, acho até que sou um cara bacana, mas não dou sorte com as mulheres. O que devo fazer?" Então o celular respondeu: "Meu nome é Alexa."

Do ponto de vista dos negócios, os profissionais de marketing precisam ter cuidado, porque o antropomorfismo é uma faca de dois gumes. Por exemplo, quanto mais os consumidores veem uma marca como quase humana, maior é a probabilidade de verem os aumentos de preços não apenas como muito altos, mas também injustos.[23] E eles geralmente ficam muito mais irritados quando ocorrem falhas em produtos antropomorfizados do que ficariam com produtos convencionais[24]. Essa raiva é parcialmente atribuída ao fato de que, quando um produto é visto como semi-humano, ele se torna moralmente responsável por seus erros. Se ele falhar com frequência, os usuários sentirão que é proposital.

Esses sentimentos acalorados de ira e ressentimento podem levar antes a um desejo de vingança do que à simples decisão de não comprar o produto ruim. Mesmo antes de a internet existir, clientes insatisfeitos reclamariam com seus amigos — e com razão — de uma empresa cujo desempenho é baixo, o que custaria a ela algumas vendas. Atualmente, no entanto, a internet impulsionou clientes insatisfeitos a se fazerem ouvir, e quanto mais irritados eles estiverem, mais esforço farão para divulgar suas reclamações.

Essa raiva também pode levar os consumidores a descontá-la diretamente no produto ruim. Em um estudo, 25% dos proprietários de computadores admitiram descontar a ira em seus dispositivos. Os ataques iam de bater neles a atirá-los pela janela.[25]

POR QUE O CÉREBRO FAZ ISSO?

O pensamento antropomórfico é um pouco estranho. Por que, então, pensamos assim? Talvez porque grande parte do cérebro evoluiu em uma época em que a existência humana envolvia ainda mais trabalhos em grupo do que nos dias de hoje. Como resultado, muitas partes do cérebro evoluíram para servir como ferramentas especializadas em compreender outras pessoas. Você já deve ter ouvido aquele ditado que diz: para quem sabe usar martelo, tudo parece prego. Então, para um cérebro que inclui diversas ferramentas para lidar com pessoas, muitas coisas tendem a parecer humanas.

Dito isso, entre as diversas pessoas que têm acesso a um determinado objeto, existem algumas que estão mais propensas a antropomorfizá-lo do que outras. Você já deve ter notado essa tendência de antropomorfização nas crianças. Há uma pesquisa[26] que corrobora isso. Aliás, tal tendência diminui um pouco ao longo da vida, até chegarmos aos 65 anos, que é quando ela torna a aumentar gradualmente. Curiosamente, entre os adultos, as pessoas que mais antropomorfizam as coisas também tendem a ser altamente imaginativas, criativas e intuitivas, características que associamos às crianças.

Existem dois tipos de situações que são muito mais prováveis de induzir ao pensamento antropomórfico. A primeira é na tentativa de aliviar o sentimento de solidão. Um exemplo famoso disso vem do filme *Náufrago*, em que o personagem de Tom Hanks, abandonado sozinho em uma ilha, cria um amigo imaginário chamado Wilson a partir de uma bola de vôlei. Em um exemplo semelhante da vida real, um homem entrevistado no podcast *Hidden Brain*[27] falou sobre o efeito que uma forte sensação de isolamento teve em sua vida:

> Foi uma época bastante solitária [...] Eu estava em meu apartamento, e uma das luminárias de chão parecia um poste [...] Ela se tornou minha amiga. Eu a abraçava com vontade porque, fisicamente, eu estava recebendo algum tipo de reação. Foi nesse momento que percebi que precisava fazer alguma coisa a respeito. Porque se chegar ao ponto de precisar abraçar uma luminária para se sentir menos carente não for um alerta, eu não sei o que é.

Embora este seja um exemplo extremo, mesmo os sentimentos normais e cotidianos de solidão aumentam nossa tendência a antropomorfizar objetos e animais de estimação.[28] No artigo apropriadamente intitulado "A solidão afeiçoa o coração (a robôs)", os pesquisadores[29] mostraram que quanto mais solitárias as pessoas, mais elas gostavam de um robô.

A segunda situação em que o cérebro recorre ao pensamento antropomórfico é quando queremos solucionar um problema que envolve um objeto, por exemplo, quando não conseguimos descobrir como fazê-lo funcionar.[30] Isso acontece principalmente quando as primeiras tentativas falham. Você já deve ter notado, por exemplo, que, ao girar a chave do carro, se ele não ligar, você simplesmente tenta de novo. Entretanto, se já tentou várias vezes e o carro ainda assim não ligou, você começa a conversar com ele. Um estudo consistente com esse fenômeno bastante comum demonstrou que, quando as pessoas queriam que um computador fizesse algo, mas não sabiam como, 73% delas o repreendiam, enquanto 52% adotavam uma abordagem mais carinhosa, conversando gentilmente com ele e incentivando-o a funcionar.[31]

Qualquer pesquisador científico entende que implorar a uma máquina, ameaçá-la ou demonstrar afeto por ela não a fará "mudar de ideia" e começar a funcionar. No entanto, as opiniões divergem quanto à antropomorfização de uma máquina ser, de uma maneira diferente, efetiva, no sentido de ajudar as pessoas a solucionarem seus problemas. A afirmação de que o pensamento antropomórfico nos ajuda nesse sentido é baseada em uma visão bastante otimista da natureza humana. Segundo ela, não teríamos evoluído para desenvolver algo se isso não nos ajudasse. Portanto, como as pessoas são mais propensas a usar o pensamento antropomórfico quando enfrentam um problema desafiador, isso significa que se trata de uma estratégia útil para solucionar esses problemas.

A maneira mais plausível de o pensamento antropomórfico nos ajudar na solução de problemas difíceis é mobilizando partes muito poderosas do cérebro, voltadas para lidar com pessoas (assunto que será discutido em detalhes no capítulo 9). Essa teoria assemelha o cérebro humano a um avião com poltronas de classe econômica e de primeira classe. O cérebro colocaria as *coisas* na classe econômica, em que há alguns poucos recursos mentais encarregados de diversos objetos, e as *pessoas* na primeira classe, em que há uma abundância de recursos. É possível que um objeto, quando antropomorfizado, obtenha o equivalente a uma promoção temporária para a primeira classe, na qual podemos utilizar partes poderosas do cérebro para pensar a seu respeito e encontrar soluções eficazes. No entanto, embora isso seja plausível, ainda não sabemos se o antropomorfismo realmente ajuda as pessoas a solucionarem problemas dessa maneira.

Não concordo com a premissa otimista de que, como as pessoas recorrem ao pensamento antropomórfico quando não conseguem fazer com que as máquinas façam o que elas querem, isso significa que ele venha a ser útil nessas situações. Só porque existe uma resposta comum a um problema não significa que esta seja útil. Por exemplo, quando nos desentendemos com alguém, muitas vezes colocamos a culpa do problema nessa pessoa. Não a culpamos por se tratar de uma boa maneira de solucionar o problema; fazemos isso porque é emocionalmente mais fácil do que pensar na nossa parcela de culpa na situação. Da mesma forma, não acredito que o pensamento antropomórfico seja uma boa maneira de fazer as máquinas funcionarem, porque elas são tão diferentes das pessoas que esse pensamento apenas nos induz ao erro. Então por que fazemos isso? Talvez porque a maioria de nós entenda muito mais de pessoas do que de carros, computadores e outros objetos. Assim, quando não sabemos como solucionar um problema técnico, por desespero, recorremos ao conhecimento que temos e começamos a tratar o objeto como se fosse humano. Infelizmente, as "soluções" que encontramos, a exemplo de tentar convencer um objeto, geralmente não passam de distrações.

ANIMAIS DE ESTIMAÇÃO

Os animais de estimação não são exatamente coisas, mas também não são pessoas. Nós certamente os amamos, principalmente por serem amigáveis e divertidos, mas também por fazerem bem à saúde. Até o National Institute of Health, um órgão conservador nesse tipo de questão, concluiu que interagir com animais de estimação é bom para as pessoas, especialmente para os idosos, já que eles nos dão amor, segurança e um senso de propósito na vida, o que é positivo para a saúde física e mental. Um estudo[32] mostrou que ter um animal de estimação aumentou a capacidade das pessoas com problemas cardíacos de seguirem um programa de reabilitação.

Os animais de estimação não só nos ajudam a cuidar da saúde, como também podem nos motivar a alcançar outros objetivos e a lidar com o estresse. Quando estamos estressados, o cérebro entra em modo de luta ou fuga, concentrando toda a atenção em objetivos imediatos de curto prazo. Isso é bom para lidar com uma emergência, mas também significa que todos os objetivos de longo prazo, que vão de perder peso até terminar um projeto importante, são ignorados. Pesquisas mostram que interagir com animais de estimação — ou até mesmo pensar neles[33] — pode reduzir nossa resposta ao estresse e nos ajudar a alcançar objetivos de longo prazo.

Os animais, ao contrário das coisas que amamos, são dotados de pensamentos e sentimentos. Nesse caso, o pensamento antropomórfico implica ver os animais como mais humanos do que eles são de fato. Estudos[34] descobriram que pessoas mais propensas a antropomorfizar coisas tendem a ter uma forte conexão pessoal com os animais, e assim como antropomorfizar objetos nos permite ter uma relação próxima com eles, o mesmo se aplica aos animais. Esse efeito foi sugerido em um estudo[35] com mascotes animais usados por equipes esportivas, que descobriu que os fãs preferem mascotes antropomorfizados com aparência híbrida — humano-animal — àqueles cuja aparência é fiel à de um animal.

Estou prestes a entrar em detalhes sobre as maneiras pelas quais as pessoas antropomorfizam os cães. Mas antes, quero deixar claro que, como alguém cuja família inclui dois cachorrinhos maravilhosos — Noodle e Dumpling —, eu me reconheço nessas descrições de donos de cães e não pretendo julgar ninguém. Por exemplo, eu costumo conversar com meus cachorros, dizendo coisas como: "Dumpling, o Noodle está te estressando e pedindo para brincar o tempo todo?" Mas, de acordo com o que Gary Larson apontou em seu clássico desenho animado *The Far Side* [*O Outro Lado*, em tradução livre], no episódio "What We Say to Dogs / What They Hear" ["O Que Dizemos aos Cães / O Que Eles Entendem", em tradução livre], Dumpling entende minha fala como: "Dumpling, blá blá blá blá blá."

Em minha pesquisa,[36] descobri que nossa tendência a antropomorfizar os animais de estimação geralmente vem em dois estilos, cada qual com seu padrão, que segue um dos tipos de relacionamento interpessoal. Em que tipo de relacionamento interpessoal você acha que essas descrições se baseiam?

- ❤ **Relacionamento pessoa-cão tipo 1.** As pessoas do tipo 1 preferem cachorros pequenos e fofos, que gostam de colo e carícias; gostam de comprar roupas e brinquedos para seus cães; acreditam que eles devem fazer o que os donos mandam e que é seu trabalho adestrar e moldar o caráter dos animais. Eles veem os cães como inocentes diante dos perigos do mundo exterior e, portanto, vulneráveis, necessitando de regras e restrições para o seu próprio bem. Essas pessoas veem seus cães como seres humanos _____.

- ❤ **Relacionamento pessoa-cão tipo 2.** As pessoas do tipo 2 gostam de cães grandes e com personalidade madura; elas supõem que eles são capazes de se defender fora de casa e elogiam sua inteligência; tendem a vê-los como iguais (ou quase isso); acreditam que, para manter o tipo certo de relacionamento com um cão, elas devem respeitar os desejos dele e não esperar que ele as obedeçam sempre. Essas pessoas veem seus cães como humanos _____.

Como você deve ter adivinhado, no primeiro tipo de relacionamento pessoa-cão, os cães são vistos como crianças, enquanto, no segundo tipo, são vistos como amigos. Em entrevistas realizadas com donos de cães pelo pesquisador australiano Michael Beverland e seus colegas,[37] as pessoas que viam seus cães como amigos ocasionalmente os soltavam da coleira, enquanto aquelas que os viam como crianças eram menos propensas a fazer isso, porque se preocupavam que outros cães "implicassem" com eles ou que se machucassem por não saberem como atravessar a rua com segurança. Uma das que tratava o cachorro como se fosse seu filho chegou a fazer um assento personalizado para ele no carro, com um cinto de segurança feito sob medida.

Nessas relações pessoa-cão, é fácil enxergar que alguns donos de cães (por vezes, de maneira inconsciente) se relacionam com eles da mesma maneira como entendem que deve ser a relação entre pais e filhos. Essa ideia vem recebendo apoio da neurociência. Em 2015, alguns pesquisadores[38] realizaram tomografias cerebrais em mulheres enquanto elas olhavam fotos de seus filhos e cães, e também dos filhos e cães de outras pessoas. Os resultados mostraram que o padrão de atividade cerebral delas era muito semelhante quando olhavam para os próprios filhos e cães, porém bastante diverso quando olhavam para os filhos e cães de outras pessoas. Aparentemente, quando as pessoas se referem a seus cães como seus "bebês peludos", de fato há algo por trás disso.

ACUMULAÇÃO: O GÊMEO MALIGNO DO AMOR

Por muito tempo, resisti a enxergar uma conexão entre amar as coisas e acumulá-las. Mas agora percebo que, embora acumular coisas não seja o mesmo que amá-las, as duas características são muito próximas. Existem três motivos principais para acumular coisas, e cada um tem pelo menos alguma ligação com o amor.

O primeiro é que os acumuladores têm uma crença irracional de que os objetos que acumulam serão de vital importância prática. Eles estão genuinamente convencidos, por exemplo, de que algum dia alguém aparecerá e perguntará se eles têm uma cópia do jornal local de anos atrás e, se não tiverem, isso será terrível. Assim, consideram totalmente razoável guardar todos os jornais já recebidos em enormes pilhas mofadas no canto da sala de estar.

É difícil deixar de ser um acumulador porque, em parte, apesar de essas crenças serem infundadas, elas são tenazes. Uma pessoa que pensa de maneira racional diria que as chances de um colecionador, ou de qualquer outra pessoa, precisar de um jornal antigo são extremamente baixas e, caso alguém precisasse de um, haveria a possibilidade de encontrá-lo na internet ou em uma biblioteca. Infelizmente, um dos motivos para o acúmulo ser classificado como um distúrbio psicológico é que esses argumentos racionais são rebatidos no cérebro dos acumuladores da mesma forma que uma bola de tênis volta ao bater em uma parede; assim, eles permanecem comprometidos com suas crenças autodestrutivas.

Essa crença irracional e exagerada sobre a utilidade potencial dos objetos acumulados é semelhante ao amor e, ao mesmo tempo, bastante diferente. Sim, as pessoas tendem a exagerar na utilidade e na importância das coisas que amam. Mas a diferença na extensão do exagero é enorme: no amor, ele pode ser até razoavelmente grande, mas na acumulação, o exagero muitas vezes é delirante e completamente desvinculado da realidade ("Certamente, um dia eu irei precisar daqueles sacos de sanduíche que usei vinte anos atrás").

O segundo motivo para as pessoas acumularem coisas é que os acumuladores integram fortemente os objetos acumulados à própria identidade,[39] o que faz parecer que se livrar deles seria como arrancar uma parte de si. Isso também é algo que a acumulação e o amor têm em comum.

A terceira semelhança entre o amor e a acumulação — e esta foi a que mais me surpreendeu — é que ambos frequentemente envolvem o antropomorfismo.[40] Isso é confirmado pelo fato de os acumuladores serem muito mais propensos do que outras pessoas a concordar com declarações como: "Meus bens podem ser atenciosos e simpáticos."[41] Por que o pensamento antropomórfico às vezes leva ao acúmulo? Porque, quando as pessoas veem os objetos como humanos, elas sentem uma obrigação moral em relação a eles. Em um certo estudo,[42] crianças e adolescentes viram um robô antropomórfico prestes a ser colocado em um armário e o ouviram dizer: "Tenho medo de ficar trancado no armário." Mais da metade desses jovens sentiu que era errado colocá-lo no armário, mostrando que sentiam uma obrigação moral para com ele. Outra pesquisa[43] mostrou que quanto mais as pessoas tendem a antropomorfizar objetos como computadores e motocicletas, maior a probabilidade de que pensem ser moralmente errado permitir qualquer prejuízo a esses objetos. Uma empresa de aluguel de carros, inclusive, descobriu que sempre que colocava nomes humanos nos carros alugados, os clientes tendiam a cuidar melhor deles.[44]

Parte dessa obrigação moral decorre de uma preocupação com os "sentimentos" do objeto. Um estudo[45] descobriu que as pessoas eram mais propensas a desligar as luzes ao sair de uma sala se houvesse nela um lembrete antropomórfico de uma lâmpada com aparência humana dizendo: "Estou queimando. Por favor, desligue-me", do que o seriam caso houvesse um lembrete convencional. Nos acumuladores, essa preocupação com os sentimentos dos objetos é muito mais forte do que na maioria das pessoas e pode levá-los a comprar coisas de que não precisam. Conforme explicou um colecionador:

> Se eu vejo um — UM — pacote de comida na prateleira [da loja], preciso pegá-lo, mesmo que não precisemos dele ou não o queiramos. Por acreditar que a coisa ficará muito solitária na prateleira, eu a pego para mim.[46]

Uma vez que um objeto chega à casa de um consumidor, o antropomorfismo também dificulta que essa pessoa o descarte. Pesquisadores[47] descobriram que, quando os produtos recebem descrições antropomórficas, os consumidores tendem a mantê-los por mais tempo em vez de comprar outros novos. Isso traz vantagens para o planeta; afinal, o ambiente seria muito melhor se, em vez de comprarmos sempre coisas novas, ficássemos com aquelas que já temos por mais tempo e as consertássemos. Mas os acumuladores levam essa vantagem longe demais, em parte porque enxergam as coisas como se elas tivessem vida própria. Marie Kondo, a famosa especialista em arrumação, aconselha as pessoas a se despedirem de seus objetos antes de se livrarem deles. Antes de compreender a conexão entre a acumulação e o antropomorfismo, pensei que isso não passava de um pequeno ritual peculiar. Mas agora percebo que pode ser um passo importante para ajudar as pessoas a se desfazerem de objetos que elas mesmas antropomorfizaram.

QUANDO SE AMA as coisas, isso significa que existe um forte vínculo emocional com elas, ainda que o cérebro costume limitar essas conexões amorosas às pessoas. Para formar esse tipo de apego, o relacionamento frio e pragmático padrão que se tem com as coisas precisa ser intensificado. O antropomorfismo é nosso primeiro relacionamento mais intenso, e ele age ao disfarçar as coisas de pessoas.

Quando antropomorfizamos um objeto, é mais fácil sentir que temos um relacionamento com ele. Esse sentimento é uma parte importante do amor. Mas acontece que ainda podemos ter a sensação de estar em um relacionamento com uma coisa, mesmo que esta não se pareça com ou fale como uma pessoa. Explicarei como isso funciona no próximo capítulo.

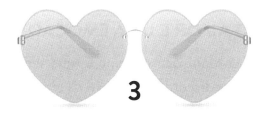

3

O Que Significa Ter um Relacionamento com uma Coisa?

Eu nem gosto de usar a palavra relacionamento.
Não sei o que ela significa.

— Ron Silver (1946–2009)

"Relacionamento" é uma palavra que usamos o tempo todo, mas que algumas pessoas têm dificuldade em definir. As coisas ficam ainda mais confusas quando falamos em "relacionar-se" com um objeto ou uma atividade. Este capítulo explica por que não é possível entender o amor sem entender o que é um relacionamento e, ainda, explora o que as pessoas querem dizer, de fato, quando falam que têm um relacionamento com seus hobbies, seus sapatos e muitas outras coisas da vida.

O AMOR É UMA EMOÇÃO?

Quase todos concordam que o amor é uma emoção. As únicas pessoas que parecem discordar disso são os cientistas que estudam o amor. Segundo uma das melhores equipes de pesquisa da área, Helen Fisher, Arthur Aron e Lucy Brown, "O amor é um estado que serve a um propósito e leva a uma série de emoções, em vez de a uma emoção específica."[1] Para deixar claro, ninguém nega que o amor é uma experiência emocional. Mas a maioria dos pesquisadores não o enxerga como uma emoção única e específica, como a raiva, a alegria ou o medo.

Existem dois argumentos principais contra a ideia de que o amor é uma emoção. O primeiro é que ele dura muito tempo. As emoções geralmente duram alguns minutos ou horas, mas o amor, muitas vezes, dura anos, ou até mesmo uma vida inteira.

O segundo é que ele tem uma carga emocional complexa demais para ser resumido a *uma* emoção. Na verdade, ele envolve várias. Se uma pessoa ama um console de videogame, perdê-lo a deixaria triste; pensar em comprar um jogo novo a enche de expectativa e ânimo; lembrar-se de jogos antigos que se costumava jogar a deixa nostálgica; e jogar, propriamente, pode fazê-la se sentir encantada e exultante e, ao mesmo tempo, desapontada e frustrada. Para além disso, a pesquisadora Sarah Broadbent[2] descobriu que algumas pessoas que amam times esportivos acreditam que o amor requer um pouco de raiva. Na visão desses fãs de carteirinha, se o time do coração de alguém perdesse e ele não sentisse raiva devido ao mau desempenho, essa pessoa não o amava de verdade. Como o amor envolve todas essas emoções diversas, segundo o argumento, ele não pode ser uma emoção única e específica.

Outros estudiosos proeminentes,[3] no entanto, argumentam que o amor *é, sim,* uma emoção, e quando, em suas pesquisas, perguntam às pessoas com que frequência elas "sentem amor", ninguém tem dificuldade em entender a pergunta. Se não houvesse uma emoção específica que corresponde ao que chamamos de amor, os voluntários não ficariam confusos com essa pergunta?

As duas visões contêm um pouco de verdade, mas são incompletas. A palavra "amor" pode ter diversos significados legítimos. Um deles é que o amor é uma emoção, uma forma de afeto muito forte que está associada à liberação de ocitocina no cérebro. A ocitocina é um neurotransmissor e um hormônio que, às vezes, é chamado de "hormônio da felicidade", porque está associado ao sexo, à amamentação, à confiança, à empatia e aos relacionamentos íntimos. Como todas as emoções, essa forte afeição não dura muito. Muitas vezes, isso acontece quando vemos uma pessoa fazer algo particularmente cativante; neste caso, podemos sentir o que minha esposa chama de "coração quentinho", um calor borbulhando no peito (talvez isso explique por que as pessoas pensam que o amor vem do coração). Também tendemos a inclinar a cabeça para o lado e dizer "Own", algo que os cientistas[4] chamam de "expressão de fofura". Embora a emoção do amor seja frequentemente associada a crianças e a animais fofos, também podemos senti-la em relação a adultos quando eles nos demonstram amor ou fazem algo particularmente admirável.

Esse amor afetuoso é uma emoção bastante rara no relacionamento com as coisas. Tente fazer este pequeno experimento. Pense em uma criança que você ama e imagine-a fazendo algo especialmente fofo. É bem provável que você sinta um calor no peito ao pensar nela. Agora, pense em uma coisa que você ama, como seu carro, seu jardim, uma dança, uma música ou seu time do coração, e preste atenção nas sensações que isso provoca. Ao pensar em uma coisa que ama, você pode até sorrir, mas provavelmente não terá a mesma sensação de calor no peito que sentiu quando pensou na criança. Se *teve*, é muito provável que você tenha pensado em um animal fofo, um bicho de pelúcia ou em uma fotografia de uma pessoa. Essas exceções confirmam a regra. Embora os animais, os bichos de pelúcia e as fotografias não sejam pessoas, são coisas que o cérebro trata como se fossem. Por isso, elas reforçam a conclusão de que a emoção do amor está intimamente ligada às pessoas e não se traduz bem com relação às coisas.

Existe outro significado legítimo para a palavra *amor* — a que os pesquisadores se referem quando dizem que ele não é uma emoção. Segundo eles, o amor é um tipo de relacionamento semelhante à amizade e mais ou menos oposto à inimizade. Tal como outros relacionamentos, os amorosos podem durar décadas, na alegria e na tristeza, na saúde e na doença. E eles envolvem mais do que um sentimento. Por exemplo, amar significa fazer coisas boas para o objeto de amor, ter pensamentos positivos sobre esse objeto e (muitas vezes inconscientemente) enxergá-lo como parte de si.

O fato de o relacionamento amoroso e a emoção amorosa serem ambos chamados de "amor" sugere que existe uma forte conexão entre essas duas coisas. Não tenho conhecimento de nenhuma pesquisa que tenha aprofundado a questão, mas suspeito que sentir essa emoção em relação a algo ou alguém nos faça querer estabelecer um relacionamento amoroso. Dito isso, não existe uma conexão perfeita entre esses dois elementos. Em primeiro lugar, porque é possível sentir a emoção do amor em relação a coisas que não amamos; isso acontece comigo toda vez que vejo um gatinho. Em segundo lugar, porque, embora isso possa parecer contraditório, as pessoas frequentemente sentem amor por coisas (e pessoas) sem sentirem a emoção específica do amor. Geralmente, quando elas dizem que sentem isso por uma coisa ou uma pessoa, na verdade, o que sentem é felicidade quando algo de bom acontece com o objeto de amor; empatia e tristeza quando algo de ruim lhe acontece; saudade quando ele não está por perto ou empolgação ao pensar em seu retorno — e, especificamente no caso de relacionamentos amorosos sexuais, desejo.

Quando as pessoas falam sobre as coisas que amam, quase sempre usam a palavra *amor* para dar significado a esse relacionamento, e não à emoção do amor. É por isso que, quando uso essa palavra, geralmente também me refiro ao relacionamento amoroso, a menos que eu especifique que estou falando da emoção. Preciso dizer, ainda, que o amor é apenas um dos muitos relacionamentos que as pessoas podem ter com as coisas, o que foi tema de uma pesquisa bastante confiável realizada por Susan Fournier[5], da Universidade de Boston.

O fato de você amar algo significa que existe um tipo particular de relacionamento entre você e essa coisa, e por isso precisamos analisá-lo com atenção.

RELAÇÃO UNIDIRECIONAL VERSUS RELAÇÃO BIDIRECIONAL: MAIS PARECIDAS DO QUE A MAIORIA SUPÕE

De maneira objetiva, amar uma pessoa geralmente envolve uma relação bidirecional, e amar uma coisa, uma relação unidirecional. Subjetivamente, no entanto, nem sempre é o caso. Em um estudo, Matthew Thomson e Allison Johnson[6], da Faculdade de Negócios da Universidade Queen's, organizaram os participantes em três grupos e solicitaram a um deles que descrevesse um relacionamento com um parceiro ou um amigo, a outro que descrevesse um relacionamento com um prestador de serviços (um médico ou um cabeleireiro, por exemplo) e ao terceiro grupo, que descrevesse um relacionamento com uma marca (Apple ou Coca-Cola, por exemplo). Os entrevistados, então, responderam até que ponto concordavam com afirmações do tipo: "Meu relacionamento com X é mútuo", quando questionados se o relacionamento era uni ou bidirecional. Os resultados mostraram que, em termos de considerarem o relacionamento uni ou bidirecional, *não* houve uma diferença significativa entre aqueles que abordaram relacionamentos interpessoais e os que abordaram relacionamentos entre pessoas e coisas. Isso não significa que amar pessoas e amar coisas não sejam coisas diferentes, mas mostra que esses dois tipos de relacionamentos têm mais em comum do que se imagina. Esse achado relativamente estranho tem duas causas principais.

A primeira é que o amor interpessoal nem sempre é bidirecional. Quando as pessoas sentem afeição por outras, em cerca de 40% das vezes, elas estão apenas pensando nessas pessoas, e não interagindo com elas.[7] Mesmo que as pessoas em quem estão pensando correspondam ao seu amor, no momento em que pensam nelas e sentem uma onda de afeto, por exemplo, seu relacionamento está sendo mais unidirecional do que bidirecional. Além disso, pesquisas sobre as formas pelas quais os parceiros veem uns aos outros mostram que as percepções de cada um tendem a ser tão diferentes que é quase como se essas pessoas estivessem em dois relacionamentos distintos.[8]

A segunda é que nosso amor pelas coisas pode parecer mais bidirecional do que realmente é. Essa sensação de ter uma relação bidirecional com um objeto de amor é, muitas vezes, resultado do antropomorfismo. Por exemplo, o professor Youngme Moon, da Harvard Business School,[9] descobriu que, se um computador falar um pouco sobre si (a velocidade de seu processador), os usuários retribuirão, revelando informações pessoais de suas vidas. Todavia, mesmo que um objeto de amor não seja particularmente antropomórfico, as pessoas ainda podem sentir que têm um relacionamento bidirecional com ele. Coisas não antropomórficas geram a sensação subjetiva de que estamos tendo uma relação bidirecional com elas em virtude de sua responsividade e do conforto emocional que nos proporcionam.

Responsividade

Responsividade significa que as pessoas prestam atenção e respondem rapidamente umas às outras. Essa característica tem se mostrado importante para manter casamentos duradouros.[10] Além disso, em estudos realizados com ratos, verificou-se que ela estimula a atração.[11] Quando as pessoas amam organizações sem fins lucrativos ou empresas que fabricam seus produtos favoritos, a responsividade se traduz na rapidez e no cuidado com que a organização responde aos questionamentos dos outros. Em minha pesquisa,[12] descobri que esse fator é importante tanto para homens quanto para mulheres. Mas um estudo interessante[13] sobre as relações dos consumidores com as marcas, realizado pelo professor de marketing Alokparna Monga, descobriu que as mulheres se importam mais do que os homens com a responsividade das marcas.

As pessoas podem amar as organizações, em parte, porque estas lhes são responsivas, o que significa que quem trabalha nesses estabelecimentos preza por elas e por suas necessidades. Os animais também podem prestar atenção em nós ou nos ignorar (uma das vantagens de ter cães, por exemplo, é que eles ficam muito felizes em nos ver). No entanto, a maioria das coisas que amamos são objetos ou atividades que não podem prestar atenção em nada. O que significa, então, responsividade?

Imagine um músico tocando um contrabaixo. À medida que ele se curva, as cordas vibram em resposta. Ao ouvir o seu som, o músico ajusta seu dedilhado e sua inclinação, o que por sua vez gera novos sons. Quando isso acontece, esse "diálogo" entre o músico e o instrumento cria uma forte sensação de intimidade. Veja o que este baixista tem a falar sobre seu instrumento:

> Tenho um contrabaixo. É um belo instrumento. Consigo sentir as cordas vibrando. Somos inseparáveis há muitos anos [...] A experiência de produzir música é bastante pessoal e íntima, e o baixo é um verdadeiro parceiro nessa atividade.

Conforto Emocional

Embora tenhamos consciência de que os objetos não amam, às vezes, sentimos intuitivamente que as coisas que amamos retribuem nosso afeto. Quando as pessoas nos trazem conforto emocional, isso cria uma sensação de intimidade que pode ser uma indicação de que elas nos amam. Da mesma forma, se os objetos nos trazem esse conforto, podemos nos sentir amados por eles, já que nos dão a sensação de que nosso relacionamento é bidirecional. Por exemplo, muitas crianças sentem que seus bichos de pelúcia retribuem seu amor, porque os brinquedos lhes trazem uma sensação de conforto. E mesmo quando já passamos da fase de gostar de ursinhos de pelúcia, ainda encontramos conforto em diversas coisas, como comidas, TV, música, exercícios, álcool, livros e a natureza, entre muitas outras.

OS OBJETOS SÃO PERIGOSOS?

As pessoas podem até julgar você, mas aquele biscoito de chocolate nunca vai criticá-lo e nem rejeitá-lo. Entrevistei uma pessoa que, quando abandonada por uma namorada, recorreu ao seu amado computador em busca de consolo. Seus comentários deixaram claro que um dos benefícios do computador era que ele nunca a deixaria. E, de fato, a acadêmica Jodie Whelan, que trata do apego em suas pesquisas, e seus colegas[14] descobriram que quanto mais ansiosas as pessoas são em seus relacionamentos interpessoais, maior é a probabilidade de elas desenvolverem relacionamentos fortes com as marcas.

Isso também é comum em relacionamentos com animais de estimação: uma pessoa que entrevistei[15] disse: "Eles não questionam nada do que faço e me dão amor incondicional [...] É muito gratificante."* Mas nem todos se sentem assim. Há alguns anos, fiquei impressionado com um testemunho que li na coluna de conselhos "Dear Abby", na qual "Larry, de Delaware" estava com ciúmes da afeição que seu gato nutria pela vizinha. Ele reclamou que, quando o gato a via, começava a ronronar, mas que não fazia o mesmo para ele. Então, Larry concluiu que o gato estava sendo infiel. A resposta da colunista foi que, se o gato estivesse apaixonado pela vizinha, não havia muito o que fazer, apenas aceitar a situação e seguir em frente.

E não são apenas os animais que podem nos rejeitar. Pessoas solitárias ou isoladas costumam travar amizade com aquelas que lhes prestam algum tipo de serviço, como cabeleireiros, bartenders e vendedores, porque sentem que estas não as rejeitarão.[16] Mas mesmo os prestadores de serviços, as empresas e os produtos nem sempre sentem a necessidade de retribuir nossa afeição. Os profissionais de marketing costumam gostar que suas marcas e seus produtos "se façam de difíceis" às vezes, esperando que isso os torne mais atraentes. Uma técnica bastante comum é criar a impressão de que um produto é escasso. Por isso há a placa limitando o consumo a "dois por pessoa" ao lado de alguns itens, sugerindo que, devido ao preço baixo, não haverá produtos suficientes para todos. Os profissionais de marketing também gostam de criar a impressão de que apenas os "exclusivos" obterão seus produtos e

---

* Um amigo meu, Jeremy Wood, observou que isso também pode valer em relacionamentos com pessoas que já faleceram — "Meu relacionamento com minha mãe tem sido ótimo desde que ela morreu", declarou, *brincando*.

de que alguém pode não estar à altura disso. Clubes de campo e condomínios costumam criar essa impressão por meio de um processo seletivo de admissão. As faculdades reforçam seu prestígio se gabando das altas notas de corte, o que nos leva a pensar que são como boates: seu nível de exclusividade depende mais de quem rejeitam do que de quem aceitam.

Os vendedores de lojas de artigos de luxo são famosos por tratar a maioria dos clientes de maneira distante (ou até mesmo rude), como se dissessem: "As pessoas que compram produtos desta marca pertencem a um clube exclusivo, e você provavelmente não é rico ou famoso o suficiente para ser membro dele." Quando percebi que essa estratégia é muito comum, me pareceu não apenas desagradável, como também uma péssima prática comercial, que devia estar custando às empresas uma fortuna em vendas perdidas. No entanto, Morgan Ward, da Universidade Metodista Meridional, e Darren Dahl, da Universidade da Colúmbia Britânica,[17] descobriram que, quando uma marca é muito cara, e os consumidores aspiram a comprar dela (como uma forma de ostentação), o tratamento distante da equipe de vendas apenas confirma que, de fato, a marca é ligeiramente boa demais para eles *e isso aumenta ainda mais o seu desejo por ela*.

A Ford levou isso ao extremo, fazendo com que os possíveis compradores de seu supercarro Ford GT de US$500 mil, cuja produção foi limitada, preenchessem um formulário para a compra. A empresa fabricou apenas 1.350 carros e recebeu 6.500 formulários de interessados. Se o requerente fosse famoso, tivesse muitos seguidores nas redes sociais, fosse um conhecido aficionado por carros, concordasse em levar o carro a diversas feiras de automóveis e em dirigi-lo regularmente em vez de deixá-lo parado na garagem — em excelente estado, como um investimento —, seu pedido provavelmente seria aprovado.

Os programas de fidelidade das companhias aéreas provavelmente são o exemplo mais comum de produtos que conferem acesso a um clube de elite. Se você voa com frequência, ganha um relacionamento privilegiado com a companhia aérea que inclui um número de telefone especial para contato, tempos de espera mais curtos, acesso a um lounge chique, os melhores assentos no avião e muitos outros agrados. Não tenho orgulho disso, mas admito que é bom ser membro da "elite" desses programas. Lembro-me de uma vez que tive minha mala esmagada com tanta força por uma companhia aérea que a armação de metal entortou. Quando fui ao balcão de atendimento, a atendente disse que, como era a alça que havia quebrado, e a garantia deles não cobria isso, eles não poderiam trocar a mala. Então, o telefone tocou, e ela atendeu, comentando com outro funcionário sobre a pessoa do outro lado da linha: "É o Sr. Fulano, ligando para falar sobre uma mala danificada." Ao que o funcionário respondeu: "Ah, ele é um cliente *elite ouro*; dê-lhe uma mala nova." Fiquei de queixo caído, e rapidamente saquei da carteira meu cartão do programa de fidelidade, mostrando que eu também era um cliente elite ouro. "Por que você não falou isso antes?", perguntou a atendente. E imediatamente saiu de trás do balcão e me escoltou até um depósito repleto de malas novas. "Pode escolher qualquer uma", disse.

Quando um vendedor nos trata de maneira indiferente ou uma marca de carro rejeita nossa compra, esses relacionamentos podem parecer prejudiciais. As coisas também podem parecer dessa forma quando são nocivas para o corpo, como a junk food, que é tentadora, mas nem um pouco saudável. Por um lado, as pessoas sentem que essas coisas são fontes confiáveis de conforto. Por outro, sabem que são nocivas, o que leva algumas delas a sentir que estão em um relacionamento abusivo.

Curiosamente, a pesquisa realizada pela estudante de doutorado Julia Hur e seus colegas[18] mostrou que doces antropomorfizados (digamos, um biscoito com um rosto desenhado) faz com que pessoas de dieta fiquem mais propensas a sucumbir à tentação. No estudo de Hur, todos os participantes disseram estar fazendo dieta. Alguns receberam uma bandeja de biscoitos simples com um bilhete que dizia apenas: "Este é o Cookie"; outros receberam uma bandeja de biscoitos com um rosto desenhado, e um bilhete dizendo: "Oi, sou o Sr. Cookie" (veja as imagens a seguir).

Oi, sou o Sr. Cookie   Este é o Cookie

Os participantes foram orientados a comer quantos biscoitos quisessem. Aqueles que receberam o "Sr. Cookie" comeram mais biscoitos do que os que receberam o biscoito simples. Por quê? Bem, os participantes que pegaram o Sr. Cookie sentiram que "ele" os havia encorajado a comer mais e que, portanto, fora parcialmente responsável por sua indulgência. Na maioria dos casos, considerar o Sr. Cookie como um bode expiatório foi um gesto inconsciente. Para minha surpresa, no entanto, diversas pessoas culparam explicitamente o Sr. Cookie por suas escolhas.

PERTINHO DE VOCÊ

Às vezes, peço às pessoas que estou entrevistando para fazer uma lista das coisas que amam em ordem decrescente e me explicar por que amam mais um determinado item do que outro. As respostas a seguir são todas muito frequentes. Qual você mais ouviu?

A. Amo meu telefone mais do que meu computador, porque ele funciona perfeitamente, e o computador às vezes trava.

B. Amo meu telefone mais do que meu computador, porque o uso o dia todo, e só uso o computador cerca de 3 horas por dia.

C. Amo meu telefone mais do que meu computador, porque ele tem uma capa muito legal e as pessoas me elogiam o tempo todo por isso.

Todas são relevantes, mas a resposta mais frequente é, de longe, a B — que iguala a quantidade de amor à quantidade de tempo de uso. Estranho, não é? Em um exemplo digno de nota, uma mulher disse que costumava amar seu iPod, mas que agora não o ama mais. Por quê? Não porque o aparelho mudou ou porque ela encontrou algo que amava mais; é que ela conseguiu um novo emprego e, em vez de um longo trajeto, agora só precisa fazer uma curta caminhada até o trabalho, usando menos o iPod. Ela não parou de usá-lo porque deixou de amá-lo; ela parou de amá-lo porque deixou de usá-lo. O que está acontecendo aqui?

Tive uma epifania sobre esse assunto enquanto lia sobre um questionário chamado Inventário de Proximidade de Relacionamento.[19] Os pesquisadores usam as perguntas dessa pesquisa para medir a intimidade entre duas pessoas. Por exemplo, para determinar quão próxima uma pessoa é de um amigo, o Inventário pergunta quanto tempo por dia, em média, o entrevistado e o amigo passam juntos, sozinhos. As coisas começaram a fazer sentido: quando as pessoas falam sobre a quantidade de tempo que passam com um objeto de amor, elas estão tentando entender quão íntimo é esse relacionamento. Isso remete à definição de amor dada por Elaine Hatfield e Richard Rapson, da Universidade do Havaí,[20] que escreveram que o amor é "a afeição e a ternura que sentimos por aqueles com quem *nossa vida está profundamente entrelaçada*" (destaque nosso).

Essa noção ganha utilidade quando pensamos em organização. Se você tem um objeto que sabe que deve descartar, porém se sente apegado emocionalmente, coloque-o em um lugar fora de sua vista por um ano. No momento em que parar de interagir com ele, sua conexão emocional enfraquecerá, e talvez se torne mais fácil desfazer-se dele. Quando se trata das coisas que amamos, sua ausência não aumenta a nossa afeição por elas; apenas faz com que nos tornemos indiferentes.

OBRIGAÇÃO MORAL?

Uma das principais características dos relacionamentos é que eles estipulam um modelo de comportamento adequado. Por exemplo, em uma relação entre empregador e empregado, o empregador estaria violando as normas sociais se solicitasse a um empregado horista que fizesse um trabalho não remunerado para a empresa. Em uma amizade, no entanto, se duas pessoas não estão dispostas a fazer algum trabalho não remunerado uma pela outra, elas não são amigas de verdade. De todos os diversos tipos de relacionamentos, se você ama uma pessoa, o nível de obrigação esperado torna-se mais alto. Se você não está disposto a fazer sacrifícios reais por alguém que diz amar, então não é amor.

Será que isso também vale para o amor pelas coisas? Quando as pessoas amam uma coisa, elas sentem que têm uma obrigação em relação a ela? E inversamente, elas sentem que as coisas que amam deveriam tratá-las particularmente bem em virtude da natureza especial de seu relacionamento?

Altruísmo Versus Investimento

O investimento (desistir de algo agora para obter mais depois) é diferente do altruísmo (desistir de algo agora para ajudar os outros). As pessoas investem muito tempo, trabalho e dinheiro nas coisas que amam. Como alguém que entrevistei disse sobre seu amado baixo: "Sacrifiquei muita coisa para poder tocar o instrumento e trabalhar com ele."[21] Mas esse tipo de sacrifício é um investimento. As pessoas esperam que seus sacrifícios sejam recompensados no futuro — quando ficam felizes em tocar habilmente um instrumento, por exemplo.

Quando amamos as pessoas, investimos tempo e energia em nossos relacionamentos e esperamos recuperar esse investimento à medida que continuamos a desfrutar deles no futuro. Mas também fazemos sacrifícios altruístas por outras pessoas sem uma expectativa clara de que seremos recompensados. Isso também é positivo, pois sem o cuidado altruísta e diário dos pais, as crianças não chegariam à idade adulta. Esses tipos de sacrifícios altruístas, no entanto, são menos comuns em relacionamentos com as coisas que amamos — geralmente não sentimos por elas a mesma obrigação moral que sentimos pelas pessoas, algo que considero perfeitamente razoável. Embora não seja ético tratar uma pessoa como um objeto, geralmente não há problema em tratar um objeto como tal.

Embora seja menos provável que façamos um sacrifício altruísta por uma coisa do que por uma pessoa, isso pode ocorrer. Pense nos ambientalistas que protegem áreas naturais, impedindo a invasão desenvolvimentista e turística. Eles podem até perder a chance de visitar essas áreas, mas, para eles, é mais importante garantir que os ecossistemas permaneçam saudáveis. Outro exemplo interessante, tal como descrito por Aruna Ranganathan, da Universidade de Stanford,[22] é o de artesãos que dão descontos a potenciais compradores na esperança de que estes cuidem bem de seus produtos artesanais. Eles sacrificam um pouco de dinheiro para garantir que suas amadas criações consigam um bom lar.

Monogamia com Marcas?

O nosso amor romântico pelas pessoas geralmente envolve a monogamia. Mas será que isso também se aplica ao amor pelas marcas? Algumas pessoas parecem acreditar que sim — como o homem que postou o seguinte comentário na internet: "Estou em um dos primeiros estágios da traição em um dos relacionamentos mais duradouros da minha vida (de consumidor). Eu traí a Apple." Outras são da opinião de que os humanos não devem uma promessa de monogamia a objetos ou marcas — como disse o homem que respondeu ao comentário anterior: "Só de você pensar em dizer 'traí a Apple' já é algo patético o suficiente."

Patético ou não, muitas pessoas se veem em um relacionamento monogâmico com suas marcas prediletas. Trair uma marca pode significar uma de duas coisas: alguns pensam que estariam trapaceando se comprassem de uma marca concorrente; outros acreditam que ser leal a uma marca amada significa colocá-la em primeiro lugar, mas apenas se ela oferecer o que estão procurando; caso contrário, eles se sentem à vontade para comprar outra coisa.

Falando em traição, uma vez ouvi uma mulher falar sobre a tendência do marido de olhar para mulheres atraentes: "Ele pode até sentir apetite em outros lugares, desde que coma em casa, não me importo." As empresas fariam bem em adotar a mesma atitude em relação a seus clientes fiéis. A professora de marketing Irene Consiglio e seus colegas[23] descobriram que, em muitos casos, quando as pessoas se consideram leais à marca X, mas depois "flertam" com a marca Y, admirando-a ou experimentando-a, mesmo que a marca Y as impressione, sua atração pela marca X aumenta.

EFEITOS DE TRANSMISSÃO

Quando comportamentos que evoluíram para a vida em coletividade são aplicados ao nosso relacionamento com as coisas, ou vice-versa, chamo isso de "efeito de transmissão". Por exemplo, os pesquisadores Oscar Ybarra, David Seungjae Lee e Richard Gonzalez[24] descobriram que, quando as pessoas ficam inseguras ou se sentem incompatíveis em seus relacionamentos amorosos, isso não apenas as faz querer "dar uma olhada no mercado" — no sentido figurado — em busca de um parceiro melhor, como também literalmente sair às compras, considerando uma grande variedade de opções de produtos, mesmo que isso não tenha nada a ver com seu relacionamento amoroso.

As professoras Kristina Durante e Ashley Rae Arsena[25] também mostraram que, quando as mulheres estão no período fértil do ciclo menstrual, as mudanças hormonais as levam a ficar um pouco mais atentas aos homens atraentes ao seu redor. Novamente, isso influencia diretamente seu relacionamento com as coisas, levando-as a explorar uma variedade de opções de produtos. Por outro lado, quando solicitadas a tirar e pôr suas alianças, mulheres casadas no período fértil lembravam-se de seus compromissos conjugais, o que também afetava suas compras, deixando-as menos interessadas em explorar uma variedade de produtos.[25]

Esses efeitos de transmissão influenciam não apenas quantos produtos as pessoas consideram comprar, mas também o tipo de marcas que acham atraentes. Os consumidores costumam atribuir "personalidades" às marcas, tais como divertidas, legais, nerds, atenciosas, agressivas, malvadas, e assim por diante. Em termos de personalidade, elas tendem a se enquadrar em dois grupos: as empolgantes e as sinceras.[26] Os consumidores veem marcas como a Hallmark como sinceras, o que significa que ela é calorosa, atenciosa, voltada para a família e, muitas vezes, tradicional. Alguns sinais de que um anúncio está tentando conferir à marca uma personalidade sincera envolvem casamentos, reuniões de família, a bandeira nacional, pessoas chorando, momentos nostálgicos, crianças fofas, cachorrinhos fofos, ou qualquer coisa fofa, na verdade. Os consumidores também veem marcas como empolgantes — por exemplo, a Porsche e o resort e cassino Bellagio, em Las Vegas, o que significa que a marca é divertida, jovem, cheia de energia e, por vezes, um pouco transgressora. Alguns sinais de que um anúncio está tentando conferir à marca uma personalidade empolgante envolvem carros velozes, estrelas pop dançando, modelos com pouca roupa ou pessoas pulando de penhascos.

Esses dois tipos de personalidade são análogos a dois tipos de pessoas no mundo da paquera. As marcas empolgantes, que são atraentes mas nem sempre confiáveis, são como as "gatas" sexy ou, como Susan Fournier, da Universidade de Boston, as chama, "pegáveis".[27] Marcas sinceras, por outro lado, são como as pessoas "para casar" — o cara e a garota legais, que podem não fazer o coração bater mais rápido, mas que oferecem muitas recompensas a longo prazo. Fournier e seus colegas, Jennifer Aaker e S. Adam Brasel,[28] descobriram que o relacionamento dos consumidores com marcas empolgantes tende a se parecer com um caso — ou seja, há um envolvimento rápido, mas depois acaba. Por outro lado, o relacionamento dos consumidores com marcas sinceras, assim como o relacionamento amoroso com alguém para casar, tende a se aprofundar com o tempo.

É nesse ponto, no entanto, que as coisas ficam um pouco (ou mais) estranhas. Como diz o ditado: "As brigas entre amantes renovam o amor."* Mas será que isso também vale para as coisas que amamos? Acontece que, se os consumidores têm uma experiência ruim com uma marca (por exemplo, o produto quebra ou o atendimento ao cliente é ruim), isso prejudica seu relacionamento com marcas sinceras; porém, como em uma briga entre namorados, pode revigorar seu relacionamento com marcas empolgantes. Isso parece estar atribuído à crença, por parte dos consumidores, de que o problema, em primeiro lugar, nunca deveria ter acontecido quando se trata de uma marca sincera. Por outro lado, quando se trata de marcas empolgantes, o fato de haver um problema não é nenhuma surpresa, mas o fato de resolvê-lo, sim. Nesses casos, as pessoas se sentiram mais próximas da marca empolgante depois da resolução do problema, algo que não sentiriam se nada tivesse acontecido.

As formas pelas quais as pessoas se relacionam com marcas empolgantes e sinceras também diferem com base na segurança que sentem quanto à sua própria atratividade. No namoro, as pessoas mais ansiosas e preocupadas com uma eventual rejeição geralmente preferem alguém que consideram acolhedor. A pesquisadora Vanitha Swaminathan, que estuda o apego emocional, e seus colegas[29] demonstraram exatamente isso ao descobrir que as pessoas ansiosas em relacionamentos amorosos tendem a favorecer marcas sinceras — os caras e meninas legais do mundo das marcas. Por outro lado, aquelas que não se preocupam muito

---

* Este gracejo foi atribuído ao dramaturgo francês do século XVII Jean Racine, bem como a Terence (dramaturgo do século II a.C., conhecido por suas comédias).

com a possibilidade de rejeição sentem-se desconfortáveis com o compromisso e a intimidade; por isso, elas tendem a preferir caras "maus" e minas "malvadas" e sensuais, que provavelmente não exigirão muito comprometimento. Essas preferências de relacionamento se estendem ao amor pelas coisas: tais pessoas tendem a favorecer marcas empolgantes — os caras maus e as minas malvadas do mundo das marcas.

Para os leitores interessados nas ciências sociais, eu acrescentaria que os efeitos de transmissão levam a pesquisa sobre heurísticas a uma direção interessante. Heurísticas são atalhos mentais que as pessoas usam ao tomar decisões. Eles nos levam a decisões que são, na maioria dos casos, razoavelmente próximas das escolhas corretas, mas que, em alguns casos, passam longe. Os efeitos de transmissão são semelhantes à heurística, pois podem levar as pessoas a tomarem atitudes irracionais; ambos, entretanto, existem por razões muito diversas: a heurística, que ajuda a reduzir o trabalho do cérebro, evoluiu porque este possui uma capacidade limitada;[30] já os efeitos de transmissão têm um passado diferente — em vez de se desenvolverem como dispositivos para economizar o trabalho cerebral, eles surgiram porque o cérebro humano evoluiu principalmente para lidar com pessoas, e os comportamentos que fazem sentido nos relacionamentos interpessoais se estendem para as coisas.

QUANDO ESTENDEMOS o modelo mental de amor interpessoal ao relacionamento com as coisas, alguns aspectos do amor, como aproveitar o tempo que passamos com o objeto de amor, se encaixam muito bem. Outros aspectos, porém, como interagir com esse objeto e sentir uma obrigação moral em relação a ele, são um pouco mais complicados.

Não obstante, somos capazes de amar as coisas porque a linguagem das metáforas é natural para o cérebro, de modo que, para nosso relacionamento com elas contar como amor, ele só precisa ser semelhante, e não idêntico, àquele com as pessoas. Parte dessa semelhança vem do fato de que o amor pelas pessoas inclui aspectos unidirecionais, como sentir amor por elas mesmo quando não estão por perto. No entanto, essa semelhança também vem do hábito do cérebro de pensar metaforicamente. Por exemplo: conforme vimos, os instrumentos musicais respondem aos músicos de uma maneira que o cérebro, pensando metaforicamente, trata como semelhante às interações e trocas de um relacionamento interpessoal. E o tempo que passamos com uma coisa é tratado pelo cérebro, também metaforicamente, como um indicativo de proximidade com ela.

No capítulo 1, expliquei que o cérebro precisa tratar uma coisa como pelo menos parcialmente humana para ser capaz de amá--la. No capítulo 2, expliquei que o cérebro provavelmente tratará uma coisa como humana se esta lhe inspirar um pensamento antropomórfico ao parecer minimamente humana. No entanto, o antropomorfismo não é significativo para muitas das coisas que as pessoas amam. Afinal, muitos amam coisas que não parecem pessoas — roupas, cervejas, o ato de cozinhar. No próximo capítulo, apresentarei uma maneira não antropomórfica pela qual o cérebro pode começar a enxergar uma coisa como humana — ou pelo menos como algo que *parece* humano.

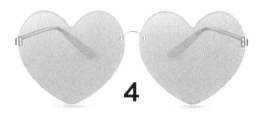

4

Conectores de Pessoas

Sim, o violino tem alma própria, mas ele a pegou de outra pessoa.

— Anne Akiko Meyers (1970 -)

O Vieuxtemps é um violino especial o bastante para ter seu próprio nome. Ele tem 284 anos e, quando foi vendido por aproximadamente US$16 milhões, foi reconhecido como o mais caro do mundo. Seu proprietário o emprestou à renomada violinista Anne Akiko Meyers para uso contínuo. Ela já possuía dois violinos Stradivarius, mas, como já explicou em uma entrevista,[1] "Eu tive que experimentá-lo e me apaixonei imediatamente."

O som especialmente vívido do violino é, obviamente, um dos grandes motivos para ela vir a amá-lo, mas esse sentimento também existe porque o objeto carrega as memórias das pessoas que o tocaram no passado, incluindo Henri Vieuxtemps, o principal violinista belga do século XIX, cujo nome o instrumento carrega. Como Meyers explicou: "Ele era tão apaixonado por este violino que queria ser enterrado com ele. Cada violino tem uma alma própria, *marcada por seu intérprete anterior* [grifo nosso]... Eu definitivamente sinto que a alma de Vieuxtemps está presente neste instrumento." O violino une duas pessoas em cadeia: Anne Akiko Meyers ↔ o violino Vieuxtemps ↔ Henri Vieuxtemps. Como diria o renomado pesquisador Russell Belk, que estuda as relações de consumo,[2] o relacionamento de Meyers com o instrumento é do estilo *pessoa-coisa-pessoa*.

As coisas podem nos conectar não apenas a outros indivíduos, mas também a grupos de pessoas, como uma herança que conecta alguém à família, ou como clientes que se sentem conectados por consumir uma mesma marca. Deixando de lado as questões gramaticais e nos atentando ao termo que Belk cunhou, os fenômenos pessoa-coisa-pessoa também incluem situações de pessoa-coisa-*pessoas*.

Já notou que, ao comprar um carro novo, de repente, você passa a ver o mesmo modelo em todo lugar? Essas conexões pessoa-coisa-pessoa funcionam de forma semelhante: notando sua existência, você percebe que esteve cercado por elas o tempo todo.

Há alguns anos, ouvi uma reportagem[3] que ficou na minha cabeça. Uma repórter caminhava por uma comunidade pobre de um país em desenvolvimento. Paradoxalmente, ela avistou um sofá de luxo de couro amarelo, novinho em folha, e uma poltrona namoradeira no chão de terra de uma pequena casa em ruínas. A mobília parecia tão deslocada que a repórter ficou curiosa. Ela descobriu que a casa pertencia a três irmãos, cuja mãe falecera. A matriarca, certa vez, viu os móveis na vitrine de uma loja e se apaixonou loucamente pelos objetos, entretanto, não tinha dinheiro o bastante para comprá-los. Depois do falecimento, os filhos juntaram suas economias e compraram os móveis em homenagem à mãe. Mas o que tornou a história memorável para mim foi uma fala da repórter: "Quem poderia imaginar que o conjunto de sofás amarelos estava, na verdade, ligado à mãe?"

A surpresa da repórter era perfeitamente compreensível. Normalmente, pensamos em nossas relações com as coisas como sendo do tipo pessoa-coisa — uma conexão entre uma pessoa e um objeto. Entretanto, de acordo com o que chamo de "o primeiro axioma de Belk",[4] ao observarmos com atenção nosso relacionamento com as coisas amadas, quase sempre encontraremos importantes conexões pessoa-coisa-pessoa. Com efeito, muitos de nossos relacionamentos com essas coisas são como os interpessoais, só que disfarçados. O sofá da história é um exemplo disso.

Chamo o objeto ou a atividade que ocupa a posição central na cadeia pessoa-coisa-pessoa de "conector de pessoas". Quanto à pergunta retórica da repórter — "Quem poderia imaginar que o conjunto de sofás amarelos estava, na verdade, ligado à mãe?" —, a resposta é: qualquer um que já entrevistou alguém e indagou a respeito de suas coisas favoritas. Minha pesquisa sobre o amor surgiu de estudos anteriores que analisaram bens considerados preciosos.[5] Os pesquisadores que conduziram esses trabalhos descobriram que, quando pediam às pessoas que listassem seus bens de maior importância ou objetos que lhes eram especiais, elas listavam, principalmente, lembranças que as conectavam a outras pessoas. Uma das conclusões dessa pesquisa é que a capacidade de conectar pessoas é o que geralmente faz com que esses "bens especiais" sejam, de fato, especiais. Em um estudo[6] no qual os voluntários falavam sobre as obras de arte que tinham em suas casas, os autores resumiram suas descobertas afirmando que, surpreendentemente, nenhum deles falou sobre arte em termos sublimes, "como 'o espaço no qual Praxíteles, Michelangelo e Rodin cunharam suas grandes obras-primas' ou 'um ofício sagrado a ser abordado com reverência e sensibilidade refinada'". Em vez disso, falaram sobre como a arte os fazia lembrar de seus amigos e famílias.

Em minha pesquisa, também descobri que muitos desses objetos amados são conectores de pessoas. Enquanto me mostrava as coisas que amava em seu apartamento, uma mulher disse:[7]

> Estas são algumas coisas da minha avó. Esta [tigela], na verdade, pertencia à minha bisavó. Foi ela mesma que fez; é pintada à mão... Eu acho bem feia, mas é uma coisa que, por anos, vi na penteadeira da minha avó, então cresci sabendo que era dela, e sempre associei à sua figura. Acho que é um objeto que eu amo. Também tenho joias que amo. Minha aliança, por exemplo. Coisas que ganhei de presente, como brincos e colares, ou este relógio de um antigo namorado meu. É um pouco estranho, mas eu ainda amo isso. Ah, tem isso aqui também! Então, há coisas aqui que eu realmente amo e, novamente, sempre porque elas têm valor sentimental. Esse [vasinho] foi um presente de casamento... Esse pequeno Hummel [estatueta] foi um presente, como a maioria dessas outras coisas. Algumas são de um amigo muito querido que morreu no ano passado. É, eu amo esses objetos porque eles estão conectados a pessoas que são importantes para mim.

As conexões pessoa-coisa-pessoa também apareceram em minha pesquisa quando perguntava sobre um objeto e recebia uma resposta sobre uma pessoa:[8]

EU: ME CONTE SOBRE ESTE PORTA-CIGARROS DE PRATA.

PAM: ISSO, NA VERDADE, ME LEMBRA DO MEU PAI...

EU: E O SEU COMPUTADOR?

JOHN: EU TINHA UMA NAMORADA QUE ESTAVA PASSANDO UM ANO NA EUROPA...

EU: VAMOS FALAR SOBRE ESSES MÓVEIS ANTIGOS.

CINDY: BOM, MINHA FAMÍLIA VEIO DA DINAMARCA PARA A AMÉRICA...

EU: ME FALE DO SEU CARRO.

CHRIS: ENTÃO, MEUS PAIS...

EU: VOCÊ DISSE QUE AMAVA ÁLBUNS DE RECORTES.

CLAIR: AH, É PORQUE OS MEUS FILHOS...

Em outro estudo, as pesquisadoras Vanitha Swaminathan, Karen Stilley e Rohini Ahluwalia[9] investigaram se há pessoas que são mais influenciadas pela personalidade de uma marca do que outras. O que a pesquisa mostrou foi que, quando os consumidores se preocupavam com o que os outros iam pensar de suas personalidades, que podiam ser consideradas pouco atraentes socialmente, sua insegurança os fazia comprar marcas cujas personalidades eles mesmos consideravam atraentes. Isso parece implicar que, quando as pessoas se sentem inseguras em relação aos seus relacionamentos pessoa-pessoa, procuram complementá-los com o tentador pessoa-coisa. No entanto, a pesquisa também descobriu que a personalidade de uma marca só influenciava os consumidores quando o produto era algo que seria visto em público, como sapatos, o que excluía pastas de dente ou relógios de parede, por exemplo. Se esses consumidores socialmente inseguros estivessem realmente tentando criar relacionamentos pessoa-coisa com as marcas para substituir os interpessoais, eles se preocupariam com as personalidades das marcas mesmo se estivessem sozinhos com os produtos. O fato de essas personalidades só se tornarem importantes quando há possibilidade de serem vistas pelos outros aponta para o fato de que os consumidores tentavam criar relações com outras pessoas, e não com objetos. A expectativa era de que, se os outros os vissem usando uma marca atraente, isso os tornaria mais populares. Ou seja, havia a tentativa de usar as marcas para conectá-los a pessoas.

Quando algo opera como um conector de pessoas, nossos sentimentos em relação a ele mudam. Se eu gosto do meu tio Morty, por exemplo, tenderei a gostar de seus presentes de aniversário, mesmo que não sejam exatamente o que eu queria ganhar. Se eu não gosto da tia Petúnia, a tendência é não gostar da caneca que ela escolheu especialmente para mim. É isso que eu chamo de *efeito pessoa-coisa-pessoa*, um fenômeno que ocorre quando nossos sentimentos em relação a um objeto são impulsionados pelos nossos sentimentos em relação à pessoa a quem o associamos. Um homem que entrevistei,[10] por exemplo, me contou que tinha orgulho de uma moeda de ouro especial, que lhe fora dada por seu pai. Isto é, até o momento em que descobriu que seu pai teve um caso de longa data que o levou ao divórcio. Furioso, ele não apenas deixou de sentir orgulho da moeda, como também a doou. Trata-se do efeito pessoa-coisa-pessoa em ação.

No capítulo 3, descrevi situações em que as pessoas tinham a sensação de que estavam traindo as marcas que amavam. Um dos principais fatores que determina se elas se importam com essa traição é até onde seus amigos compartilham desse afeto. Ou seja, quanto mais o amor as conecta aos seus amigos, mais forte é a traição que sentem ao comprar de outra marca.[11] A lógica subjacente aqui é que se o relacionamento de alguém com uma determinada marca é pessoa-coisa-pessoa, comprar de outra seria desleal com as outras pessoas inseridas no relacionamento, o que é muito mais grave do que ser infiel com a marca.

O fato de sentirmos que essa infidelidade comercial envolve trair também nossos amigos nos leva a uma descoberta interessante sobre os tipos de pessoas mais propensos a esse tipo de traição. Talvez você pense que pessoas altamente materialistas mantenham relacionamentos intensos com seus pertences, sendo improvável que traiam suas marcas favoritas. No entanto, Miranda Goode, Mansur Khamitov e Matthew Thomson, da Universidade de Western,[12] descobriram justamente o contrário: quanto mais materialista se é, maior a probabilidade de se trair as marcas. Talvez isso se deva ao fato de que, quanto mais materialista for uma pessoa, mais fracos tendem a ser seus relacionamentos interpessoais.[13] E, uma vez que as pessoas costumam evitar trair uma marca porque isto seria como trair seus próprios amigos, aquelas que são mais materialistas, tendo menos amigos íntimos do que as que não o são, teriam menos razões para evitar fazê-lo.

Em relação ao materialismo, vale a pena observar que o amor ao dinheiro é diferente do amor à maioria das outras coisas. Considerando que há uma tendência de que as coisas que amamos nos conectem a outras pessoas, os psicólogos Xijing Wang e Eva Krumhuber[14] descobriram que, quanto mais alguém ama o dinheiro, mais essa pessoa tende a objetificar os outros, o que, como expliquei no capítulo 1, é uma forma antiética de amor. Portanto, é possível que, em vez de conectar as pessoas umas às outras, amar o dinheiro torne menos provável que elas formem relacionamentos interpessoais afetuosos, próximos e comprometidos.

A conclusão geral é que, quando se trata das coisas que amamos, os aspectos pessoa-coisa-pessoa desses relacionamentos geralmente são muito importantes. Mas três ressalvas se fazem necessárias. Em primeiro lugar, mesmo quando amamos algo por seus atributos de pessoa-coisa-pessoa, como quando uma alpinista ama sua corda de escalada porque ela — literal e simbolicamente — a conecta a seus amigos escaladores, o relacionamento também pode ter aspectos de pessoa-coisa. Por exemplo, a mesma alpinista também pode se sentir grata à sua corda por salvá-la em uma ocasião em que estava escalando sozinha. Em segundo, embora as coisas que amamos sejam, muitas vezes, conectores de pessoas, isso não é necessariamente verdadeiro para as coisas ordinárias em nossas vidas, com as quais nos relacionamos de uma maneira emocionalmente fria e pragmática. E em terceiro lugar, enquanto a maioria dos relacionamentos pessoa-coisa não envolve muito amor, aqueles com objetos antropomórficos podem ser exceções à regra, já que o cérebro os associa, ao menos um pouco, à relação pessoa-pessoa.

POR QUE TANTAS DAS COISAS QUE AMAMOS NOS CONECTAM AOS OUTROS?

Existem duas razões principais por que muitas das coisas que amamos funcionam como conectores de pessoas. A primeira é que estes conectores podem cumprir a função de vitalizadores de relacionamentos. Como já vimos, o antropomorfismo pode operar de forma a deixar seu relacionamento mais afetuoso, fazendo seu cérebro pensar em um objeto da forma afetiva que normalmente reserva para as pessoas. Criar na sua cabeça uma forte conexão entre um objeto e uma pessoa também pode ter esse efeito. Suponha que você tenha feito uma forte associação mental entre uma pessoa (sua mãe) e um objeto (sua xícara de chá favorita). Quando você pensa na maioria das xícaras, seu cérebro as trata como trataria qualquer outra coisa. Mas ao pensar naquela xícara de chá em especial, seu cérebro a associa a uma pessoa — sua mãe. Isso faz com que seu cérebro pense nesse objeto da forma como pensaria em uma pessoa, e é isso que o torna elegível para o amor.

A segunda razão pela qual as coisas que amamos são frequentemente conectores de pessoas é que estes as tornam profundamente significativas. Quando os idosos pensam na vida e dizem: "Eu gostaria de ter passado mais tempo focando no que realmente importa", eles geralmente querem dizer que gostariam de ter passado mais tempo com suas famílias e amigos. As *pessoas* de quem somos próximos fazem nossas vidas parecerem significativas, enquanto a maioria dos *objetos* parece trivial e superficial em comparação. Isso não os torna ruins; apenas ordinários. Nossos relacionamentos com coisas carecem da profundidade necessária para que se qualifiquem como amor. Por outro lado, as coisas que amamos se destacam por serem profundamente significativas, e uma das principais maneiras de isso acontecer é por meio do seu poder de conectar pessoas. Na verdade, quando os objetos estão profundamente ligados a alguém, ao perdê-los, pode parecer que perdemos essa pessoa. Como explicou uma mulher que perdeu sua casa em um incêndio:[15]

> [O que mais me chateia] são as memórias que não consigo recuperar. As fotos que não estão na internet, ou o cobertor da minha bisavó que ela me deu antes de falecer. Realmente, parece que alguém morreu junto a esses itens.

Um dos exemplos mais inusitados do fato de que associar um objeto a uma pessoa o torna significativo vem de uma entrevista[16] que considero "o curioso caso do berço que, de tanto apostar, jogou a vida fora". O entrevistado era um homem que afirmava amar apenas pessoas. Eu queria saber se ele realmente não amava nada ou se simplesmente não gostava de utilizar a palavra *amor* para descrever seu relacionamento com objetos.

Durante a entrevista em sua casa, ele me mostrou um lindo berço de madeira que havia construído para sua filhinha. Quando vi o berço, fiquei impressionado com os desenhos complexos talhados na madeira, e também surpreso que alguém pudesse ter feito um berço tão bonito para sua filha sem amá-lo. O que impedia que ele o amasse? Então, fiz a seguinte pergunta: "Se o berço fosse transformado em uma pessoa, quem seria?" Eu esperava que ele descrevesse um cuidador dedicado para sua filhinha. Mas errei feio. A resposta foi:

ENTREVISTADO: A VERSÃO FEMININA DO JAMES BOND.

EU: E QUE HOBBIES O BERÇO TERIA?

ENTREVISTADO: GAMÃO, POLO, JOGOS DE AZAR. NÃO SEI... SERIA UM BERÇO QUE, DE TANTO APOSTAR, JOGARIA A VIDA FORA.

Essas respostas me pareceram tão estranhas que minha primeira reação foi pensar que ele estava brincando. Todavia, mais tarde, na entrevista, eu tive um vislumbre que esclareceu tudo. Foi quando sua esposa se juntou a nós na sala de estar, que estava repleta de obras de arte. A maioria das pessoas sente que a arte em suas casas as conecta a outras pessoas, muitas vezes àquelas que as presentearam. Mas o homem não conseguia se lembrar de onde vinha nenhum dos trabalhos. Então, sua esposa começou a me contar em detalhes as histórias de todos aqueles objetos, mesmo os que foram presentes de amigos do entrevistado antes de os dois se conhecerem. Conforme a conversa se estendeu, ficou claro que, naquela família, era ela quem mantinha mais relacionamentos e que via as obras de arte como representantes desses vínculos. O homem não as via como conectores de pessoas — ele nem sequer lembrava quem lhe dera o quê.

Foi então que seus comentários sobre o berço fizeram sentido. Eu esperava que seu relacionamento com o berço fosse pessoa-coisa-pessoa (pai-berço-bebê), de tal forma que um pouco do amor que ele sentia pelo bebê seria transferido para o berço. Mas, como o foco dele era na aparência do berço enquanto objeto, na verdade, tratava-se apenas de um vínculo pessoa-coisa. A partir dessa perspectiva, dadas as linhas simples e elegantes do design do berço e suas bordas incrustadas em formato de diamante, fez sentido que se tratasse da personificação à la James Bond — suave, refinado e sofisticado. E não era só o berço. Para ele, nenhum dos objetos em sua vida agia como conector de pessoas. Foi preciso percorrermos um longo caminho para explicar não só por que ele não amava o berço, mas também por que não amava nenhuma das coisas em sua vida.

TRÊS TIPOS DE CONECTORES DE PESSOAS

Há três meios principais de os conectores de pessoas operarem: como marcadores de relacionamento, como marcadores de identidade de grupo e como suporte logístico.

Marcadores de Relacionamento

Os conectores de pessoas podem conectar você a indivíduos específicos (por exemplo, uma selfie pode conectá-lo às outras pessoas presentes na foto) ou a grandes grupos (seu uniforme escolar o conecta a todos os outros que frequentam a mesma escola). No primeiro caso, meu frequente coautor, Philipp Rauschnabel, os chama de "marcadores de relacionamento", incluindo, por exemplo, fotos e presentes que marcam (fazem lembrar de) seus relacionamentos com pessoas específicas.

Quando alguém diz que um objeto tem valor sentimental, é porque, geralmente, trata-se de um marcador de relacionamento. Um estudo realizado pela professora de marketing Marsha Richins[17] comparou os sentimentos gerados por três tipos de objetos: carros; objetos recreativos, como videogames e aparelhos de som; e marcadores de relacionamento mais comuns, como joias herdadas, lembranças e presentes. Por intermédio deste estudo se descobriu que os últimos eram mais propensos a terem valor sentimental e, com isso, a serem amados. Em alguns casos, esses marcadores também causavam solidão, pois fizeram os donos se lembrarem do quanto sentiam falta das pessoas do outro lado da cadeia pessoa-coisa-pessoa.

O relojoeiro de luxo Patek Philippe, cujos produtos custam entre US$25 mil e US$250 mil, conhece bem o poder dos marcadores de relacionamento. Dado que um relógio digital de quartzo de US$20 marca o tempo de forma mais precisa que o mais caro entre os relógios mecânicos artesanais, Patek Philippe precisa dar um motivo para que as pessoas comprem seus produtos. Por isso, há mais de 20 anos a empresa realiza uma campanha publicitária com o slogan: "Seu Patek Philippe nunca será seu. Você só está cuidando dele para a próxima geração." Esses anúncios colocam os relógios não como ferramentas práticas para marcar o tempo, mas como símbolos de riqueza para gerações futuras e como herança. Fazer do relógio um símbolo que representa o relacionamento de um pai com seu filho, ou de uma mãe com sua filha, confere ao produto uma aura emocional que ajuda a justificar seu preço elevado.

Uma das possíveis desvantagens dos marcadores de relacionamento é que, à medida que se acumulam, podem entulhar nossas casas. Karen Kingston, especialista em organização, aconselha as pessoas que possuem objetos indesejados dos quais não conseguem se separar a: "aceitar o amor que foi dado junto ao presente, mas desvencilhar-se do item físico." Para muitas pessoas, este é um conselho válido; no entanto, falar é mais fácil que fazer. Os marcadores de relacionamento podem estar profundamente emaranhados com o amor do presenteador, e pode ser difícil separá-los. Por outro lado, quando as pessoas desejam livrar-se de um relacionamento, os objetos que as marcaram simbolicamente costumam ser os primeiros a desaparecer.

Marcadores de Identidade de Grupo

Mesmo que você pense que sua identidade é exclusivamente sua, na verdade, grande parte dela é formada por suas conexões grupais. Sua propensão a consumir alimentos naturais não expressa apenas suas crenças sobre agricultura orgânica, mas também o conecta a outras pessoas que compram produtos similares. O mesmo pode ser dito para muitas coisas — especialmente acessórios para cabeça, incluindo bonés MAGA, chapéus de cowboy, moletons, keffiyehs, hijabs, quipás, turbantes e outros itens que indicam pertencimento a um grupo.

Se as coisas que amamos nos ajudam a formar uma identidade grupal, o que acontece com a nossa originalidade? Por exemplo, como pode um torcedor do Cubs manter sua individualidade em meio a um mar de camisas azuis e brancas? Parte da magia das coisas que amamos é que elas, por vezes, expressam pertencimento e individualidade ao mesmo tempo. Os pesquisadores Cindy Chan, Jonah Berger e Leaf Van Boven[18] apontam para o fato de que todas as crianças de uma turma do ensino médio podem amar um estilo musical em particular que as conecta umas às outras, mas que ainda assim cada uma tem o seu músico favorito. Da mesma forma, as celebridades podem estar trajadas a rigor, mas o que cada uma veste é trabalho de um estilista diferente. Tudo isso faz parte da maneira como os humanos sinalizam sua conexão e distinção uns com os outros.

Amar coisas tem seus benefícios. Podemos, por exemplo, nos conectar a outras pessoas compartilhando nossas paixões. A HBO leva isso tão a sério que o incorpora à sua estratégia ao lançar uma nova série. A maioria dos outros serviços de streaming libera uma temporada completa de uma só vez. Isso é bom para fãs que preferem maratonar tudo a seu bel-prazer, mas também significa que quando dois deles se encontram, é possível que um já tenha assistido a temporada inteira, enquanto o outro esteja apenas na metade. Isso dificulta estabelecer uma conexão ligada a essa série. Para evitar esse problema, a HBO costuma lançar um episódio por semana. Dessa maneira, a maioria dos fãs tende a estar no mesmo episódio. Essas conversas tornam a experiência mais gratificante, e as pessoas continuam acompanhando os programas.[19] Além do mais, para a emissora, essas trocas constituem publicidade gratuita, o que incentiva quem não está assistindo a começar, para poder participar das conversas.

Em alguns casos, comunidades inteiras podem se formar em torno de uma única paixão. É só pensar nos motociclistas que pilotam Harley Davidsons, nos grupos de observação de pássaros, nas rodas de tricô, nos clubes de dança de salão e em inúmeros outros grupos. Isso também vale para as religiões. Muitas pessoas, especialmente aquelas que não são religiosas, superestimam a importância das crenças compartilhadas na motivação para ingressar em uma congregação. Mas poucas são aquelas que se juntam a grupos religiosos porque já acreditam em suas doutrinas. Em vez disso, elas se unem a estes grupos porque começaram a encontrar ali amigos e uma comunidade. Com o tempo, elas também assumem as crenças do grupo. É como disse o rabino Mordecai Kaplan, influente pensador do início do século XX: "O pertencimento precede a crença."

Algo muito semelhante acontece nas "comunidades de marca", que são, basicamente, fã-clubes de uma marca. Pesquisas mostraram que nesses grupos, assim como em congregações religiosas, o pertencimento precede a crença. Muitas pessoas começam a explorar as comunidades de marca porque têm interesse no produto, mas ainda não o amam. Entretanto, à medida que travam amizades com outros membros, há um sentimento de pertencimento que reforça o amor pela marca, o que por sua vez reforça seus relacionamentos com outras pessoas do grupo.[20]

Os Bronies são uma comunidade de marca particularmente interessante. São homens (e algumas mulheres) que amam profundamente o desenho infantil *My Little Pony: A Amizade é Mágica*. E não, isso não tem nada a ver com pedofilia; são apenas pessoas que realmente gostam do desenho. E elas são muitas. A revista *Wired*[21] informou que, em 2012, no pico da popularidade do programa, havia entre 7 milhões e 12,4 milhões* de pessoas que se identificavam

---

* Para que fique registrado, sou cético quanto a esses números. Entretanto, mesmo que houvesse 1 milhão de pessoas, ainda seria muito.

como Bronies nos Estados Unidos. É um enigma descobrir o que tantos caras veem em um programa cujo público-alvo são meninas de 3 a 8 anos de idade. Para, então, ouvir os próprios fãs explicarem seus motivos, existe o documentário *Bronies: The Extremely Unexpected Adult Fans of My Little Pony* (*Bronies: Os fãs inesperados de My Little Pony*, em tradução livre). É que, segundo eles, o programa é muito bom, então, como não amá-lo? Vamos supor, para fins de argumentação, que se trate de um programa infantil realmente incrível. Ainda assim, isso não é suficiente.

Eis a minha opinião sobre por que os Bronies amam o show. Em primeiro lugar, a maioria deles está entre a adolescência e seus 30 e poucos anos. Quando eu tinha essa idade, se um cara dissesse que adorava assistir a um programa para garotas sobre pôneis mágicos, implicariam com ele sem dó. Para as gerações mais jovens, entretanto, há prestígio social em desafiar as normas de gênero. Então, ser um homem interessado em um programa feminino não é necessariamente considerado vergonhoso.

Em segundo lugar, em debates online, os Bronies costumam dizer que sua comunidade inclui muitos jovens tidos como "desajustados sociais" (e, tendo me encaixado nessa descrição, prefiro não desrespeitá-la). Para eles, a animação funciona como um conector de pessoas por excelência. E como o título do programa — *A Amizade é Mágica* — sugere, essas são histórias sobre ter amigos, aceitar as pessoas e lidar com conflitos. Faz sentido, então, que os temas do programa atinjam positivamente este público. Como um Brony e estudante da Universidade de Northwestern explicou no documentário: "O desenho une as pessoas. Cria amizades... Acho legal que uma série que fala tão ostensivamente sobre amizade esteja fortalecendo-as no mundo real." Outro aluno disse: "É sobre a comunidade." Um terceiro comentou: "Você pode compartilhar com outras pessoas; essa é a magia de *My Little Pony*." A série é um conector pessoa-pônei-pessoa.

E em terceiro lugar, assistir a este desenho é um ato bem transgressor. Como qualquer sociólogo que estude gangues de rua irá lhe dizer, o comportamento transgressor é uma ótima base para a formação de grupos de amizade coesos, principalmente os masculinos. Mas a maioria dos Bronies são gentis demais para se juntar a uma gangue*. Assistir *My Little Pony* é algo totalmente inofensivo, o que lhes confere uma identidade positiva, porém transgressora, com a qual se contentam.

Quando as pessoas mudam seus gostos para se encaixar em um grupo, isso caracteriza um problema? Em algum ponto da minha vida, eu teria criticado este comportamento, taxando-o de conformista. Mas agora entendo que, embora nos vejamos como indivíduos livres e independentes, nossos gostos são poderosamente influenciados pelas pessoas ao nosso redor. Quando estamos construindo nossos gostos por livros, filmes, músicas e outros tipos de entretenimento, estamos cientes do que interessa ao público. Por exemplo, ao ouvir, pela primeira vez, uma música que nossos amigos amam, nosso cérebro a escuta com um objetivo: descobrir o que há de bom ali. Com o tempo, nossas mentes passam a reconhecer certos padrões e características das "músicas boas", e

---

* Infelizmente, embora a maioria dos Bronies sejam homens de boa índole à procura de amigos, há, também, uma pequena subcultura radical dentro da comunidade composta por extremistas de direita e neonazistas. O assassino que fez disparos em uma loja da FedEx era um Bronie que fazia parte desta subcultura. Descobrir como estas pessoas conectam a cultura armamentista de extrema direita a *My Little Pony* está além das minhas capacidades analíticas.

começamos a apreciá-las genuinamente. Esta não é a única coisa que influencia nossas preferências, mas é uma parte importante do processo. Nosso gosto é uma mistura de influências vindas de outras pessoas e de nossas próprias perspectivas. A parte que recebemos dos outros ajuda a nos mantermos conectados a eles, e isso não é motivo para vergonha.

Nossos gostos pessoais podem funcionar como barreiras: ajudando-nos a criar conexões sociais com as pessoas do mesmo lado, mas nos apartando de quem está do lado oposto. Às vezes, nosso amor por algo deve-se, justamente, a essas separações e conexões. Certa vez, entrevistei um rapaz que amava comida tailandesa (quando isso ainda era novidade nos Estados Unidos) porque achava que o distanciava das pessoas que só comiam "hambúrgueres e batatas fritas" com as quais havia crescido e não queria mais ter laços. Em um episódio mais recente, eu estava em uma loja de bicicletas quando um cliente entrou e pediu ao vendedor que o ajudasse a encontrar um capacete que, em termos de aparência, fosse "o oposto do que aqueles ciclistas de spandex usariam". Os "ciclistas de spandex" muitas vezes recebem o estereótipo de liberais ricos. Suspeito que esse cliente queria ficar o mais longe possível dessa identidade visual, como evidenciado por ele mais tarde: "Quero um capacete que faça parecer que acabei de cair de um caminhão a caminho da prisão."

Fazer distinções entre o nosso grupo e "os outros" é uma parte natural da formação de identidade e pode se basear em qualquer coisa, desde raças e classes até times e cortes de cabelo. Pensar em termos binários parece ser uma característica da evolução do cérebro humano, sendo também, portanto, uma maneira comum de categorizarmos as pessoas ao nosso redor. Todavia, é possível controlar a ênfase colocada por nós no binarismo em nossas relações. Em certas sociedades, grupos opostos entre si estão se matando nas ruas; em outras, as diferenças são pouco mais do que um orgulho moderado pelo próprio grupo e uma curiosidade sobre os outros. Isso coincide com pesquisas que mostram que não apenas é possível, como também comum, que as pessoas amem o grupo ao qual pertencem sem odiar outros.[22]

À medida que certas sociedades se tornaram mais ricas e consumistas, as diferenças binárias foram cada vez mais sendo definidas por aquilo que possuímos, incluindo as coisas que amamos. E uma vez que estas se tornam marcadores que separam "eles" de "nós", a situação pode se complicar. Lembro-me, por exemplo, de uma pesquisa realizada pelos professores de marketing Maja Golf Papez e Michael Beverland[23] em que uma fã da Apple tentou persuadir alguém a não comprar um iPhone, porque não achava que a pessoa em questão se encaixava no perfil descolado, individualista e inovador que ela acreditava ser o dos consumidores de produtos Apple.

A boa notícia é que essa tendência de se sentir socialmente distante daqueles que não compartilham dos nossos gostos pode ser revertida. Pessoalmente, eu sinto um pouco de vergonha ao lembrar o desgosto que sentia na adolescência quando me deparava com pessoas que eram fãs de gêneros musicais de que eu não gostava. Passada esta fase, resolvi explorar algumas dessas músicas que odiava para entender o que certas pessoas viam de bom nelas. Demorou algum tempo, mas, à medida que fui conhecendo esses estilos musicais, passei a apreciá-los. A parte bonita desse processo é que, embora minha antiga antipatia tenha servido como uma barreira que me separava desses outros fãs, uma vez que comecei a gostar daquelas músicas, passei a me sentir um pouco mais conectado com aqueles que também gostavam delas.

Suporte Logístico

Talvez a terceira forma pela qual as coisas que amamos operam como conectores de pessoas seja a mais direta: nossos objetos amados fornecem suporte logístico e prático para nossos relacionamentos sociais — por exemplo, a TV a que assistimos com outras pessoas ou o barco que usamos para pescar com nossos amigos. A comida é particularmente boa em unir as pessoas, e é por isso que todo casamento é celebrado com um banquete. Como uma entrevistada bem explicou sobre o poder de conexão dos alimentos:[24]

> Um dos meus passatempos favoritos é jantar com um monte de amigos, não apenas sair para comer em algum lugar, mas ter uma grande cozinha onde todos podemos ajudar a preparar o jantar, nos sentar e aproveitar vários pratos — só passar uma noite inteira em volta da mesa, o que vai muito além da comida, sim, mas ela é a razão pela qual nos reunimos.

A natureza é, provavelmente, a coisa mais amada em todo o mundo. A imagem estereotipada de um amante da natureza é a de um mochileiro solitário caminhando pelas montanhas. Esse tipo de aventura solo pode ser uma experiência profunda. Porém, mais comumente, a natureza é experienciada em pequenos grupos, e amá-la envolve, muitas vezes, uma situação de pessoa-natureza-pessoa. Mais especificamente, o psicólogo ambiental Adam Landon e seus colegas[25] descobriram que um dos maiores indicadores de amor à natureza é ter formado vínculos com pessoas nesses lugares. Surpreendentemente, esta pesquisa também descobriu que só de pensar em um lugar ao ar livre que amamos, isso não apenas nos ajuda a nos sentirmos conectados à natureza, mas também a uma comunidade humana. Suspeito que isso aconteça porque se sentir ligado à natureza derruba a barreira mental que nos separa, enquanto indivíduos, do resto do universo. Isso nos traz um senso de identidade expansivo que nos permite sentir conexão com a natureza e com as pessoas.

Os telefones celulares podem muito bem ser o produto comercial mais amado, mas a razão mais comum para isso é que eles nos ajudam a manter contato com nossos amigos e familiares. Eu e Philipp Rauschnabel descobrimos que, quanto mais amigos se tem, mais útil o telefone é para facilitar essas amizades e mais as pessoas amam seus celulares.[26] Nessa mesma dinâmica, quando mais solitárias elas são, mais provável é que amem seus celulares.

ATÉ AGORA, ANALISAMOS os dois primeiros vitalizadores de relacionamentos. Especificamente, vimos que as pessoas geralmente desfrutam de relacionamentos emocionalmente calorosos com objetos se estes forem antropomórficos ou se as conectarem a outras pessoas. No próximo capítulo, iniciarei uma discussão sobre o terceiro, e sem dúvida o mais importante, dos três vitalizadores. Este será o primeiro de vários capítulos a analisar o que significa as coisas que amamos se tornarem parte de nós mesmos.

5

Você se Torna Aquilo que Ama

> *No paradoxo do amor, dois seres se tornam um e, ainda assim, permanecem separados.*
>
> — Erich Fromm (1900–1980)

Filósofos desenvolveram complexos sistemas morais para explicar a importância de ajudar o próximo. Entretanto, se você sente fome, não precisa de nenhuma argumentação filosófica para ser convencido a comer, já que esta é a coisa óbvia a se fazer. Da mesma forma, se seus filhos ou pessoas que você ama estão com fome, alimentá-los é, também, a saída mais óbvia, quase como se eles fizessem parte de você. Argumentarei aqui que este "quase" não se justifica. As pessoas e coisas que amamos fazem parte de quem somos à sua própria maneira. Mas como isso acontece? Como objetos e atividades vão das típicas coisas que acontecem por aí àquelas amadas que fazem parte de nossa identidade?

Compreender isso traz consigo um potencial benéfico. A maioria de nós quer ser um pouco (ou muito) melhor do que já é. Quando nos apaixonamos por algo, incorporamos aquilo à nossa identidade e, com isso, nos transformamos. Então, entender o processo que torna os objetos amados parte de nós ajuda a entender como nos tornamos quem somos e como podemos mudar no futuro.

O conceito de que duas pessoas, quando apaixonadas, se fundem psicologicamente é uma das primeiras teorias documentadas sobre o amor. Por volta de 2.500 anos atrás, Sócrates explicou o amor declarando que, na mitologia, os humanos tinham quatro braços, quatro pernas e duas cabeças, mas que foram divididos em dois, e agora vagam procurando sua outra metade. Ou, como Aristóteles pontuou sem o filtro colorido da mitologia antiga, o amor é "formado por uma só alma, habitando em dois corpos." Avançando alguns milhares de anos, descobrimos, por meio de trabalhos de psicólogos proeminentes como Abraham Maslow, Erich Fromm, Theodor Reik e, mais recentemente, Arthur e Elaine Aron, que o amor é uma fusão de identidades.

Porém, quando comecei a pesquisar sobre o amor como estudante de doutorado, senti-me profundamente cético em relação às alegações sobre pessoas e coisas se tornarem parte de nós. A ideia me parecia muito mais poética do que científica. E para além disso, essa afirmação parecia apresentar um problema gritante, porque em alguns aspectos, as pessoas e coisas que amamos definitivamente *não* fazem parte de nós. Por exemplo, mesmo amando alguém, não conseguimos ler sua mente. E mesmo que baste pensar para mexermos nossas mãos, não importa o nível do nosso amor para com a louça, isso não é suficiente para retirá-la da mesa e limpá-la. Sendo assim, pensar o amor como uma fusão me parecia muito mais a base de uma ficção científica rebuscada do que uma teoria científica séria. O que me fez mudar de ideia foi, primeiramente, ter uma noção mais clara do significado dessa teoria e, em seguida, analisar as evidências científicas consideráveis a seu favor.

O QUE SIGNIFICA TORNAR ALGUÉM PARTE DE QUEM VOCÊ É?

A ideia de que coisas ou pessoas podem se tornar parte do "eu" me parecia errada pois, ao pensar neste conceito, eu o equiparava à consciência — a vozinha em nossas mentes que observa os acontecimentos e toma decisões racionais. Por vezes a consciência é tida pelas religiões como parte da alma, que existe de forma separada do cérebro e continua vivendo mesmo depois que o corpo morre. As pessoas e coisas que amamos não se tornam parte de nossa consciência — pelo menos por enquanto (chegaremos lá no capítulo 10).

Dito isso, além da consciência, há outra parte do eu chamada autoconceito, à qual muitas vezes nos referimos também como identidade ou autoimagem. Quando coisas e pessoas passam a fazer parte do seu eu, elas não se tornam parte de sua consciência, o que explica você não ser capaz de ler mentes ou mover pratos apenas com o pensamento. Elas se tornam parte do seu autoconceito, e é isso que faz com que também se tornem parte do seu eu.

O autoconceito diz respeito às várias ideias que você sustenta sobre si mesmo. Isso inclui crenças pessoais como "sou alto" ou "tenho um coração artístico". Também engloba importantes memórias que se unem em uma história de vida. E, por último, abrange uma importante categoria que chamo de "categoria eu".

O cérebro automaticamente classifica as coisas em categorias. Se você aprende sobre um novo tipo de comida chinesa, por exemplo, ele a coloca nas categorias "comida" e "chinesa". O cérebro também possui a categoria eu. Tudo o que faz parte de seu autoconceito — seu corpo, suas crenças e sua história de vida — está incluso nessa categoria. Quando algo novo se torna parte de seu autoconceito, significa simplesmente que seu cérebro está adicionando-o a ela.

Vamos imaginar uma pessoa hipotética chamada Jane. A figura a seguir mostra coisas que, para ela, estão na categoria eu. Coisas nessa categoria caem em um contínuo dependendo da força com que estão integradas ao autoconceito dessa pessoa.

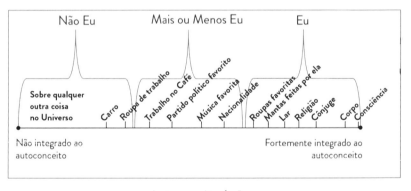

Autoconceito da Jane

As pessoas possuem uma crença inata de que suas consciências e seus corpos são partes centrais de quem são. Todas as outras coisas que fazem parte do seu autoconceito são opcionais e o diferenciam dos outros. Por muitos motivos, algumas dessas coisas opcionais são mais importantes para nossas personalidades do que outras. Por exemplo, Jane vê suas roupas favoritas como parte de quem ela é, mas as roupas do trabalho, não. Isso ocorre porque ela trabalha em uma cafeteria com código de vestimenta, e portanto não é livre para se expressar por meio das roupas que veste naquele espaço. Entretanto, quando não está na cafeteria, Jane pode usar roupas que a fazem se sentir ela mesma. Como hobby, ela também costura mantas, trabalhando duro em sua confecção e depositando nelas muito de sua identidade, reconhecendo-se, assim, mais nelas do que em suas roupas favoritas. Jane também é uma pessoa bastante religiosa, e seus compromissos religiosos refletem valores pessoais profundos sobre o que significa ser uma boa pessoa; isso os torna aspectos centrais de sua identidade.

O diagrama também mostra a existência do "mais ou menos eu", uma categoria entre coisas que fazem ou não parte da identidade de Jane. A zona "mais ou menos eu" reflete o que é chamado pelos psicólogos de "limite difuso" em torno do eu, localizado nos limites do autoconceito de uma pessoa, e nem sempre é claro se o que se enquadra nessa categoria realmente faz parte da identidade. Mas, assim como a existência do crepúsculo não invalida a distinção entre noite e dia, a fronteira difusa em torno do eu não invalida a distinção entre "eu" e "não eu".

As coisas na categoria eu são tratadas pelo cérebro de maneiras bastante incomuns. Ele se preocupa *muito* com sua segurança. Portanto, quando algo é adicionado a esta categoria, o cérebro se preocupará da mesma forma em relação a essa coisa.

A intensidade desse efeito depende da força da conexão dela com seu autoconceito.

Como o processo de incorporar algo à identidade não é consciente, se você se perguntar: "X ou Y faz parte da minha identidade?", obterá informações úteis, mas não 100% precisas. O teste de *emoções autorreferenciais* é uma maneira interessante de compreender um pouco do que está incluso em seu autoconceito. Orgulho, ofensa, vergonha e culpa são emoções autorreferenciais, o que significa que só as sentimos em resposta a algo que fizemos ou quando nos dizem ou nos fazem algo. Por exemplo, nos sentimos ofendidos ao sermos insultados, mas quando isso acontece a um estranho, não. Sentimos culpa quando errados e orgulho se nos saímos bem, entretanto, quando isso ocorre com estranhos, nem sequer nos afeta. Agora, imagine se o professor do seu filho lhe diz que seus comentários mostram traços de uma criança brilhante; você não se sentiria orgulhoso? Óbvio que sim, porque seu filho está incluso no seu autoconceito. Da mesma forma, você sente orgulho quando seu time vence, quando alguém elogia seu jardim ou quando seus convidados estão claramente desfrutando de um jantar feito por você. Quanto mais lisonjeado você se sente quando alguém ou algo é elogiado, ou ofendido quando é insultado, mais essas coisas ou pessoas estão integradas ao seu autoconceito.

A citação de abertura deste capítulo, o paradoxo de Erich Fromm de que, no amor, "dois seres se tornam um e, ainda assim, permanecem separados", é correta e não tão paradoxal quanto pode parecer. Dois seres realmente tornam-se um, pois se unem no autoconceito, mas permanecem dois, já que suas mentes conscientes seguem distintas.

EVIDÊNCIAS DE QUE AQUILO QUE AMAMOS SE TORNA PARTE DE NÓS

Compreender a diferença entre essas duas partes do eu — consciência e autoconceito — faz com que a ideia de amor como fusão pareça plausível. Mas só porque algo pode acontecer não significa que aconteça, de fato. Que evidências científicas existem para provar que, como disse Helen Keller, "tudo o que amamos profundamente se torna parte de nós"?

Para a minha tese de doutorado,[1] conduzi entrevistas que abordavam as coisas que as pessoas amam. Eu estava interessado nas teorias psicológicas, particularmente no trabalho de Arthur e Elaine Aron, que afirmavam que as pessoas que amamos se tornam parte de nós. Fiquei curioso: será que isso também se aplicaria às *coisas* que amamos? Para evitar "induzir a testemunha", não perguntei diretamente às pessoas se as coisas que amavam faziam parte de seus autoconceitos. Em vez disso, perguntei-lhes o que as tornava tão especiais.

Para minha surpresa, sem qualquer provocação, muitas pessoas descreveram seu amor pelas coisas como uma espécie de fusão. Como uma delas explicou:

> [As coisas que você ama são] parte de sua identidade, do que você pensa sobre si; não há separação. Quando se fala do que se ama... basicamente, você fala de si mesmo.

Entretanto, de forma indireta, essas entrevistas também mostraram que a mente consciente nem sempre sabe se uma determinada coisa faz parte de sua identidade. Eu encerrava cada entrevista perguntando às pessoas se elas tinham tido alguma revelação sobre si ou sobre as coisas amadas durante o processo. Era bastante comum elas dizerem que, antes da entrevista, não teriam descrito um determinado objeto amado — por exemplo, um telefone celular — como parte de si. Porém, ao falar com maior profundidade sobre as coisas amadas, elas notaram que esses objetos participavam de quem elas eram. Embora isso suporte a ideia do amor como fusão, também revela que, antes da entrevista, *as mentes conscientes dos entrevistados estavam erradas* quando pensavam que seus objetos de amor não faziam parte de seus "eus".

Mesmo que eles nem sempre soubessem conscientemente quando um objeto amado fazia parte de suas identidades, havia pistas, ao longo das entrevistas, de que pensavam nas coisas que amavam como aspectos de si. Uma das pistas mais instigantes era a forma como decidiam se amavam algo ou não. Muitas vezes, eles se perguntavam: "Será que sou capaz de viver sem isso?" Uma pessoa especificou que esta pergunta não tratava literalmente da morte ao declarar que não amava de verdade os alimentos, já que "podia viver sem eles".

Um comentário de outra entrevista[2] deu uma pista interessante sobre o verdadeiro significado da frase "não posso viver sem isso":

> Escrever é uma grande parte da minha existência e de quem eu sou, muito maior do que os jogos de guerra. Sem escrever, eu morreria; sem os jogos, eu continuaria vivo.

Sem escrever, ele "morreria", não porque ficar sem escrever o machucaria fisicamente, mas porque tal atividade é parte essencial de sua identidade. A próxima citação, de uma mulher que gosta de pipoca, mas ama música, esclarece a questão:

> Deixar de comer pipoca não me afetaria. [Mas] sem música, eu estaria morta. Sem música, eu precisaria ser alguém totalmente diferente.

Note como ela comparou morrer a se tornar uma pessoa totalmente diferente. Quando você perde algo que ama, isso deixa de fazer parte da sua identidade; logo, a pessoa que você era não existe mais e, portanto, "você" não pode viver sem isso.

Outra evidência do amor como uma fusão vem das chamadas "perguntas projetivas", tal como: "Se seu objeto amado fosse transformado em uma pessoa, quem seria?" Essas perguntas são boas para superar as crenças conscientes enquanto indivíduo e descobrir pensamentos e sentimentos mais profundos. Ao descrever seus objetos amados, há uma forte tendência a imaginá-los como imagens espelhadas de si. Como no exemplo em que uma pessoa personificou seu gato como alguém que compartilha seu gosto por músicas, livros, viagens, hobbies e política — até mesmo sua tendência a ser teimosa! (Você já conheceu um gato que não é teimoso?) Uma mulher respondeu a essa pergunta dizendo que tanto suas plantas quanto sua música seriam mulheres milenares. Como ela tinha apenas 37 anos quando entrevistada, pareceu-me que seu caso era uma exceção ao padrão das imagens espelhadas. Entretanto, a surpresa veio depois, quando ela afirmou que se achava parecida com suas plantas e músicas nesse quesito porque "sinto que tenho uma alma antiga, como elas".

Também há evidências na psicologia experimental que apoiam a ideia do amor como fusão. Arthur e Elaine Aron foram os primeiros psicólogos experimentais a investigar extensivamente se as pessoas incluíam seus entes queridos em suas identidades. Muitas de suas pesquisas empregam a mesma estratégia básica: encontrar uma verdade que é aplicada a nós mesmos, mas não aos outros, (por exemplo, sentimos orgulho ao receber um elogio, mas não quando outras pessoas os recebem). Em seguida, vemos se isso também se aplica às pessoas que amamos (por exemplo, se nos sentimos orgulhosos quando as pessoas que amamos são elogiadas, isso mostra que as vemos, implicitamente, como parte de nós mesmos).

Em um estudo, Arthur Aron e seus colegas[3] deram a um grupo de estudantes entre US$10 e US$20 e lhes disseram que poderiam repartir entre eles e um estranho da maneira que achassem mais conveniente. Não surpreendentemente, os alunos tendiam a manter quase tudo para si. Outro grupo foi instruído a dividir o dinheiro entre eles e um amigo próximo que morava fora da cidade. Os estudantes foram informados de que os pesquisadores enviariam um cheque ao amigo, mas que ele não saberia o valor dividido por cada estudante. Ou seja, o amigo não saberia quanto do dinheiro os alunos haviam guardado para si. Nesse caso, eles geralmente dividiam a quantia igualmente, mas em alguns casos, doavam mais da metade do valor. Este estudo simples mostra que, à medida que os laços se estreitam, passamos a tratar os outros como tratamos a nós mesmos.

É provável que você já tenha notado que, quando temos um desempenho ruim, muitas vezes inventamos desculpas e culpamos os outros pelo nosso problema.[4] No entanto, é pouco provável que façamos o mesmo quanto às falhas de outras pessoas. O professor de marketing C. Whan Park e seus colegas[5] mostraram que isso também acontece com as coisas que amamos. Especificamente, quando algo dá errado com um produto amado, você tende a dar desculpas e dizer que foi apenas um acidente de algum tipo. Ou seja, quando amamos um produto, o tratamos como parte de nós mesmos.

Outros estudos são particularmente interessantes por mostrarem que a integração das pessoas às coisas amadas ocorre em um nível profundo e inconsciente que afeta o funcionamento básico do cérebro. Por exemplo, um estudo conduzido pelos psicólogos sociais Sara Konrath e Michael Ross[6] observou a peculiar tendência que as pessoas têm de lembrar seus sucessos passados como sendo mais recentes do que de fato são, e seus fracassos recentes como algo que pertence a um passado mais distante do que de fato é. Entretanto, não aplicamos isso aos sucessos e fracassos de desconhecidos. Mas quando pensamos nas pessoas que amamos, aplicamos o mesmo viés peculiar que usamos para nós mesmos.

Evidências recentes da neurociência fornecem suporte adicional para essa ideia do amor como fusão. Os neurocientistas sabem há algum tempo que existem certas áreas do cérebro que são ativadas quando as pessoas pensam em si mesmas, mas não quando pensam em outras. Os pesquisadores Shinya Watanuki e Hiroyuki Akama[7] revisaram todos os estudos relevantes sobre o tema e descobriram que, quando pensamos em pessoas ou coisas que amamos, nossos cérebros mostram padrões de ativação iguais aos que aparecem quando pensamos em nós mesmos.

Considerando todas essas evidências, só posso concluir que a ideia do amor como fusão é poética e romântica, mas também verdadeira. No entanto, ela vai um pouco além disso.

ALGUMAS FORMAS DE NOS TORNARMOS QUEM SOMOS

Incluir algo em seu autoconceito requer tempo e esforço por parte de seu cérebro. Há uma série de processos mentais envolvidos nisso.

Pensando e Aprendendo Sobre o Objeto Amado

É comum ficar um tanto obcecado pelas coisas que se ama, principalmente quando o relacionamento é novo. Tal obsessão desempenha um papel funcional na integração do objeto amado à sua identidade. Esse pensamento obsessivo sobre a coisa amada reforça o lugar que ela ocupará dentro da categoria eu, tornando-a parte de quem você é. Em minha pesquisa com Rajeev Batra e Rick Bagozzi,[8] descobrimos que ter pensamentos frequentes que simplesmente "aparecem em nossa mente" é parte importante de amar as coisas. Isso também foi demonstrado em estudos anteriores sobre o amor interpessoal. Por exemplo, pesquisas[9] descobriram que em casais, a quantidade de amor que as pessoas sentem por seus parceiros é mais influenciada por esses pensamentos frequentes do que pela beleza do parceiro ou por conversas íntimas.

"Meu vizinho comprou um carro novo hoje e está de pé lá fora olhando para ele por 15 minutos enquanto come batatinhas"

Outra pérola da internet. Arrumem uma garagem para vocês!

Amar algo não implica apenas pensar bastante sobre, mas também saber muito a seu respeito. Personagens de livros e de filmes românticos às vezes perguntam: "Como você pode dizer que me ama quando não sabe nada a meu respeito?" A importância de conhecer profundamente as coisas que amamos ficou particularmente evidente nos comentários de uma mulher que entrevistei.[10] Originalmente, ela disse que amava música, mas após refletir um pouco, mudou de ideia:

> Eu gosto de ouvir música, [mas] quando penso em colocá-la na categoria de amor, não [eu não a amo]. Tenho dificuldades, não consigo reconhecer bem os instrumentos. Outra coisa em que não sou boa é identificar [qual banda toca qual música]. Esse é o meu problema — eu não entendo nada de música.

Apesar de usufruir das músicas, sua falta de conhecimento sobre o tema criou uma distância psicológica que era incompatível com o amor.

Por que saber muito sobre alguma coisa está ligado ao amor? O filósofo existencialista Jean-Paul Sartre disse que conhecer algo com profundidade era uma forma de integrá-lo ao seu autoconceito. Para que isso funcione, no entanto, o conhecimento deve ser apaixonado e íntimo em vez de distante ou friamente intelectual. Quando conhecemos algo de maneira apaixonada e íntima, tendemos a nos importar com ele em vez de vê-lo como um simples objeto que existe para atender às nossas necessidades. Para Sartre, portanto, não é coincidência que as pessoas se refiram às relações sexuais por vezes como um modo de "conhecer" outras pessoas.

Incluindo Objetos Amados em Nossas Histórias de Vida

Pamela Paul, escritora e editora do *New York Times Book Review*, em entrevista com o autor e analista jurídico Jeffrey Toobin,[11] mencionou que os dois tinham algo peculiar em comum. Ambos mantinham "um livro de livros", isto é, um caderno no qual registravam todos os livros que liam. Mas eles também tinham outra coisa em comum:

> JEFFREY TOOBIN: Infelizmente meu pai morreu muito jovem... Encontrei entre seus pertences este caderninho de couro. E vi que ele anotara nele todos os livros que havia lido enquanto os lia. E o que é certamente comovente aqui é que meu pai tinha um tumor no cérebro, e dá para notar sua escrita se deteriorar à

medida que ficava cada vez mais doente. Guardei essa lembrança maravilhosa do meu pai e, três anos depois, pensei comigo mesmo, quer saber, vou começar a fazer a mesma coisa, no mesmo caderno. E aqui, muitas décadas depois, ainda tenho o mesmo livro... É o meu pertence mais querido. Uma vez, houve um incêndio em dois andares diferentes de nosso prédio, e eu, minha esposa e nossos dois filhos tivemos que sair às pressas. A única coisa que levei além do nosso gato e nossos filhos foi o meu livro de livros.

PAMELA PAUL: É engraçado porque eu inicio minha biografia exatamente com essa anedota. Felizmente, eu ainda não passei pelo incêndio, e espero não precisar passar, mas, se fosse o caso, pegaria ela logo depois das crianças.

O que há nesses livros de livros que os torna tão significativos e importantes para ambos os escritores? À medida que passamos pela vida, criamos uma história mental sobre o passado, o presente e o futuro, a qual forma uma parte central de nossos autoconceitos. As coisas que amamos podem se integrar às nossas identidades desempenhando um papel importante nessa história mental. Observo muito isso quando conheço pessoas que amam diários, souvenires e objetos que marcam momentos importantes de suas vidas. Também é comum integrar a nossas histórias de vida coisas que funcionam como troféus para grandes conquistas, como as primeiras casas e os diplomas. Por exemplo, uma jornalista freelancer me disse uma vez que adora ver seu nome impresso: "Eu me sinto bem. É uma prova concreta do que acabei de realizar."[12] Outra pessoa que entrevistei me contou sobre um carro que amava:[13]

> Não é tanto pelo carro, mas sim o que ele representa. Porque durante todo o tempo em que estive na faculdade, tentando passar de ano, eu via esse carro e o queria. Para mim, ele representa sonhos que se tornam realidade. Passar pela universidade foi o primeiro objetivo que atingi, mas conseguir o carro me fez sentir que poderia fazer qualquer coisa.

Integrar coisas que amamos a nossas histórias de vida não é algo que se limita a objetos do passado. As coisas que almejamos também podem servir como um troféu imaginário para futuras realizações. Certa vez, entrevistei uma mulher que cresceu na pobreza, cuja escolaridade se limitava ao ensino médio, mas que trabalhou muito para se tornar gerente de um salão de beleza e queria ir ainda mais longe. No início da entrevista, ela me disse que não era possível amar objetos materiais. Mas depois, admitiu que amava o Jaguar branco que esperava ter algum dia porque, como ela disse, risonha: "é chique, elegante e corre e ronrona feito uma gatinha, exatamente como eu."[14] Por que ela gostava tanto do carro, o suficiente para dizer que o amava logo após afirmar que as pessoas não conseguem amar objetos? Para ela, não havia grande contradição em dizer que não se pode amar de verdade uma coisa e, depois, que ela mesma amava aquele carro genuinamente, pois, em sua cabeça, este não era primordialmente um objeto material, mas, sim, um símbolo do que ela aspirava para si.

Contato Físico

Além de pensar nos objetos amados, ter contato físico com eles faz com que nos influenciem e se tornem parte de nós. Quando se trata de itens que já pertenceram a celebridades, por exemplo, quanto mais contato físico com o objeto, maior seu valor. Vale lembrar que uma fita métrica que já pertenceu a Jacqueline Kennedy Onassis, que a usava frequentemente, foi vendida por US$48.875 em um leilão.[15] Na mesma dinâmica, porém na direção oposta, o contato físico entre um objeto e celebridades tóxicas ou vilões infames reduz seu valor e estimula as pessoas a se desfazerem dele. Com efeito, os pesquisadores Carol Nemeroff e Paul Rozin[16] descobriram que as pessoas se recusavam a experimentar um suéter se lhes dissessem que ele já havia sido usado por Adolf Hitler. Isso me faz lembrar de uma mulher que reclamou no Reddit de que a mãe de seu noivo havia experimentado seu vestido de noiva sem permissão e disse que, só por saber disso, ela queria comprar um novo vestido para o casamento.

Esse fato — as coisas que tocamos nos afetam — tem desdobramentos interessantes em lojas de roupas. Os professores de marketing Jennifer Argo, Darren Dahl e Andrea Morales[17] descobriram que os clientes são menos propensos a comprar um item se pensarem no fato de que ele foi experimentado por outro cliente, mas mais propensos a comprar algo que foi manuseado por um vendedor atraente do sexo oposto. No entanto, se um item usado anteriormente tiver uma história interessante, especialmente uma que estabeleça uma relação emocional com o cliente, isso pode torná-lo mais interessante. O brechó da Oxfam, em Manchester, Inglaterra, se aproveitou desse fenômeno ao pedir que doadores compartilhassem as histórias dos objetos doados, e também seus significados pessoais. Como parte do projeto Shelflife da Oxfam, essas informações são disponibilizadas aos compradores por meio de um aplicativo que lê um código de barras no item e exibe sua história. Por exemplo:

> *Bem, meu item é a pequena bolsa de produtos de higiene pessoal de seda vermelha. É de um lugar chamado Narai, em Bangkok, e foi uma das primeiras coisas que comprei quando fui visitar meu tio e sua esposa Noi, que moravam nos arredores da cidade. Acredito que, se for a viagem de compras que estou pensando, também foi uma das primeiras vezes que eu peguei um tuk tuk [riquixá motorizado] e quase caí no meio da autoestrada no caminho de volta. Tenho certeza que foi isso que aconteceu. Então, sim, essa é a minha história, e eu arrisquei a vida para conseguir essa bolsa.*

Como Sarah Farquhar, da Oxfam, explicou: "Itens com uma história por trás são muito mais interessantes para nossos clientes." Isso é positivo para a Oxfam não apenas pelo lucro, mas também por fazer com que as pessoas reutilizem os objetos e fiquem com eles em vez de comprar outros novos, algo que incentiva a economia verde. Contar as histórias por trás dos produtos ajuda a "impedi-los de ir para o lixo" e "encorajar as pessoas a amá-los por mais tempo."[18]

Você já se perguntou por que existem xampus para homens e mulheres, mas não existe sabão em pó para roupas femininas e masculinas? Não há nada nos cabelos da mulher ou do homem que exija um xampu de fórmula diferente, assim como não há nada nos jeans masculinos e femininos que exija uma fórmula diferente de sabão em pó. Os xampus são comercializados assim porque são aplicados diretamente no corpo, o que lhes confere uma forte relação simbólica com o senso de identidade. Os profissionais de marketing sabem disso, razão pela qual o perfume, a embalagem e a publicidade dos produtos de higiene pessoal são todos voltados para imbuir certas qualidades aos produtos — como sensualidade, naturalidade, sofisticação, integridade, masculinidade, feminilidade, etc. Muitos consumidores estão dispostos a pagar mais por produtos que correspondam às identidades que desejam ter, inclusive as de gênero. Os profissionais de marketing apenas amplificam e capitalizam essa tendência.

Se esfregar um xampu na própria cabeça leva a uma integração com o produto, não é de surpreender que a comida possa ter um impacto ainda maior. O ditado "Você é o que você come" parece se referir ao fato de que os alimentos se tornam parte do nosso corpo, mas também pode referir-se à forma como os alimentos que comemos e os que nos recusamos a comer podem se tornar parte de nossas identidades. Fisicamente, as pessoas simplesmente digerem as coisas que *comem*; porém, a nível simbólico, a recusa a certos alimentos pode se incorporar ao autoconceito. É por isso que, por exemplo, quando decidem não comer carne, "ser vegetariano" se torna uma parte importante de suas identidades. É também por isso que tantas religiões restringem certos alimentos aos seus fiéis: os hindus não comem carne bovina; os judeus não comem carne de porco ou mariscos; os muçulmanos não comem carne de porco; e os jainistas não comem carne e nem vegetais que crescem no subsolo. Essas regras alimentares são uma maneira poderosa de fortalecer a integração da religião à identidade do adepto.

Controle

Algumas coisas, tais como ferramentas, carros, instrumentos musicais e equipamentos esportivos, podem se tornar parte de nós mesmos quando temos controle intuitivo sobre elas. Por exemplo, uma vez pilotos experientes, ao fazer uma curva, não precisamos pensar: *Preciso pisar suavemente no freio para desacelerar e virar o volante para a direita*; simplesmente pensamos, *quero ir para lá*, e nossos corpos automaticamente fazem o que precisa ser feito. Esse tipo de controle intuitivo sobre um carro é semelhante ao controle que temos sobre nossos corpos. Assim, passamos a ver objetos que podemos controlar dessa maneira como extensões de nossos corpos e, portanto, como partes de nós mesmos.

Criação e Investimento

Já foi dito que mitos não são falsos por nunca terem acontecido, mas sim verdadeiros por continuarem acontecendo repetidas vezes. Isso certamente se aplica ao mito grego de Pigmalião, no qual um escultor cria uma estátua de uma mulher tão bela que se apaixona por ela. O padrão nessa história mítica se repete continuamente à medida que as pessoas se apaixonam pelas coisas que fazem.

Tendemos a ver as coisas que criamos como parte de nós mesmos porque, assim como nossos filhos, é daí que elas vêm. Ou, como às vezes se diz, colocamos *muito de nós mesmos* nas coisas que fazemos. Como Erich Fromm escreve em seu livro clássico, *A Arte de Amar:*[19]

> Em qualquer espécie de trabalho criador, a pessoa que cria une-se a seu material, que representa o mundo que lhe é exterior. Faça um marceneiro uma mesa, ou um ourives uma joia, cultive o camponês seu cereal, ou pinte o pintor um quadro, em todos os tipos de obra criadora o trabalhador e seu objeto tornam-se um, o homem se une ao mundo no processo de criação.

Todos nós somos imensamente valiosos para nós mesmos. Assim, quando algo passa a fazer parte de quem somos, também passamos a vê-lo com imenso valor. Pesquisas mostram que as pessoas valorizam muito mais as coisas que ajudaram a projetar ou construir. Em um estudo de 2012, os pesquisadores Michael Norton, Daniel Mochon e Dan Ariely[20] pediram às pessoas que criassem figuras de origami. Os pesquisadores, então, perguntaram aos participantes quanto estariam dispostos a pagar pelas figuras que haviam acabado de criar e quanto esperavam que os outros estivessem dispostos a pagar por elas. Em seguida, perguntaram a um grupo comparável a eles quanto de fato pagariam pelas figuras de origami que os participantes do estudo haviam feito. As pessoas disseram que pagariam quase cinco vezes mais por uma figura de origami que elas mesmas fizeram, quando comparadas a um estranho. E, talvez mais surpreendentemente ainda, quando aquelas que fizeram os origamis foram questionadas sobre quanto achavam que outras pessoas estariam dispostas a pagar por suas figuras, elas presumiram que gastariam aproximadamente a mesma quantia que (ou em alguns casos até mais) elas próprias.

Descobri que as pessoas estão mais inclinadas a ver algo como parte de si quando investem sua criatividade nisso. Não obstante, quaisquer esforços, mesmo aqueles não tão criativos, podem ter esse efeito. Por exemplo: o professor de administração Peter Bloch[21] descobriu que as pessoas que lavavam seus veículos e faziam sua manutenção eram particularmente propensas a vê-los como parte de suas identidades; já Russell Belk[22] descobriu o mesmo sobre cuidar da casa. Da mesma forma, Norton, Mochon e Ariely[23] mostraram que mesmo montar as coisas de acordo com as instruções leva as pessoas a atribuírem um valor irracionalmente alto aos objetos. Eles chamam isso de "efeito IKEA", em homenagem ao varejista de móveis prontos para montagem.

Ele Muda Você

Acabei de sugerir que ao mudar um objeto, ele pode tornar-se parte de seu autoconceito. Isso também ocorre quando o objeto muda você. As pessoas tendem a enxergar uma coisa como parte de si quando esta as altera e ajuda a expandir ou crescer enquanto indivíduo. Por exemplo, entrevistei homens que adoram malhar e que veem o exercício como parte de si porque isso muda seus corpos. Da mesma forma, um amante de livros que entrevistei afirmou que os livros fazem parte dele porque "você os incorpora de tal forma que eles apenas acrescentam mais e mais à sua forma de enxergar a vida. Para mim, isso é algo expansivo."[24]

Arthur e Elaine Aron estudaram como se apaixonar por uma pessoa muda quem você é, e suas descobertas também são relevantes para as coisas que amamos. Os Arons argumentam que os seres humanos têm um impulso inato para crescer e se desenvolver. Eles veem a paixão como algo ligado a esse impulso de crescimento pessoal, porque nos permite incluir pessoas queridas dentro de nós. Em um estudo realizado com a psicóloga Meg Paris,[25] foi solicitado aos alunos que respondessem à pergunta "Quem é você hoje?" a cada duas semanas, listando as palavras que sentiam que os descreviam naquele momento. Os pesquisadores concluíram que essas palavras autodescritivas representavam dezenove aspectos da identidade. Estes incluíam termos que descreviam emoções (por exemplo, *raiva* e *felicidade*), papéis familiares (por exemplo, *filho, filha, irmão, irmã*), ocupações, e assim por diante. Cada vez que os alunos preparavam suas listas de palavras autodescritivas, os pesquisadores perguntavam se eles haviam se apaixonado nas últimas duas semanas; como os participantes eram estudantes de graduação, se apaixonar não era algo tão incomum. Os estudantes que haviam acabado de se apaixonar se descreveram usando palavras de uma variedade significativamente maior de categorias, mostrando que a paixão havia expandido e ampliado seus autoconceitos.

Isso também vale para as coisas. Um amigo me disse que se surpreendeu ao descobrir que adorava assistir a documentários sobre animais selvagens, um gênero que ele sempre considerou chato demais para se dar o trabalho de ver. Ele disse: "Eu nunca pensei em mim mesmo como alguém que assistia a espetáculos naturais, mas acho que sou essa pessoa." Seu autoconceito se expandiu quando sua nova paixão revelou um aspecto próprio que ele não sabia que existia.

Comprar e Possuir

Há mais de cem anos, William James, que muitas vezes é considerado o primeiro psicólogo pesquisador moderno, apontou a forte conexão entre possuir algo e vê-lo como parte de sua identidade: "É difícil traçar uma linha entre o que o homem chama de *eu* e o que chama de *meu*. Sentimos e agimos em relação a certas coisas que são nossas da mesma forma que fazemos em relação a nós mesmos."[26] James observou ainda que vemos tudo aquilo que faz parte de nossas identidades como uma de nossas *posses*: *meu* corpo, *minhas* memórias, *meu* país, *minha* religião, *minha* banda favorita, e assim por diante. É por isso que o amor envolve tantas frases como "Você vai ser minha?"

Há uma distinção entre apropriação legal e psicológica. Por exemplo, nos apropriamos psicologicamente de um país que chamamos de "meu país", mas não podemos cobrar aluguel de todos os seus habitantes. Os alunos muitas vezes fazem o mesmo com seus assentos regulares em uma sala de aula, ainda que não os possuam legalmente. Quando se trata de integrar coisas a nossas identidades, é a apropriação psicológica que realmente conta. Mas a apropriação legal ainda é importante, porque é com ela que geralmente se aumenta a psicológica.

As pessoas que estão iniciando uma nova atividade geralmente compram todos os tipos de equipamentos e roupas caras que fortalecem seu senso de apropriação psicológica dessa atividade.

Isso pode se provar um erro caro. Mesmo as pessoas que adoram uma atividade há muito tempo podem dar ênfase demais à compra de coisas como uma forma de se envolver com essa paixão. Certa vez, eu estava na minha loja de bicicletas local para um conserto e conversei com outro cliente que estava pensando em comprar uma mountain bike de US$7 mil. Ele já possuía oito do tipo e disse que tinha problemas para guardar todas; se levasse outra para casa, sua esposa iria matá-lo. Ainda assim, ele a comprou. Esse cara pode ter sofrido de um transtorno de consumo compulsivo e/ou de acumulação (e mesmo se não tivesse, aposto que sua esposa achava que sim). Mas é comum ver exemplos menos patológicos em que as pessoas expressam seu amor por uma atividade comprando todo tipo de parafernália que nunca usam.

Eu mesmo já lutei contra esse problema, então sei do que estou falando. Desde o ensino médio, sou um pouco audiófilo. Infelizmente, como um amigo meu observou uma vez, "os audiófilos nunca estão satisfeitos", e equipamentos estéreo podem ser muito caros. Pior ainda, descobri que quando me envolvo demais com a tecnologia, paro de prestar atenção à música porque fico distraído com meus pensamentos sobre o aparelho. Descobri que uma boa maneira de manter minhas tendências audiófilas sob controle é focar conscientemente em aspectos da música que não envolvem os acessórios. Assim, eu evito, por exemplo, ler sobre equipamentos de áudio, e volto minha atenção para textos sobre música.

Experiências de Quebra de Barreiras

Um enredo familiar: estranhos são jogados juntos em uma aventura angustiante da qual emergem como amigos ou amantes. Você também deve ter notado que, na vida real, são os pequenos desastres durante as férias com os amigos e não os dias ensolarados passados sentados na praia que estreitam os laços de amizade. Adam Sandler tem até uma passagem em uma de suas comédias românticas rotineiras em que fala sobre "se apaixonar" por um rapaz sentado ao seu lado em uma montanha-russa muito intensa, porque passar por essa experiência juntos criara, de alguma forma, um vínculo entre ele e o estranho. Arthur e Elaine Aron chamam esses tipos de aventuras estressantes de "experiências de quebra de barreiras", pois elas quebram os limites mentais entre as pessoas e facilitam que uma se torne parte do autoconceito da outra.

Algo semelhante acontece quando passamos por experiências emocionais intensas com as coisas que aprendemos a amar. Em minhas pesquisas, as pessoas costumam falar sobre amar músicas, livros e outras coisas que as ajudaram a passar por períodos emocionalmente difíceis. Essas pessoas expressam um sentimento de gratidão pelas coisas que as ajudaram a enfrentar tais tempestades e se sentem fortemente ligadas aos objetos amados.

Essas experiências de conexão às vezes envolvem medo. Certa vez, conversei com um jovem que adorava filmes de terror, e ele acabou mudando a minha forma de pensar sobre eles. Perguntei por que ele gostava de sentir medo. E a resposta foi: "Eu não gosto só de ficar com medo. Gosto de sentir medo com meus amigos." Foi uma experiência de que o fez amar esses filmes, não o medo.

Lea Dunn, da Universidade de Washington, e JoAndrea Hoegg, da Universidade da Colúmbia Britânica,[27] mostraram que os filmes de terror não apenas ajudam as pessoas a se relacionarem com seus amigos, mas também com as marcas. Dunn e Hoegg disseram aos participantes do estudo que eles avaliariam uma nova marca de água com gás e alguns trechos de filmes. Então, deram a cada participante um copo de água com gás e reproduziram cenas de filmes tristes, assustadores, felizes ou emocionantes. Os espectadores então avaliaram quão emocionalmente ligados estavam à marca de água com gás que experimentaram. Aqueles que assistiram a trechos de filmes tristes, felizes ou excitantes apresentaram baixos níveis de apego emocional à marca, enquanto os que assistiram a trechos assustadores relataram níveis dramaticamente mais altos. Por que isso aconteceu? Os pesquisadores acreditam que nossos cérebros evoluíram de tal forma que, em situações assustadoras, tendemos a criar vínculos com as pessoas ao nosso redor, porque ter um amigo em tempos difíceis pode ser especialmente útil. Esse mecanismo mental é transferido para nossos relacionamentos com as coisas.

Essas experiências de quebra de barreiras também podem ajudar a explicar por que os fãs de esportes costumam amar tanto seus times. A psicóloga esportiva Sarah Broadbent[28] relata que o esporte gera ao espectador emoções mais fortes do que qualquer outro tipo de entretenimento. Cada jogo é uma experiência emocionalmente intensa e muitas vezes assustadora que os fãs atravessam junto ao time, o que por sua vez ajuda a torná-lo uma parte considerável do autoconceito dos torcedores. É por isso que eles dizem "ganhamos" ou "perdemos", mesmo não tendo levantado do sofá em nenhum momento. Lembro-me de ver um desenho animado em que uma esposa diz ao marido, enquanto ele assiste ao futebol na TV: "Às vezes acho que você ama mais o futebol do que eu." Ao que o marido responde: "Bem, pelo menos eu te amo mais do que amo o hóquei." Mas isso é apenas um desenho animado... Certo?

Como você deve se lembrar, os vitalizadores de relacionamento são mecanismos mentais que tornam seus relacionamentos, normalmente frios e pragmáticos com as coisas, mais calorosos e conectados. A essa altura, já mencionei os três vitalizadores: o antropomorfismo, que disfarça coisas como pessoas; os conectores de pessoas, que criam uma série de conexões mentais entre você, o objeto amado e as outras pessoas em sua vida; e a incorporação ao eu, que transforma coisas em uma parte muito importante de um certo alguém — você. Dos três, incorporar coisas ao autoconceito de si é o mais prevalente e significativo, e logo mais explicarei o porquê. Os três capítulos seguintes falarão sobre várias maneiras pelas quais as coisas que amamos moldam quem somos.

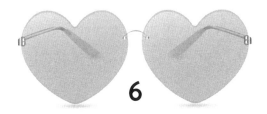

6

Encontrando-nos nas Coisas que Amamos

*O amor nada mais é do que a descoberta de nós no outro
e a alegria do reconhecimento.*

— ALEXANDER SMITH (1829—1867)

O ANO ERA 1950 E, PARA A NESTLÉ, AS VENDAS DO CAFÉ INSTANTÂ-neo Nescafé nos Estados Unidos foram decepcionantes. Quando a empresa perguntou às mulheres norte-americanas por que elas não compravam o produto, a maioria esmagadora citou o sabor como resposta. Porém, um teste cego mostrou que, na verdade, comparado ao café ruim que as pessoas bebiam em 1950, o Nescafé era saboroso. O que realmente estava acontecendo?

A Nestlé pediu a Mason Haire, especialista em psicologia do consumidor, para descobrir.[1] O psicólogo constatou que as mulheres que rejeitavam a marca quase sempre viam esse comportamento como perfeitamente racional, dizendo a si mesmas: "Evito café instantâneo, pois tem gosto ruim." Mas, ao se aprofundar na questão, Haire notou que esse público desprezava os compradores de café instantâneo, tomando-os como preguiçosos, esbanjadores, desorganizados e, o pior de tudo, pessoas que estavam em casamentos ruins. Supostamente, mulheres em casamentos felizes separavam algum tempo para preparar uma boa xícara de café "de verdade" para o marido. Como consumidores, tendemos a crer que gostamos ou não de uma coisa (café, por exemplo) por razões objetivas (o gosto é ruim). Mas *questões de identidade* — o desejo de ser um certo tipo de pessoa (neste caso, de não ser um fracasso conjugal preguiçoso, perdulário e desorganizado) — tendem a desempenhar uma função muito maior nas coisas que compramos e amamos do que podemos imaginar a princípio.

Quando comecei a estudar o comportamento do consumidor, me surpreendi com a frequência com que os pesquisadores tentam explicar os gostos das pessoas se atentando ao tipo de identidade que elas desejam. ("Ela dirige uma picape para mostrar que é uma norte-americana conservadora e patriota, enquanto ele dirige um carro elétrico para mostrar que é um progressista ecologicamente correto.") Reconheço a importância da identidade, porém me pareceu que alguns estudiosos estavam um pouco obcecados com isso. Mais tarde, quando comecei minha própria pesquisa, descobri que a maioria dos pesquisadores não está muito focada no tema da identidade; eles estão apenas relatando o que realmente motiva os consumidores, ainda que estes estejam apenas parcialmente cientes disso. Quando aprendi mais sobre a história da cultura ocidental, tudo começou a fazer sentido.

O AMOR ROMÂNTICO DAS COISAS

As coisas desempenham um papel muito maior em nossas vidas hoje do que em qualquer outro momento do passado. As mudanças que nos levaram ao estado atual começaram por volta de 1760, com a Revolução Industrial, que iniciou na indústria têxtil e barateou drasticamente o custo dos vestuários, posteriormente reduzindo os preços de praticamente tudo. Para dar alguma perspectiva do assunto, durante esse período, o preço dos tecidos caiu mais rápido do que o preço dos computadores durante a revolução digital. O economista Adam Smith, que escreveu sobre a Revolução Industrial em primeira mão, observou que possuir uma camisa de linho, item antes reservado para os ricos, tornou-se uma necessidade social até mesmo para os trabalhadores mais mal remunerados.[2] À medida que a Revolução Industrial avançava, as casas começaram a se encher de bens, e as coisas passaram a desempenhar um papel cada vez mais importante na vida das pessoas. Isso aconteceu primeiramente entre as classes mais abastadas, mas hoje em dia as coisas permeiam a vida de todos, exceto das pessoas mais pobres do mundo. Quando ouço o clichê de que os inuítes têm muitas palavras diferentes para neve, às vezes imagino um deles pensando por que temos tantas palavras para vários tipos de roupas, carros, eletrodomésticos e lojas.

Mas as mudanças trazidas pela Revolução Industrial foram muito além de simplesmente nos encher de coisas. O aumento do poder aquisitivo também levou a uma profunda mudança cultural — aumentando gradualmente nosso individualismo. Por quê? Ser individualista significa que, se tivermos de escolher entre fazer o que nossos desejos internos e o que nossas famílias, amigos, sociedades, religiões ou tradições nos dizem para fazer, seguiremos nossos desejos. E quanto mais dinheiro temos, menos poder as outras pessoas têm sobre nós. Portanto, o dinheiro facilita o individualismo — ignorar o que os outros querem que façamos e, em vez de escutá-los, seguirmos nossos desejos. Evidências disso vêm de muitos estudos que mostram que (1) dentro de qualquer sociedade, as pessoas ricas tendem a ser mais individualistas do que as pobres;[3] (2) os países ricos tendem a ser mais individualistas do que os mais pobres;[4] e (3) se um país enriquece ao longo do tempo, ele também tende a se tornar mais individualista.[5]

Essa mudança é muito poderosa, mas também muito gradual. A Europa e a América do Norte levaram centenas de anos para se transformarem nas culturas individualistas que são hoje. Na Europa, enquanto a Revolução Industrial levava ao crescimento econômico, a guinada para o individualismo assumiu a forma de um movimento social chamado Romantismo. Ele argumentava que cada um de nós possui um "eu autêntico"[*] interior e que devemos "nos encontrar" (ou seja, descobrir quem é este eu) para então viver uma vida fiel a ele, mesmo que, para isso, seja preciso desafiar nossos pais, comunidades ou convenções sociais. Esse movimento tornou-se tão influente que os historiadores se referem ao período por volta de 1800-1850 como a Era Romântica.

Essa ideia romântica de um eu interior autêntico teve um impacto profundo nos casamentos. Em vez de seguir as opiniões de seus pais sobre o parceiro ideal com quem deveriam casar, os jovens ro-

---

[*] Daqui para frente, farei uso do termo "eu autêntico", pois é um nome comum para a ideia. Porém, isso não significa que acredito que haja um eu interior que deve ser ouvido a todo tempo. A realidade é mais complicada do que isso.

mânticos argumentavam que o amor seria a voz do eu interior que os guiaria até os parceiros corretos. Como a ideia de que o amor deve determinar com quem você se casa se tornou amplamente popular na Era Romântica, o amor de um casal de namorados ficou conhecido como — isso mesmo — amor romântico. Mas essa noção de ser fiel ao seu eu interior foi muito além do casamento.

Considere as coisas que têm um grande impacto na nossa identidade, como nossas casas, amigos, empregos, religiões, gêneros, as pessoas que amamos, como nos vestimos e nossos cônjuges. Antes da Era Romântica, grande parte desses fatores estava fora do controle do indivíduo. A grande maioria das pessoas seguia papéis de gênero restritos, vivia perto dos lugares onde nasciam e seguia as tradições de suas comunidades quanto à religião, alimentação, música e roupas. Elas também seguiam as profissões de suas famílias e se casavam com pessoas que seus pais aprovavam, ou até mesmo escolhiam. Mas hoje, especialmente nas sociedades ocidentais (e cada vez mais nas não ocidentais), todos esses aspectos de nossas vidas são escolhas que temos que (e precisamos) fazer.

O movimento romântico não apenas nos permitiu tomar essas decisões, mas também desenvolveu uma filosofia orientando *como* devemos tomá-las. O romantismo defende a fidelidade ao nosso eu interior. Assim, ao falar sobre o amor romântico por coisas, não me refiro ao desejo sexual ou à paixão, mas sim a amar algo por vê-lo como um reflexo do seu eu interior.

Muitos de nós estão tão imersos nas ideias românticas do amor que talvez não nos ocorra que possa haver outras maneiras de pensar a respeito. Não seria o amor sempre uma questão de seguir seu desejo interno por uma pessoa ou coisa? Nem sempre. Lembro-me de entrevistar uma mulher em Singapura que relatou amar o vestido que usou em um grande evento e sentir que ele era realmente "a cara dela", *mesmo que não gostasse dele em seu corpo*.[6] A moça explicou que amar e ajudar sua família eram partes muito mais importantes de sua identidade do que seu gosto por roupas. Neste grande evento, os amigos de sua mãe comentaram com ela como sua filha estava bonita e que tinha bom gosto. Isso trouxe honra para sua mãe. Essa mulher percebia, portanto, que seu eu autêntico era ser uma pessoa que amava e honrava seus pais e trazia respeito para sua família. Este vestido ajudou-a a representar esse aspecto de sua identidade. Portanto, o traje era "a cara dela", independentemente de seus próprios sentimentos em relação à sua aparência.

Ela é um exemplo perfeito do que os pesquisadores Hazel Markus e Shinobu Kitayama[7] chamam de "autoconceito interdependente". Seu trabalho contém evidências abundantes de que, em culturas coletivistas, é comum ver a identidade autêntica de uma pessoa como definida por suas conexões com as outras (a família, os amigos, o local de trabalho e assim por diante) e não por seus gostos e crenças individuais. Não duvido que isso seja verdadeiro. Não obstante, por meio de entrevistas que realizei em comunidades de cultura asiática bem-sucedidas economicamente,[8] passei a suspeitar que as ideias românticas e individualistas sobre o amor se tornaram cada vez mais populares. Isso se deve, em parte, à crescente riqueza dessas culturas, algo que traz consigo o individualismo, como ocorre em outros lugares; mas deve-se, também, às crescentes influências da cultura ocidental.

Embora os historiadores muitas vezes datem o declínio da Era Romântica por volta de 1850, sua ideia central — ser fiel ao seu eu interior — nunca declinou. Com efeito, em todas as épocas que se seguiram, a crença em um eu interior autêntico continuou a ganhar força. O feminismo, por exemplo, está enraizado nessa mesma ideia básica: as mulheres devem olhar para seu eu interior autêntico para discernir como querem viver, mesmo que isso entre em conflito com as ideias tradicionais sobre os papéis das mulheres. Atualmente, o movimento LGBTQIA+ obteve grande sucesso ao encorajar as pessoas a seguir os ditames de suas próprias identidades sexuais em vez de ideias tradicionais sobre o que é aceitável. Nos últimos 250 anos, o poder disruptivo de encontrar e seguir o eu interior foi demonstrado várias vezes. Como diz o clichê: "as crianças de hoje em dia" estão rejeitando a tradição e fazendo apenas o que bem entendem.

O PROJETO DO EU

A crescente popularidade da ideia de que as pessoas devem viver de acordo com os ditames de seu eu interior é, em geral, uma coisa boa (embora, como qualquer coisa boa, possa ser levada longe demais). Aqueles que vivem em sociedades que permitem que os indivíduos escolham suas carreiras, parceiros de casamento, práticas religiosas e afiliações políticas tendem a ser mais felizes do que os que vivem em sociedades mais tradicionais, onde esses tipos de decisões são amplamente ditadas pela tradição, família ou outras circunstâncias da vida permeadas pelo nascimento.[9]

Mas ter a liberdade de viver de acordo com nosso eu interior também nos sobrecarrega com um enorme projeto de vida. Já é difícil tomar uma decisão sobre quem você quer ser, mas esse é apenas o primeiro passo. Em seguida, é preciso tornar essa visão em realidade — ou seja, transformar seu eu interior em seu eu *real*, o que significa que você precisa se *auto-atualizar*. Isso se torna um esforço central na vida de uma pessoa, um *projeto do eu*.

Porque, nas culturas individualistas contemporâneas, quase tudo o que fazemos deve expressar nosso eu interior; o projeto do eu permeia todos os aspectos de nossas vidas. Por exemplo, ao fazer algo tão mundano quanto comprar uma camisa, você não se pergunta apenas se ela cabe em seu corpo; mas também se a roupa combina com sua identidade: "Combina comigo?" A vida se torna um fluxo de opções para mudar ou ajustar sua identidade: Devo mudar de emprego? Mudar para uma nova casa? Começar a ir à igreja? Parar de ir à igreja? Comprar uma caminhonete, ou talvez uma bicicleta elétrica? Começar um novo hobby? Virar vegano? As escolhas são infinitas.

O projeto do eu não se estende apenas a todos os aspectos de nossas vidas; ele também dura uma vida inteira. Na década de 1950, o psicólogo Erik Erikson percebeu que, à medida que a cultura ocidental enfatizava cada vez mais a fidelidade ao eu interior, mais os adolescentes achavam essa tarefa difícil. Então ele cunhou o termo "crise de identidade" para descrever o que eles estavam atravessando. Hoje, as pessoas de meia-idade descobrem que, embora as preocupações com a identidade diminuam na fase adulta, elas não desaparecem. Mesmo quando finalmente chegam à aposentadoria, muitas vezes veem isso como mais uma oportunidade de se reinventar.

Então cá estamos nós, humanos modernos, enfrentando a necessidade de discernir e criar nossas identidades enquanto cercados por um mar de coisas para possuir e fazer. Sendo animais inteligentes, juntamos as peças e usamos essas coisas para ajudar a definir nossas identidades. É por isso que esta definição tem um impacto tão forte em nossas preferências.

UMA BÚSSOLA MÁGICA

Na franquia *Piratas do Caribe*, o Capitão Jack possui uma bússola mágica que aponta para o objeto mais desejado da pessoa que a segura. Para aqueles engajados no projeto do eu, discernir nossas verdadeiras identidades é uma das coisas que mais desejamos. Quando nos apaixonamos por algo, essa experiência nos revela um pouco mais de quem somos. Dessa forma, as coisas que amamos são como uma bússola mágica que aponta para uma das coisas que mais queremos no mundo — saber quem realmente somos.

No capítulo 5, eu disse que, quando criamos algo, nos *colocamos* nele. Por outro lado, quando tentamos fazer alguma coisa e percebemos que amamos a experiência, nós nos *encontramos* nela. Antes de Maya Shankar se tornar uma importante cientista cognitiva, ela tinha uma carreira promissora como violinista clássica pela frente. Em uma entrevista,[10] ela explicou: "Uma das grandes bênçãos de tocar violino é que isso me permitiu saber como realmente era amar algo ou alguém." Esse tipo de amor passional permitiu que ela encontrasse a si mesma por meio da atividade amada. Como ela declarou: "Você vê... características e traços que são extraídos [de você quando] se engaja nessa busca." Tragicamente, seus sonhos de ser violinista foram interrompidos por uma lesão na mão esquerda. Mas ela sabia como era amar aquilo que se fazia, e então começou a procurar algo novo, que fosse capaz de acender sua paixão e trazer à tona as mesmas qualidades que descobriu com o violino. Ainda segundo ela: "A esperança é que nas novas explorações [de coisas que você venha a amar], essas [novas atividades] possam extrair de você essas mesmas qualidades." Ela se apaixonou novamente, desta vez pela pesquisa em ciência cognitiva. Desde então, tornou-se uma estrela, atuando como consultora sênior de ciências sociais e comportamentais no Escritório de Política Científica e Tecnológica da Casa Branca durante o governo Obama, antes de se tornar a primeira chefe de observações comportamentais do Google.

ENCAIXE INTUITIVO E AMOR À PRIMEIRA VISTA

As pessoas geralmente sentem que há um encaixe intuitivo em relação às coisas que amam, ou que elas parecem "certas", o que pode parecer amor à primeira vista. Talvez você se lembre da mulher do capítulo 1, que se apaixonou instantaneamente pelo seu novo lar potencial. Outra mulher me relatou uma experiência semelhante:[11]

> Eu lembro que, quando era muito jovem, [a Victoria's Secret] tinha uma loção corporal chamada Aquarius, e esta é uma das minhas primeiras lembranças de ter

pisado em uma de suas lojas. Pensei, *sou aquariana* e, de todos os cheiros de todos os signos, esse foi o que eu mais amei." Eu sabia disso antes mesmo de verificar que se tratava da loção de Aquário. Eu pensei: *essa foi feita para mim, e eles sabiam disso.*

Essa experiência é mais frequente quando vamos às compras, mas de uma forma mais branda. Digamos que estejamos olhando sapatos em uma vitrine e que descartemos a maioria deles só de passar o olho. Um ou dois pares, no entanto, chamam a atenção e nos incentivam a experimentá-los, porque simplesmente parecem "certos". Esse sentimento de certeza em relação a um objeto nos faz sentir que ele é uma parte autêntica de quem somos — que, ao notarmos esse objeto, uma parte de nós mesmos se torna visível.

RECOMPENSAS INTRÍNSECAS E QUÍMICA

Imagine que você está em um encontro com alguém honesto e profissionalmente bem-sucedido, mas não está usufruindo. Nesse caso, mesmo respeitando a pessoa, você não diria que a ama; não há nenhuma "química".

Medimos a química de forma semelhante com as coisas que amamos. Ela pode parecer misteriosa, mas se resume à questão de saber se usufruímos do tempo que passamos com o objeto amado. A química é impulsionada pelo que os psicólogos chamam de *recompensas intrínsecas*, que são as sensações boas (por exemplo, prazer, diversão e autoconfiança) que experimentamos ao interagir com alguém, usar um objeto ou participar de uma atividade. Por exemplo, as sensações boas que você sente ao cantar são as recompensas intrínsecas dessa atividade. O termo *intrínseco* vem da palavra latina que significa "dentro de". Se você gosta de cantar, o prazer que sente parece estar dentro da atividade ou ser parte inerente dela. Por outro lado, a palavra *extrínseco* vem do latim, significando "fora de", e portanto recompensas extrínsecas são motivações — como ser pago para fazer algo — que parecem estar fora, ou separadas, da própria atividade. As duas recompensas extrínsecas mais comuns são dinheiro e aprovação social: ou seja, muitas vezes fazemos coisas de que não gostamos porque estamos sendo pagos para isso, ou porque queremos agradar ou impressionar outra pessoa.

As recompensas intrínsecas são especialmente importantes no amor. Um homem que entrevistei adorava sua raquete de tênis Prince, mas só gostava de seu notebook Toshiba.[12] Por quê? A raquete de tênis era intrinsecamente recompensadora; ele apreciou a experiência de jogar tênis com ela. O notebook, por outro lado, era extrinsecamente recompensador. Ele gostava dos resultados do seu uso, mas não tanto da experiência.

A maioria das coisas que as pessoas amam oferece uma combinação de recompensas intrínsecas e extrínsecas — por exemplo, carros são divertidos de dirigir (recompensa intrínseca) e nos permitem chegar ao trabalho na hora certa (recompensa extrínseca). No entanto, quando as pessoas me explicam o porquê de amarem algo, elas mencionam as recompensas intrínsecas espontaneamente em mais de 80% das vezes — e as recompensas extrínsecas em menos de 10%.[13] Acredito que isso aconteça porque, mesmo que o objeto amado possa fornecer algumas recompensas extrínsecas, as pessoas não as veem como altamente relevantes para justificar seu amor.

Uma das razões para as pessoas não verem recompensas extrínsecas como tão fortemente relacionadas ao amor tem a ver com a pergunta familiar "Você me ama mesmo ou está apenas me usando?" Por exemplo, uma mulher me explicou uma vez por que gostava de seus sapatos de ginástica, mas não os amava.[14] Ela achava que eram de alta qualidade, mas não gostava da experiência de se exercitar com eles (ou seja, não os achava intrinsecamente gratificantes). Ela percebeu que o que realmente amava era parecer que estava em forma — foi isso que achou gratificante. Os sapatos eram apenas um meio para um fim — uma ferramenta para ajudá-la a entrar em forma, mas com a qual não se importava e que não amava de verdade. Então, com relação a essa pergunta familiar sobre amar versus "apenas usar" algo: se obtemos *apenas* recompensas extrínsecas com algo, sentimos que estamos apenas usando-o.

As recompensas intrínsecas também têm muito a ver com o motivo de as pessoas amarem ou não seus trabalhos. Em minhas entrevistas, aquelas que afirmavam gostar de seus trabalhos e achá-los profundamente significativos (porque lhes davam uma recompensa intrínseca) normalmente expressavam amor. Mesmo quando a função é mal remunerada, costuma-se dizer coisas como "Adoro meu trabalho, mas com certeza gostaria que fosse melhor remunerado."[15] Ao mesmo tempo, nunca vi alguém bem remunerado que não gosta do que faz dizer que ama seu trabalho. Talvez isso o faça pensar, então, que recompensas extrínsecas como salário não geram amor, mas a situação é mais complicada. O interessante é a maneira como as recompensas intrínsecas podem "validar" as extrínsecas. É como se houvesse uma caixa de seleção ao lado de recompensas intrínsecas em um formulário e, uma vez marcada, as recompensas extrínsecas apareceriam como motivos adicionais válidos para se amar algo. A pessoa hipotética que mencionei acima, que disse: "Amo meu trabalho, mas com certeza gostaria que fosse melhor remunerado" amaria seu trabalho ainda mais se estivesse feliz com seu salário. Recompensas extrínsecas não podem *substituir* as intrínsecas, mas podem ser um *adicional* a elas.

Para citar outro exemplo, no filme *Podres de Ricos*, a heroína se apaixona por um rapaz e depois descobre que ele é tremendamente rico. Sorte dela. O dinheiro é uma recompensa extrínseca nesse relacionamento. Se ela soubesse que ele era rico desde o início, poderia ter se perguntado: "Será que realmente o amo? Ou estou apenas usando-o pelo dinheiro?" Porém, por não saber da riqueza quando se apaixonou, ela está confiante de que o ama por sentir-se bem ao seu lado (uma recompensa intrínseca). Descobrir que ele era rico só tornou tudo ainda melhor. Obter fortes recompensas intrínsecas, em certo sentido, valida o amor. Assim, se o objeto amado também oferece recompensas extrínsecas, isso só fortalece o amor.

RECOMPENSAS INTRÍNSECAS E O EU AUTÊNTICO

Há uma segunda razão para as recompensas intrínsecas serem tão importantes no amor. Assim como experienciar uma química com alguém em um encontro sugere uma boa combinação entre essas pessoas, sentir prazer ao se envolver com um objeto aponta para uma boa sintonia deste com quem você é como pessoa, sugerindo que se trata de uma parte autêntica do seu eu.

Ao estudar o amor romântico, o psicoterapeuta Nathaniel Branden[16] concluiu que a "visibilidade psicológica", ou a capacidade de "nos enxergar por meio das respostas de outra pessoa", é um motivador básico para o amor mútuo. A visibilidade psicológica também pode motivar nosso amor pelas coisas, como o amor desta mulher pela escrita:[17]

> Algo que me surpreende constantemente e que de certa forma me agrada e encanta — é quando encontro palavras, expressões e ideias que nunca pensei que tinha e que certamente não consigo expressar verbalmente. Eu só as vejo surgir nas páginas. Acho que a razão do meu amor... é que elas mexem em um lugar dentro de mim que nem eu mesma sabia que existia.

Ao escrever, as palavras e ideias que ela não sabia que tinha emergiam nas páginas. A atividade amada não é apenas um processo de autoexpressão, mas também de autodescoberta.

Entrevistei um homem, que chamarei de Joe, obtendo um bom exemplo de como esse processo de autodescoberta está intimamente ligado à distinção entre recompensas intrínsecas e extrínsecas. Joe é um músico profissional que tocou em uma banda de rock que incluía coreografias como parte da performance. A maioria das pessoas que entrevisto que aborda o tema da dança realmente ama a atividade. Joe, contudo, era uma exceção. Eis a razão pela qual não ama a dança performática:[18]

JOE: Comecei [a dançar] pela mesma razão que fazia música, comédia e tudo mais — queria impressionar as pessoas, [fazê-las] realmente gostar de mim e me dar adulação e amor. Pode ser que você me entenda: as pessoas simplesmente vêm e dizem, "Nossa, você foi ótimo." Mas uma das coisas que aprendi fazendo isso [é que] não preenche nenhum vazio. É como quando dizem que gostam da dança... minha reação é dizer que não sou eu ali.

EU: Aquele dançando não era "você" — o que quer dizer com isso?

JOE: É como quando alguém gosta de você pelo seu carro — essa é uma analogia que inventei. É como se uma garota saísse com você e dissesse: "Adoro seu carro." Então você responderia: "Não importa! Saia daqui!" Afinal, isso não tem nada a ver com a minha personalidade.

Como a dança de Joe era motivada extrinsecamente (isto é, motivada pelo desejo de impressionar outras pessoas, não por prazer), mesmo quando ele obteve a resposta positiva que queria, sentiu que a apreciação não tratava realmente do seu eu autêntico.

"AMOR ATÔMICO": TENHA TUDO AO MESMO TEMPO

Percebo agora que a frase "amor atômico" parece o título de um romance terrível ou uma música disco dos anos 1970 igualmente ruim*. Mas é uma metáfora adequada para um fenômeno poderoso que pode incutir paixão no amor pelas coisas.

As pessoas de hoje tanto conseguem quanto precisam decidir quem querem ser. Isso torna-se mais difícil quando somos atraídos por duas ou mais identidades que vemos como conflitantes. Por exemplo, considere estes comentários de Cathy Guisewite,[19] criadora da tirinha *Cathy*:

> O melhor presente que já recebi foi duplo, no Natal de quando tinha dez anos — uma boneca de noiva e um trem elétrico. Não eram coisas que eu disse que queria. Mas refletiam meus desejos secretos do coração, porque esses perfeitos opostos eram quem eu era e o que eu amava.
>
> O trem elétrico era quem eu aparentava ser. Eu adorava tudo que fosse mecânico; queria ser menino. A boneca de noiva mostrava meu lado mais romântico, talvez não tão aparente, e virou meu passatempo com minha mãe, pois fazíamos roupas de boneca.
>
> Esses meus dois lados são, bem ou mal, o conflito "psicótico" interior que alimentou quase todo o meu trabalho criativo. E se você olhar para a história de Cathy, ela realmente foi escrita a partir desse conflito.

---

* Acontece que *Atomic Love* também é o título de um curta-metragem animado de 2003 no qual, de acordo com o IMDb, "tudo gira em torno do amor cósmico quando mulher e máquina compartilham batatas fritas".

Aqui, a Srta. Guisewite descreve uma questão típica de identidade. Nela havia dois "opostos perfeitos" que eram "quem eu era e o que eu amava". Ela vivenciou isso como um conflito de identidade porque, em sua cabeça, a identidade de moleca e a outra feminina eram incompatíveis.

Existem várias maneiras insatisfatórias de resolver esses conflitos de identidade. Uma opção ruim é escolher uma e excluir a outra: ser apenas a moleca ou apenas a versão mais feminina. Uma segunda opção ruim é procurar um meio-termo entre as duas formas. Por exemplo, a Srta. Guisewite poderia ter desenvolvido uma persona de gênero neutro que estaria entre a moleca e a mais feminina. Mas nesse tipo de compromisso sentimental, as pessoas geralmente perdem as coisas boas de que gostam nas identidades conflitantes. Uma opção melhor, mesmo que não ideal, é seguir a abordagem "eu contenho multiplicidades". Assim, você aceita ter muitas identidades conflitantes que realmente não fazem sentido juntas e apenas convive com isso. Muitos de nós preferem essa solução a desistir de alguma faceta ou criar um compromisso sentimental. Mas esta é apenas uma solução parcial, já que a preferência das pessoas é que as identidades pareçam coerentes e façam sentido juntas.[20]

O que as pessoas realmente querem é manter as duas faces, porém de forma a considerá-las a partir de uma perspectiva da qual não pareçam conflitantes entre si. Por exemplo: e se a Srta. Guisewite encontrasse uma forma de ser 100% moleca e 100% feminina sem enfrentar um conflito? Ou seja, em vez de decidir entre uma das duas, as pessoas querem a opção de ser as duas coisas ao mesmo tempo. A razão pela qual a Srta. Guisewite adorou ganhar o trem e a boneca foi que os dois presentes a impulsionaram para *ambas* as identidades, a moleca e a feminina. No caso, foram necessários dois presentes para o feito, um para cada identidade. Mas e se ela tivesse encontrado um único objeto amado que lhe mostrasse uma nova maneira de encarar esses dois lados, de tal forma que já não lhe parecessem conflitantes? Que lhe mostrasse uma nova maneira de pensar sobre essas duas identidades em que elas não parecessem mais conflitantes entre si? Bom, este seria um belo truque.

Isso de fato acontece e, quando acontece, chamo de "amor atômico". Nas reações atômicas, as tensões entre várias partes de um átomo são liberadas, gerando enormes quantidades de energia. No amor atômico, as tensões entre as partes conflitantes da identidade de uma pessoa são reconciliadas, gerando um enorme poder emocional e criando um amor particularmente forte.

Uma mulher que entrevistei, e que chamarei de Pam, foi criada para valorizar um tipo de feminilidade de alta classe e à moda antiga. Ela cresceu perto de Hyde Park, em Londres, e frequentou a faculdade "com os filhos dos diplomatas". Segundo ela, isso a levou à alta sociedade.[21]

> Não era incomum [meus pais] serem convidados para a temporada de outono — sabe, para os bailes de debutantes... Eles costumavam me levar junto nessas noites. Naquela época, não acreditavam em babás.

Seus pais reforçaram essa identidade da alta sociedade e lhe deram presentes que correspondiam a esse estilo de vida. Embora ela internalizasse uma possível identidade de frequentadora de bailes de debutantes londrinos, sua vida acabou se afastando muito disso. Quando a entrevistei, Pam tinha vinte e poucos anos, morava em um bairro barato, mas badalado, em Chicago e estava tentando se tornar uma compositora de trilhas sonoras de filmes. Sua identidade principal poderia ter sido descrita como progressista, boêmia, artística e intelectual. No entanto, ela não queria abandonar totalmente a imagem de socialite de alta classe que ainda residia em sua memória. Pam queria unir aquele passado ao presente.

Sua amada coleção de bolsas Lucite dos anos 1950 e 1960 a ajudou na tarefa. Eu nunca tinha ouvido falar de tais bolsas antes de conhecê-la. Porém, quando as Lucite surgiram, seu material era considerado de alta qualidade e usado para fazer bolsas de luxo. Ela havia recebido a primeira bolsa de sua coleção como presente de sua mãe. Pam disse: "Ganhei uma bolsa muito bonita. Foi a que ela comprou para ir no primeiro encontro com meu pai, uma linda Chanel preta lacada." Depois, ela adquiriu mais bolsas neste mesmo estilo. Elas eram perfeitas para sua identidade artística boêmia. Eram elegantes, muito "fora da curva" e compradas a preços baixos em bazares. Notavelmente, essas bolsas foram capazes de representar perfeitamente tanto a feminilidade da alta sociedade de sua infância quanto o feminismo artístico e boêmio de sua vida atual sem comprometer nenhum dos lados. Não era à toa que ela amava as bolsas.

Outra mulher que entrevistei, Cindy, cresceu em um rancho no Nebraska.[22] Porém, ela também se mudou para Chicago, onde se tornou uma executiva de sucesso. Cindy viveu um conflito de identidade entre seu eu de fazendeira rural, que passava as férias com um trator, e seu eu urbano sofisticado, que morava em um arranha-céu no centro da cidade. Ela amava profundamente suas heranças de família, antiguidades rústicas que trouxera do rancho.* Para sua sorte, esse estilo também estava muito na moda entre seus amigos do meio urbano, muitos dos quais possuíam móveis semelhantes, embora não tivessem qualquer conexão pessoal com eles. Parte do que fez Cindy amar essa mobília foi que isso lhe permitiu ao mesmo tempo manter sua identidade de rancheira e aprimorar seu eu urbano e sofisticado, sem comprometer nenhuma das duas facetas.

Um último exemplo: considere a popularidade dos Rolex e relógios semelhantes entre os empresários em Singapura e ao redor da Orla do Pacífico. Esses empresários enfrentam um conflito de identidade. Por um lado, a maioria deles é de ascendência chinesa, e os valores tradicionais do confucionismo chinês dizem que uma boa pessoa é trabalhadora, paciente, abnegada e uma sábia investidora para o futuro. Muitos empresários chineses se esforçam para criar uma identidade que reflita esses valores. Por outro lado, pesquisas[23] mostraram que em uma cultura coletivista, ganhar honra ao mostrar o sucesso é ainda mais valorizado do que no Ocidente. E o sucesso de alguém é estabelecido de forma mais convincente utilizando símbolos caros que mostram status. Isso cria uma tensão entre a identidade do investidor frugal e a identidade da pessoa visivelmente rica. O que deve, então, fazer um empresário de sucesso?

---

* Ver página 97, onde citamos uma fala de Cindy sobre a mobília.

Relógios Rolex e similares que custam US$10 mil ou mais (muito mais) são imensamente populares em Singapura, o que é típico do Leste e Sudeste da Ásia, fazendo dessas regiões, de longe, os maiores mercados para relógios de luxo. Isso ocorre em parte porque esses itens oferecem às pessoas uma solução para esse conflito de identidade. Quando conversava com alguém a respeito de seu Rolex, sempre me era dito que se tratava de um bom investimento.[24] "Sim, foi uma ótima compra", diziam, "e seu valor já subiu." Em Singapura, havia uma crença amplamente compartilhada de que esses relógios eram investimentos confiáveis. Um homem, que se destacou da multidão por não usar um Rolex, disse que as pessoas frequentemente tentavam convencê-lo a comprar um, enfatizando que se tratava de um bom investimento. Essa crença sobre o relógio permite que as pessoas reconciliem dois aspectos conflitantes de suas identidades. Na sua opinião pessoal, comprar um relógio de US$10 mil não os torna hedonistas perdulários a esbanjar luxos em benefício próprio. Muito pelo contrário: eles são investidores astutos que tomam boas decisões em longo prazo. E, no entanto, ao mesmo tempo, eles são capazes de exibir seu sucesso financeiro e ganhar a honra que o acompanha.

PROPAGANDAS E IDENTIDADE

O tempo todo nos deparamos com anúncios que pouco parecem transmitir informações sobre os produtos que estão promovendo. A publicidade de perfumes sofisticados é um bom exemplo disso. É razoável pensar que uma informação importante para estar em anúncio de um perfume deveria ser seu aroma. Mas a maioria dos anúncios de perfumes caros nem sequer tentam descrever seu odor. Tudo o que fazem é mostrar uma bela modelo altamente estilizada, muitas vezes em um abraço apaixonado com outro modelo deslumbrante, ou talvez andando por uma rua de Paris, ou até mesmo parada em uma floresta tropical. O que está havendo?

Nas discussões em sala de aula, é comum os alunos afirmarem que a existência desses anúncios mostra que o mundo está repleto de idiotas. Na visão desses estudantes, as propagandas estão dizendo às pessoas: "Se você comprar o produto, magicamente se parecerá com esta modelo." E só um idiota acreditaria nisso[*]. No entanto, as empresas de perfumes continuam a proceder dessa forma. Portanto, as propagandas devem realmente funcionar com um grande número de pessoas. Ou seja, o mundo deve estar cheio de idiotas, ou, pelo menos, de consumidores bem crédulos.

O problema com esse argumento é que ele começa com uma premissa falsa. Para que esses anúncios aumentem as vendas, não há necessidade de convencer os consumidores de que os produtos vêm com uma varinha mágica de embelezamento. Apesar de não parecer, as propagandas não tratam de transformar fisicamente o consumidor. Mas então, de que tratam?

O brilhante estilista Tom Ford foi questionado por Lynn Hirschberg, do *New York Times*,[25] sobre o que passava pela sua cabeça pouco antes de seus desfiles de moda. Nas palavras de

---

[*] A verdade sobre a questão é ainda mais extrema. Nas fotos dessas propagandas há tanta maquiagem, iluminação cuidadosa e retoques de computador que, se você visse os modelos na vida real, provavelmente não os reconheceria. Portanto, os produtos não só não deixam *ninguém* parecido com as pessoas dos anúncios, como sequer *os próprios modelos* se parecem com si mesmos nesses anúncios. É a edição de imagens que produz tais resultados.

Hirschberg, ele queria que: "a imprensa de moda, os compradores e, finalmente, os clientes olhassem para essas roupas nessas garotas e pensassem: eu quero essa vida." Observe-se que ele não esperava que alguém quisesse "a roupa", mas "a vida".

No início deste capítulo, afirmei que comprar uma camisa não equivale simplesmente a encontrar uma roupa que caiba no seu corpo; trata-se também de encontrar algo que se encaixe na sua identidade. Bem, o objetivo desses anúncios de perfumes, e de inúmeros anúncios semelhantes de outros produtos, é fazer com que os consumidores conectem mentalmente a marca a um tipo de pessoa que possui um determinado estilo de vida — a uma identidade, portanto. E os modelos nos anúncios pretendem representar essa identidade. Se você escrevesse a mensagem implícita nesses anúncios em linguagem simples, soaria assim:

> Olá, consumidor. Dê uma olhada nessas belas pessoas. Imagine quem são. Imagine a vida que levam. Nossa marca pode ajudá-lo a criar e expressar essa identidade. Não, não podemos prometer que você será tão bonito quanto eles. E não podemos prometer que terá tanto dinheiro. Mas você ainda pode ser, ou talvez já seja, sua versão desse tipo de pessoa. Se for o caso, nossa marca é "a sua cara".

Para que esses anúncios vendam um produto, tudo o que precisa acontecer é que os consumidores olhem para eles e façam uma conexão mental entre a marca e o tipo de pessoa nela retratada. Se olharem para um anúncio e pensarem *Eles são o meu tipo de pessoa*, esses consumidores verão essa marca como a certa para eles.

Este tipo de publicidade é particularmente comum para produtos caros. Marcas sofisticadas não estão tentando vender produtos baratos em massa; elas querem que algumas pessoas comprem seus produtos caros. E para fazer isso, elas precisam oferecer aos clientes em potencial algo maior do que um bom produto, porque há muitos produtos bons de menor custo por aí. É preciso dar ao cliente algo para *amar*. E como um dos principais impulsionadores de amor é vê-lo como parte de sua identidade, as marcas sofisticadas utilizam esses anúncios para construir a percepção de que suas marcas fazem parte de uma identidade que seu público-alvo está se esforçando para alcançar.

Neste capítulo, afirmei que foram dadas às pessoas mais possibilidades de definir as próprias identidades como quisessem à medida que nossa sociedade enriqueceu após a Revolução Industrial. Escolher e construir uma identidade implica trabalho; torna-se o projeto do eu. Em alguns períodos de nossas vidas, como no início da fase adulta, pensamos muito nesse projeto. Mesmo quando não está no centro de nossas atenções, ele ainda espreita no fundo de tudo aquilo que fazemos.

Também afirmei que, se vemos algo simplesmente como uma ferramenta para obter recompensas extrínsecas, não sentimos que o amamos. Para amar algo, precisamos também vê-lo como intrinsecamente recompensador, o que significa que gostamos do processo de interagir com ele. Uma grande razão pela qual o prazer intrínseco é tão importante é que o vemos como um sinal de que a coisa em questão combina com nossos eus internos e autênticos.

Visto que nosso prazer com certas coisas desempenha um papel fundamental no amor que sentimos por elas, isso levanta a questão: por que algumas coisas são mais agradáveis do que outras?

7

Satisfação e Fluidez

*De gustibus non est disputandum
(Gosto não se discute).*

— Provérbio Latino

Pessoas que preparam comida tradicional chinesa normalmente se esforçam para aproveitar o animal inteiro — por vezes, até mesmo olhos e genitais — em pratos que incluem carne e peixe ("Não desperdice e nada faltará", como minha mãe costumava dizer). Alguns pratos chineses também incluem animais como escorpiões, que não fazem parte da dieta típica ocidental. Nos anos em que as viagens entre os Estados Unidos e a China eram relativamente incomuns, ouvi uma entrevista de um grupo de alguns dos chefs chineses mais renomados que estavam em turnê pelos Estados Unidos, jantando em muitos dos melhores restaurantes. Para a maioria deles, foi a primeira vez que provaram da culinária ocidental. O mais memorável para mim foi como eles ficaram enojados frente à ideia de comer bife mal passado. Pensando nos pratos com carne que provei em restaurantes chineses na América do Norte, bem como na China, percebi que todo tipo de carne é geralmente cortada em pedaços pequenos e cozida. Sempre pensei em certas comidas vindas de outras culturas como pouco apetitosas, mas fiquei ingenuamente surpreso ao descobrir que os não ocidentais pensam o mesmo de algumas das minhas comidas favoritas. Este é apenas um exemplo de um fenômeno muito maior. Nossos gostos pessoais geralmente parecem tão obviamente agradáveis que nem sequer nos questionamos o porquê de eles existirem, enquanto os de outras pessoas podem parecer tão estranhos que desafiam qualquer explicação. Em ambos os casos, não entendemos muito bem por que nós — e as outras pessoas — gostamos ou não de certas coisas.

Por isso é tão comum ouvirmos: "Gosto não se discute." Em outras palavras, as razões pelas quais uma pessoa prefere amarelo e outra, azul, são tão aleatórias e enigmáticas que é inútil tentar entendê-las. Mas eu discordo. Levar em conta preferências é o meu trabalho, afinal, e também o de muitos outros cientistas sociais. Neste e nos próximos capítulos, irei esboçar as razões científicas pelas quais certas preferências são universais, enquanto outras diferem significativamente entre as pessoas. Também discutirei os aspectos de um objeto ou atividade que os tornam agradáveis para alguns e desagradáveis para outros.

GOSTOS AO LONGO DO CICLO DA VIDA

A maneira como nossas preferências são formadas e então se alteram ao longo de nossas vidas segue um padrão previsível.

Primeira e Demais Infâncias: Prazeres Simples

Gatos não têm paladar para a doçura: ofereça-lhes uma tigela de açúcar e eles irão embora indignados. Entretanto, esses animais estão aptos a sentir o sabor da gordura: dê-lhes sardinhas em lata, e eles vão amá-lo para sempre. Ok, talvez não para sempre, mas até terminarem de comer. Você entendeu meu ponto.

Assim como nossos amigos felinos, estamos preparados para desfrutar de muitas coisas que nos ajudam a sobreviver e a reproduzir. Isso inclui alimentos doces, sexo, uma boa noite de sono e entrar em um ambiente aquecido depois de ficar lá fora no frio. Chamarei isso de "prazeres simples". Como são geneticamente programados, aproveitamos grande parte deles desde o nascimento.

Para entender a forma como as pessoas se relacionam com os prazeres simples (como uma barra de chocolate ou uma massagem), vamos começar pensando no Quiz — O Amor pelas Coisas (página 9), que possui treze perguntas, cada uma abordando um aspecto diferente no quesito do amor. Para que seus sentimentos por um objeto se qualifiquem como "amor verdadeiro", é preciso que ele obtenha uma pontuação elevada em quase todas as treze perguntas. Prazeres simples normalmente pontuam alto na questão "Considero agradável". No entanto, a partir desse ponto, nossas relações com eles costumam seguir um de dois padrões possíveis.

No primeiro, as pessoas têm apreço ao objeto amado, mas ele obtém pontuações baixas em questões como "Meu envolvimento revela algo verdadeiro e profundo sobre mim" e "Isso faz com que a minha vida tenha mais significado ." Mesmo que as pessoas achem essas coisas simples prazerosas, elas as veem como pouco profundas ou superficiais demais para se qualificarem como amor.

No segundo padrão, as coisas que produzem prazeres simples estão qualificadas para serem amadas. Nesses casos, os objetos de amor pontuam alto tanto na pergunta "Considero agradável" quanto nas questões sobre identidade e significado. Por exemplo, uma pessoa pode amar biscoitos de escoteiro em parte pelo prazer simples que eles proporcionam e também por ter muitas boas lembranças de suas experiências como escoteiro. Essas associações mentais tornam os biscoitos profundamente significativos e, portanto, dignos de afeto.

Outro prazer simples é a alegria sentida ao alcançar um objetivo ou conseguir algo que queremos. É possível observar esse fato mesmo em crianças bem pequenas, como na alegria que sentem ao aprenderem a andar. Um amigo meu, Scott Foster, teve a oportunidade de conversar com o diretor de cinema Krzysztof Wierzbicki[*], que compartilhou o segredo da criação de um filme que virá a ser amado: fazer o público querer algo com muita intensidade e então... *satisfazer essa vontade*. Por exemplo, 90% de um filme de ação opera aumentando sua ânsia de que o herói vença o vilão. Nos romances acontece o mesmo: o público é levado a querer que

---

[*] Nesta conversa, meu amigo também mencionou minha opinião de que praticamente todo filme seria melhor com a adição de alienígenas. Para minha agradável surpresa, isso não deu um fim imediato à conversa.

os protagonistas superem as adversidades do relacionamento e reconheçam seu amor um pelo outro ("Por que eles não conseguem ver como são perfeitos um para o outro?"). Em ambos os gêneros, pouco antes do fim, a audiência finalmente consegue o que quer. Geralmente nesses casos, os finais são previsíveis. Grande parte da habilidade do diretor, então, está em encontrar maneiras criativas de estimular o desejo do público para esse clímax inevitável.

A maioria das coisas que nos dão prazer — filmes, músicas, hobbies, esportes, e assim por diante — diferem entre indivíduos e suas culturas. Por outro lado, prazeres simples — como entrar em um cômodo quentinho em um dia gelado de inverno — raramente diferem pois, em sua forma mais básica, são naturais, inatos e culturalmente universais. Já outras coisas que nos dão prazer, como alimentos que nos atraem por serem doces e gordurosos, podem parecer tão obviamente agradáveis que presumimos que também sejam naturais e inatas (o que nos faz pensar o que há de errado com as pessoas que não gostam daquilo de que gostamos). Mas, na verdade, o prazer que sentimos não é inato; só parece sê-lo porque aprendemos a gostar das coisas desde muito novos.

Por exemplo, uma amiga minha, Amelia Rappaport, que é chef, me contou uma história sobre um homem que foi a um hotel chique de Boston para organizar uma grande festa de casamento para sua filha. O hotel era muito conhecido por seu bolo de chocolate, e o cliente experimentou alguns para ver se dariam um bom bolo de casamento. Ele gostou, mas, por algum motivo, o sabor não parecia certo. Então a chef convidou-o a voltar para experimentar outras receitas. Infelizmente, o cliente teve a mesma reação de que "havia algo errado". Ela, então, começou a se preocupar com a possibilidade de nunca encontrar a melhor receita. Mais tarde, enquanto fazia compras, ela teve um insight: o cliente cresceu comendo bolos de massa pronta. Então, sem dizer nada, ela preparou um bolo usando a mistura Duncan Hines. "Perfeito!", declarou o cliente. Era exatamente o que queria.

Essa história é sobre um pai, um homem comum cujos gostos foram formados comendo bolos de massa pronta quando criança — não um especialista em comida. Mas isso não isenta os profissionais especializados dessa tendência. Lembro-me de uma notícia sobre críticos gastronômicos que organizaram um teste cego de degustação de dezenas de marcas de ketchup. A vencedora foi a campeã de vendas dos Estados Unidos, a Heinz. Como um juiz disse: "Tinha mais gosto de ketchup". Claro que sim! Esses críticos cresceram comendo ketchup Heinz. Então, já adultos e participando de um teste como esse, eles entenderam seu gosto como o "correto".

Esse processo de construção das nossas preferências de infância, que nos acompanham a vida inteira, reflete as nossas primeiras experiências. Por exemplo, a alimentação de uma mulher afeta o sabor do leite materno. A biopsicóloga Julie Mennella e seus colegas[1] descobriram que os bebês tendem a aceitar alimentos sólidos, como cenouras, se suas mães os comeram pouco antes de amamentá-los. (Isso confere à frase "está do jeito que mamãe fazia" um significado totalmente novo.) A pesquisa de Mennella levou esse princípio um passo adiante, descobrindo que, se as mulheres beberem suco de cenoura durante a gravidez, o feto sentirá o sabor da cenoura no útero. Mesmo que as mulheres parem de beber o suco após o parto, seus bebês ainda serão receptivos ao sabor da cenoura quando começarem a comer alimentos sólidos meses depois.

Essa impressão precoce não se limita à comida. Por exemplo, é comum que crianças aprendam a gostar dos estilos musicais favoritos de seus pais porque os ouvem com muita frequência. Para algumas pessoas, essas preferências permanecem por toda a vida, enquanto para outras, nem tanto. Isso ocorre porque, quando se trata do que gostamos como adultos, essas primeiras experiências são o começo, e não o fim da história.

Da Adolescência à Idade Adulta: Adquirindo Novos Gostos

Se nossas preferências fossem completamente determinadas por nossos genes e experiências na primeira infância, passaríamos a vida comendo nuggets de frango e assistindo *Teletubbies*. Felizmente, à medida que crescemos, nossos gostos evoluem conosco.

Quando adolescentes, aumentamos a quantidade de tempo que passamos ao lado de nossos colegas e diminuímos a que passamos em família. Nesse período, nossos gostos estão em expansão e são em parte impulsionados conforme vamos sendo expostos a tipos novos de músicas, filmes, comidas, jogos e assim por diante, bem como à medida que descobrimos novas coisas para amar.

Enquanto experimentamos essas novidades, também trabalhamos na definição de nossas identidades de maneira que elas possam nos diferenciar de nossas famílias. Para isso, nos concentramos nas coisas sobre as quais temos algum controle, como músicas, roupas, videogames, estilos de cabelo e celulares. Usamos isso para sinalizar de qual grupo social fazemos parte (ou temos a intenção de fazer). Muitas dessas explorações acontecem com nossos amigos ao longo dos anos. Descobrir novidades juntos fortalece os laços de um grupo. O neurocientista David Rosen,[2] que estuda preferências musicais, sugeriu que esse processo pode ajudar a explicar os vínculos particularmente intensos que são comumente desenvolvidos entre amigos nesta idade.

Na verdade, essa fase exploratória tem muito a ver com a forma como escrevi este livro. No ensino médio, eu tinha alguns amigos musicalmente precoces que tocavam jazz profissional em clubes locais. Nós saíamos para ouvi-los. No começo, o jazz me parecia uma bagunça musical sem sentido. Eventualmente, porém, aquilo parou de soar como um monte de notas aleatórias e gradualmente começou a parecer... bem, música. Fiquei fascinado com o processo de aprendermos a gostar das coisas e continuei a experimentar, ensinando-me conscientemente a gostar de um pouco de tudo, incluindo carros, música clássica e country, arte, futebol e uma infinidade de comidas e bebidas. A cada novidade, eu fazia questão de prestar atenção em como e por que minhas preferências mudaram com o tempo.

Uma de minhas primeiras experiências foi aprender a gostar de carros. Nunca foi algo que de fato despertava meu interesse; entretanto, notei que, como milhões de pessoas amam verdadeiramente seus veículos, talvez eu estivesse perdendo alguma coisa. De início, eu observava os aspectos e decidia se gostava do que via. Não demorou muito para que eu começasse a usufruir do processo e formasse opiniões detalhadas sobre quais carros me pareciam bons e por quê. Porém, para entender de veículos, você não pode se limitar a observá-los; você precisa dirigi-los. Comecei a visitar concessionárias, fingindo que meu pai planejava me dar um carro para testar os modelos esportivos. Comecei com as marcas acessíveis e cheguei à BMW e ao Porsche*. À medida que envelhecia, decidi que mentir para os vendedores sobre minhas intenções não era bom, e sim totalmente desnecessário. Se eu entrasse em uma concessionária não muito cheia e dissesse: "Não tenho intenção de comprar um carro, mas estou curioso sobre o modelo e gostaria de dirigi-lo", o vendedor fotocopiava minha licença e me entregava as chaves. Eu amo carros até hoje (o que ajuda a explicar todos os exemplos relacionados a eles neste livro). Eventualmente, meu interesse em saber por que as pessoas gostam de certas coisas e como desenvolvemos nossos gostos levou à pesquisa responsável pelo nascimento deste livro.

Da Meia-idade em Diante: Navegando no Piloto Automático

Quando as pessoas chegam aos 20 anos, muitas vezes cultivam gostos adultos. Na minha opinião, por exemplo, nada combina melhor com um pedaço de bolo de chocolate do que um copo de leite gelado. Mas se estiver em um restaurante chique, provavelmente optarei por uma xícara de café. O leite é literalmente o sabor da primeira infância, e simplesmente não parece apropriado para um ambiente adulto.

A fase exploratória tem início na adolescência e pode durar até a casa dos 30 ou 40 anos. Porém, nossa receptividade às novidades diminui conforme a meia-idade se aproxima. O neurocientista Robert Sapolsky[3] mostrou que nossa tendência a parar de de-

---

* Em retrospectiva, estou certo de que ter conseguido fazer test drives em carros caros enquanto estudante universitário teve a ver diretamente com o fato de eu ser um garoto branco em uma universidade com muitos alunos cujos pais realmente compravam carros sofisticados.

senvolver gostos por coisas novas está ligada a mudanças físicas no cérebro que ocorrem por volta dessa idade. A introdução do sushi na culinária americana no final da década de 1980 forneceu a Sapolsky excelentes circunstâncias para testar sua teoria. Ele descobriu que pessoas por volta dos 39 anos ou mais raramente gostavam de sushi quando o experimentavam, enquanto aquelas com 38 anos ou menos muitas vezes se apaixonavam pelo alimento.

Já se perguntou por que tantas pessoas estão convencidas de que as músicas de suas épocas são as melhores já feitas? Sapolsky descobriu que a maioria das pessoas tinha menos de 20 anos quando ouviu pela primeira vez o tipo de música que amaria pelo resto de suas vidas. Além disso, se as pessoas têm 35 anos ou mais quando ouvem pela primeira vez um novo estilo musical, há mais de 95% de chance de não gostarem ("Isso não é música, apenas barulheira!"). Isso foi confirmado em um estudo do streaming de músicas Deezer, que constatou que o pico das descobertas musicais acontece aos 24 anos, e que a maioria das pessoas para de experimentar novas músicas por volta dos 30.

As pessoas mais velhas geralmente acreditam que a razão pela qual não gostam de músicas novas deve-se à sua qualidade, que não é tão boa. Embora as músicas da sua juventude fossem, sem dúvida, tão maravilhosas quanto você lembra, atualmente vivemos em um mundo repleto de todo tipo de coisas novas, mais do que em qualquer outra época. Usarei a música de exemplo, mas a ideia geral vale para quase todas as formas de arte e entretenimento.

Tanto a natureza quanto a criação desempenham um papel importante na formação de um gênio musical.[4] Pelo lado natural das coisas, há um componente genético para a habilidade musical, e algumas pessoas são abençoadas com níveis surpreendentes de talento. O nível médio de habilidade musical inata na população pode estar aumentando ligeiramente. O argumento para isso é que o talento musical está positivamente correlacionado com o QI das pessoas, cuja média tem aumentado lentamente desde que ele começou a ser medido há mais de 100 anos, um fenômeno conhecido como efeito Flynn.[5] Porém, sendo um pouco mais conservador, em vez de dizer que a inteligência musical está aumentando, podemos supor que ela permaneceu mais ou menos a mesma. Uma vez que a população do planeta vem crescendo, e a porcentagem da população com capacidade genética para ser um gênio musical permaneceu praticamente a mesma, é razoável concluir que o número de pessoas com extraordinário talento musical bruto também vem crescendo.

Porém, tornar-se um gênio musical requer mais do que genética (natureza); requer também treinamento (criação). Gênios musicais do passado, como Bach e Mozart, não tinham apenas talento natural. Eles também cresceram em famílias de músicos que lhes deram uma educação musical intensiva. Os geneticistas Hilary Coon e Gregory Carey, da Universidade do Colorado, estudaram a aptidão musical em gêmeos e determinaram que, embora a genética e o ambiente de criação influenciassem em suas habilidades, o segundo fator era o mais importante.

O ambiente de hoje é muito mais propício à produção de gênios musicais do que qualquer outro ambiente social na história humana. Por exemplo, obter uma sólida educação musical é muito importante para nutrir o talento musical inato, e hoje a educação musical formal é mais difundida do que em qualquer outra época. Além disso, está disponível tanto para mulheres quanto para homens.

Mas mesmo uma ótima genética combinada com uma educação de alto nível não é suficiente. Músicos e compositores ainda precisam ter seus trabalhos publicados — seja como partitura ou em gravação — e amplamente distribuídos. A grande indústria global da música, auxiliada por fundos governamentais e sem fins lucrativos, grava e distribui músicas de muito mais pessoas ao redor do mundo do que no passado. Melhor ainda, agora as próprias pessoas podem realizar, com seus próprios recursos, gravações de qualidade profissional. Este ponto veio à tona quando Billie Eilish ganhou cinco Grammys por um álbum que seu irmão produziu em um notebook no quarto.

Quando se considera o número crescente de pessoas com talento musical de nível genial e um ambiente que nutre mais esse talento do que no passado, é possível ver porque não faltam músicas novas de qualidade. Mas como nossos gostos musicais tendem a ser definidos quando somos jovens adultos e os estilos musicais estão sempre mudando, para pessoas de meia-idade ou mais velhas, com certeza pode parecer que a qualidade está diminuindo com o passar do tempo.

Continuar a encontrar coisas para amar durante o envelhecimento enriquece a vida e a torna animadora. Além disso, aprender coisas novas ao longo da jornada reduz as chances de desenvolver Alzheimer e demência. Porém, adquirir novos gostos após a meia-idade requer um pouco de "operação manual" para neutralizar a tendência de continuar com o mesmo de sempre. Especificamente, quando você tenta algo novo e não gosta, é preciso continuar tentando até sentir algum sinal de afeição. Fazemos isso o tempo todo como pais quando persuadimos nossos filhos a comer alimentos desconhecidos. Os jovens adultos também fazem isso à medida que ampliam seus gostos, mas como isso acontece com frequência e de forma natural em seus ambientes sociais, não é algo que eles necessariamente precisam trabalhar de forma consciente.

A necessidade de experimentar algo diversas vezes para desenvolver gosto pela coisa faz parte de um padrão comum na forma como as pessoas respondem a novidades. Considere roupas, por exemplo. Um estilo novo pode parecer estranho, feio e constrangedor quando você o vê pela primeira vez. Mas, olhando várias vezes, você pode começar a gostar, e até comprar coisas relacionadas a ele. Então, com o passar do tempo, as opiniões mudam mais uma vez, o estilo já não agrada tanto e você se pergunta o que diabos estava pensando quando comprou aquilo.

Damos a isso o nome de "ciclo da moda", o qual é influenciado pela publicidade, mas não é uma criação dela. Tampouco se limita ao vestuário. Embora nenhum anúncio tenha incentivado os pais a nomear seus bebês como Jaxson, por exemplo, esse nome cresceu drasticamente em popularidade de 1999, quando era dado a cerca de 8 crianças por ano, até 2009, quando passou a ser dado a 2 mil crianças anualmente.[6] Enquanto isso, o nome feminino Misty saiu de moda: era dado a cerca de 1.700 bebês por ano, número que acabou reduzido a apenas 14.[7]

Então, se os ciclos da moda ocorrem sem marketing, qual é sua origem? Para responder a essa pergunta, é útil entender a natureza do fluxo e das experiências repetidas.[*]

DIVERSÃO, FLUXO E O SENTIMENTO DE AMOR

Expliquei no capítulo 3 que, embora seja comum sentir afeição por alguém devido à ocitocina, é menos comum sentir o mesmo tipo de afeição por objetos. Porém, amar as coisas ainda é uma experiência muito emocional, e muitas vezes tais sentimentos incluem prazer intenso e imersão total em uma atividade agradável. O psicólogo Mihaly Csikszentmihalyi pesquisou as experiências mais envolventes e prazerosas da vida, chamando-as de "estado de fluxo". Sua teoria é chamada, portanto, de "teoria do fluxo". O estado de fluxo também foi chamado de "experiência de pico" e "estar na zona". Esses termos fazem parecer que o fluxo é uma experiência rara; e de fato é, quando ocorre em níveis mais intensos. Porém, em níveis moderados, vivemos o fluxo com alguma regularidade; chama-se simplesmente "se divertir".

O fluxo é apenas uma das várias razões pelas quais gostamos das coisas. Mas ele é extremamente importante para entender nosso amor por elas. A teoria básica do fluxo de Csikszentmihalyi gerou um pequeno exército de pesquisadores que a expandiram e refinaram de várias formas. Como apliquei a teoria às coisas que amamos, também a elaborei um pouco. Abaixo está a minha opinião:

---

[*] A teoria que explico a seguir é apenas uma das diversas causas para o ciclo da moda.

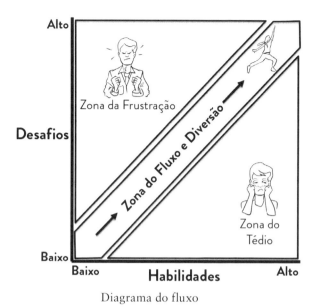
Diagrama do fluxo

Para entender o fluxograma, imagine uma pianista tocando. O eixo vertical indica quão desafiadora ou difícil é a composição. O eixo horizontal indica a habilidade da pianista. Se ela for iniciante (baixo nível de habilidades) e tentar tocar algo muito difícil (nível alto de desafios), falhará repetidamente e terminará no canto superior esquerdo do diagrama: a *zona de frustração*. Por outro lado, se for uma ótima pianista (alto nível de habilidades), mas a música for escrita para iniciantes (baixo nível de desafios), ela ficará no canto inferior direito do diagrama: a *zona de tédio*.

Há muita potência cerebral não utilizada quando uma atividade é muito fácil. Toda essa potência extra começa a gerar pensamentos e devaneios estranhos que acabam sendo distrativos e responsáveis por desconectar você do que está fazendo. Eu testemunhei isso em primeira mão quando trabalhava em um restaurante com piano bar. O trabalho do pianista exigia que ele tocasse padrões simples para o ambiente, enquanto ele preferia músicas mais desafiadoras. Lembro-me de dizer: "Bart, isso é muito legal." Ele, então, sussurrou de volta: "É mesmo? Minhas mãos estão totalmente no piloto automático. Antes de você dizer isso, eu nem sabia o que estava tocando."

Agora imagine que nosso pianista está tocando uma música que corresponde exatamente ao seu nível de habilidade: é desafiadora o bastante para exigir concentração e, com atenção, ele pode tocá-la maravilhosamente. Quando isso acontecer, o pianista estará situado em algum lugar na faixa diagonal do diagrama: *a zona de diversão e fluxo.*

Quando se está na zona de fluxo, sua experiência vai além de apenas se sentir bem; seu corpo responde ao desafio, fazendo com que se sinta energizado e bem desperto. Como ir bem na situação depende de sua total concentração, não há pensamentos ou preocupações estranhas rondando sua cabeça. O cérebro está tão focado que até delega a potência cerebral geralmente dedicada a controlar o tempo para aplicá-la à tarefa diante de si. O tempo parece voar porque você não está prestando atenção.

Por vezes, as pessoas se equivocam ao pensar que quanto mais fácil a tarefa, melhor. A teoria do fluxo nos diz que atividades abaixo do seu nível de habilidade são enfadonhas. Os pesquisadores Maria Rodas e Carlos Torelli, da Universidade do Minnesota,[8] demonstraram isso por meio de um experimento no qual dois grupos de participantes provaram um novo tipo de chiclete. Um grupo comeu o doce com as mãos, mas o outro foi instruído a usar hashis. Comer assim tornou a experiência desafiadora e, por sua vez, interessante e divertida, o que levou esses consumidores a gostarem mais das gomas do que aqueles que as comeram usando as mãos.

Em 2019, a indústria global de videogames ganhou mais que o dobro do arrecadado pelas indústrias de cinema e música juntas.[9] A razão para esse nível de sucesso é que os videogames são máquinas de fluxo. Eles apresentam uma série de desafios: derrotar o monstro, alinhar peças da mesma cor, organizar letras em palavras e assim por diante. O segredo de um bom *game design* é manter o cérebro do jogador na zona de fluxo, onde o desafio é difícil o suficiente para evitar o tédio, mas não tão difícil a ponto de ser frustrante. A grande vantagem dos videogames é que, à medida que as pessoas avançam, os jogos ficam proporcionalmente mais difíceis, de modo que o desafio pode sempre permanecer em um nível divertido. Para fazer isso direito, as empresas de videogames estudam os usuários enquanto eles jogam, certificando-se de que o aumento na dificuldade esteja equilibrado corretamente com as habilidades crescentes de um jogador.

A empresa de jogos Valve Corporation[10] está levando isso a outro patamar, fazendo com que as pessoas joguem usando sensores neurais que podem detectar graus de concentração e respostas emocionais. No momento da redação deste texto, essas informações estão sendo usadas para ajustar os jogos para que sejam agradáveis a um consumidor padrão. Mas como muitos de nós não são esse tipo de consumidor, a empresa também está trabalhando em maneiras de utilizar esses sensores neurais para personalizar a experiência enquanto as pessoas jogam. Nesse cenário, os jogadores usariam um capacete contendo os sensores que monitorariam sua atividade cerebral e ajustariam o nível de dificuldade para mantê-los em estado de fluxo enquanto jogam.

A ideia básica de combinar os desafios de um jogo com o nível de habilidade de um jogador existe há muito tempo. Por exemplo, nos jogos de carta há uma progressão clássica de dificuldade conforme o jogo avança. O jogo de cartas para crianças, *War*, é simples, mas ensina o princípio básico para truques. Quando ele se torna entediante, é possível aprender algo mais complexo, o *Euchre*, que é seguido por *Spades and Hearts*, depois *Whist* e, finalmente, *Bridge*. Você também pode controlar o nível do desafio escolhendo um oponente apropriado ou, como ocorre no golfe, dando alguma limitação aos melhores jogadores. Mas nenhuma dessas abordagens chega perto da capacidade dos videogames de combinar o nível de habilidade de um jogador com o nível ideal de desafios.

Porque a Maioria dos Trabalhos Não São Divertidos Como os Videogames

As pessoas que amam seus empregos geralmente passam uma boa parte de suas horas de trabalho em estado de fluxo. No entanto, para muitos de nós, este não é o caso. Isso é verdade, apesar do fato de empregos e videogames nos apresentarem desafios que tentamos superar usando nossas habilidades. Então por que tão poucos trabalhos operam como fontes confiáveis de fluxo?

Em primeiro lugar, os videogames são extremamente bons em combinar desafios com nossos níveis de habilidade individuais. Já no trabalho, muitas vezes nos são atribuídas tarefas difíceis de uma maneira frustrante ou simplesmente tediosas.

Em segundo lugar, há um aspecto adicional da teoria do fluxo que muitas vezes é negligenciado: as atividades produzem prazer se incluírem objetivos claros e oferecerem feedbacks rápidos, compreensíveis e precisos. Nos videogames, seus objetivos são claros, sua pontuação reflete com precisão seu desempenho e você pode vê-la aumentar assim que fizer algo do jeito certo. Porém, em nossos trabalhos, nem sempre está claro o que precisamos fazer para ter sucesso. Nosso progresso pode ser medido de forma imprecisa. E os feedbacks de desempenho podem ocorrer tão raramente quanto uma vez por ano, se ocorrerem.

Em terceiro lugar, nossa abordagem para com os jogos vem com uma atitude mais lúdica e "pró-diversão" do que costumamos ter no trabalho. Se você pensar bem, a maioria dos jogos envolve fazer coisas totalmente fúteis, como alinhar três peças da mesma cor. Seria fácil dizer: "Que idiota, não vou fazer isso." Mas, em vez disso, fazemos uma barganha implícita com o jogo: concordamos em nos importar com a tarefa ridícula em troca da diversão. Suspeito que, para alguns de nós, existem pelo menos algumas tarefas no trabalho e em casa que poderiam ser proveitosas se as abordássemos com a mesma atitude que temos em relação aos jogos — buscando qualquer diversão possível.

Encontrando o Fluxo em Lugares Inesperados

O que acho muito útil na teoria do fluxo é que ela pode ajudar a explicar o prazer que obtemos de uma variedade ampla de coisas, incluindo ler, comer, assistir a filmes, contemplar obras de arte e ouvir música. Para entrar em um estado de fluxo, a atividade na qual se está engajado deve apresentar desafios, e você deve usar suas habilidades para tentar superá-los. Vamos começar examinando esses desafios.

É óbvio que quando as pessoas tocam piano ou esquiam, estão enfrentando desafios, e seu sucesso depende do nível de habilidade que possuem. Mas muitas coisas de que gostamos, como comer, assistir a um filme e ouvir música, não parecem particularmente desafiadoras. E não é tão óbvio assim que nossa satisfação com tais atividades depende do nosso nível de capacitação. Não obstante, essas atividades são, à sua maneira, desafiadoras. E apreciá-las depende da nossa habilidade para enfrentar essas adversidades.

O principal desafio envolvido em todas essas atividades é a compreensão, e ela ocorre quando seu cérebro recebe um monte de estímulos sensoriais (por exemplo, cheiros, sons e padrões de luz) e os transforma em uma experiência coerente e significativa do mundo. Quando você está assistindo a um filme, isso não significa apenas reconhecer que a forma retangular na tela é uma casa; também é preciso saber quem são os personagens e seguir o enredo. Ao ouvir música, compreendê-la significa entender os sons como uma *melodia*, e não ruídos.

Sua vivência é um modelo mental do mundo físico que o cerca. Quando o cérebro cria esse modelo, é como se resolvesse um quebra-cabeça. Todas as visões, sons, sentimentos, cheiros e sabores que sua mente recebe de seus sentidos são como peças individuais que o cérebro combina em uma forma coerente da realidade. Sua mente verifica continuamente a precisão desse modelo fazendo pequenas previsões e verificando se são precisas.

Por exemplo, ao descer um lance de escadas, o cérebro prevê quando seu pé deve tocar o próximo degrau. Desde que você pise em algo sólido na hora certa, sua mente sabe que está tudo bem e sua consciência nem percebe que essas previsões estão sendo feitas. Mas você já desceu alguns degraus sem prestar muita atenção aonde ia e subestimou a distância entre os passos? Você moveu o pé para frente, esperando que ele atingisse o chão, mas, em vez disso, ele continuou rumo ao vazio. Nesse momento, quando seu cérebro antecipa que seu pé irá tocar o chão, mas isso não acontece, um alarme soa, e um choque percorre seu corpo.

Outro exemplo: você já tomou um gole de algo que esperava ser água, mas que acabou sendo algo com sabor forte? O choque sentido é muito diferente do que você teria experimentado se soubesse de antemão qual era a bebida. Ainda me lembro da época em que, quando criança, peguei um pedaço de chocolate do balcão da cozinha onde minha mãe estava cozinhando e, quando mordi, descobri que era uma substância amarga horrível chamada "chocolate de confeiteiro". Ainda me lembro de sentir o baque do choque. Esses sentimentos ilustram que o cérebro está continuamente fazendo previsões inconscientes sobre o que está prestes a acontecer, e esse processo só se torna consciente quando algo inesperado ocorre.

Compreender o que acontece durante as atividades diárias e típicas, como andar na rua ou escovar os dentes, não é muito desafiador, e é por isso que você pode achá-las enfadonhas. Uma função básica do entretenimento (livros, música, filmes, e assim por diante) é fornecer ao cérebro um estímulo mais desafiador do que as atividades normais. Como acompanhar um filme é algo pelo menos moderadamente desafiador, isso exige que o cérebro esteja bastante ativo, o que o tira da zona de tédio e o faz entrar no fluxo. As formas de entretenimento diferem quanto à dificuldade de sua compreensão. Por exemplo, um filme que segue uma fórmula de enredo padrão não é muito difícil de acompanhar, enquanto um que rompe com as convenções de gênero é mais desafiador.

Estamos acostumados à ideia de que especialistas em arte são altamente qualificados para entender pinturas renascentistas, por exemplo, enquanto leigos não o são. Porém, deixamos de considerar que outros tipos de entretenimento, tais como programas de TV, exigem algum grau de habilidade para serem aproveitados. O fato de assistir TV ser uma atividade especializada me ocorreu certa tarde quando meus filhos, então com 2 e 4 anos, assistiam a *Teletubbies*. Eles ficaram encantados quando os quatro personagens se perseguiram em círculos até que todos se chocaram e caíram. Os personagens faziam isso repetidamente (de novo, e de novo). Foi assim o episódio inteiro. Meu tédio só foi aliviado quando fiquei pensando no bom exemplo que isso daria para a teoria do fluxo. As habilidades de crianças na fase pré-escolar em assistir TV ainda são muito baixas. *Teletubbies* foi projetado com a intenção de ser bem simples e corresponder a este nível de desenvolvimento: os desafios são equivalentes às suas habilidades, e o programa os coloca na zona de fluxo. Ele claramente funciona para crianças pequenas, mas os desafios expostos são tão baixos que também é bastante famoso por colocar adultos na zona de tédio.

O jogo virou anos depois, quando permiti que meus filhos se juntassem a mim para assistir a um episódio do *Law & Order* original. Pessoas razoáveis podem discordar quanto à qualidade dessa série. Mas não há como contestar o fato de que ela representa uma quantidade: trata-se de uma série de temática policial e de advocacia, ambas espremidas em 45 minutos. *Law & Order* tem ritmo acelerado, pulando todos os tipos de detalhes da trama e permitindo que os espectadores preencham as lacunas com base em seu conhecimento sobre os padrões de funcionamento de programas semelhantes. Por isso, acompanhá-la pode ser um pouco desafiador se você nunca assistiu nada parecido. Na época, meus filhos não assistiam a muitos programas policiais, então faltava a eles o conhecimento necessário para a compreensão do que estava acontecendo. Como os desafios propostos pelo programa excediam em muito suas habilidades de compreensão, isso os levou à zona de frustração. E infelizmente, eles tentaram reduzir essa frustração me enchendo de perguntas. A tentativa de acompanhar o programa enquanto respondia às suas perguntas excedeu, por sua vez, o meu próprio nível de habilidade, e eu também acabei caindo na zona de frustração.

A teoria do fluxo também pode nos ajudar a entender por que as coisas que gostamos de fazer mudam de tempos em tempos. Nossas habilidades em apreciar TV, músicas e outras formas de entretenimento podem oscilar. Por exemplo, estar cansado as diminui, e é por isso que, à noite, quando você está exausto, sua preferência pode passar de dramas sérios, que exigem muita concentração, a programas leves que exigem menos esforços. O álcool também diminui suas habilidades. Você deve se lembrar que

Euchre é uma versão fácil de *Bridge*, e é por isso que às vezes é chamada de "*Bridge* para crianças". Mas dada a sua popularidade como um jogo de fim de noite pós-bebedeira nos campos universitários, também pode ser chamado de "*Bridge* para bêbados".

Em um outro exemplo, vamos comparar ouvir música em um concerto com ouvir música em uma balada. A sala para concertos está configurada para maximizar a habilidade do público em acompanhar músicas desafiadoras: todos se sentam diante dos músicos e não há distrações, como pessoas se movendo e conversando. Por outro lado, baladas diminuem nossas habilidades auditivas: nos distraímos conversando, flertando, dançando e olhando para outras pessoas; tarde da noite, nossos cérebros podem estar cansados, ainda que estimulados com cafeína ou agradavelmente entorpecidos com álcool ou outras drogas. Tudo isso se combina para diminuir temporariamente as habilidades de compreensão musical dos baladeiros, o que os leva a desfrutar de músicas relativamente simples e repetitivas. A simplicidade e a repetição não tornam as músicas desses lugares ruins, mas apenas adequadas para o momento.

O Que Torna as Coisas Desafiadoras?

Suponha que há interesse em modificar um objeto ou atividade para torná-lo mais (ou menos) desafiador. O que exatamente você mudaria? Se tentasse modificar, digamos, uma maratona, é evidente que um percurso montanhoso será mais exigente do que outro em uma planície. Mas para muitos objetos e atividades — especialmente formas de entretenimento em que grande parte do desafio está na compreensão — as escolhas não são óbvias. Descobri que os desafios geralmente são resultado de quatro fatores: complexidade, sutileza, intensidade do estímulo e necessidade de conhecimento especializado para apreciá-lo.

Complexidade

Uma razão pela qual *Teletubbies* é mais fácil de entender do que *Law & Order* é sua menor complexidade. Uma série com muitos personagens e narrativas é intrincada, tal como uma música tocada por muitos instrumentos. Uma das coisas que eu amo em um bom queijo, por exemplo, é a sua complexidade. Normalmente, para obter tantos sabores em um prato, é preciso uma combinação de muitos ingredientes. Mas um bom queijo pode conter muitos sabores diferentes em si mesmo. Quanto maior for a complexidade de algo, mais difícil será compreendê-lo — e portanto, apreciá-lo.

Como a complexidade torna as coisas difíceis de entender, os profissionais de marketing geralmente a limitam em suas publicidades para que, mesmo sem prestar muita atenção, seja possível entender o que está acontecendo. Ao mesmo tempo, eles não querem propagandas simples a ponto de causar tédio em quem as assiste. Tenho visto pesquisas internas conduzidas por consultores que estudaram a complexidade de vários anúncios de TV. Eles consideraram fatores que dificultam o entendimento de um anúncio, como o número de mudanças de cena, o brilho das cores, a proeminência da música, a clareza da narrativa e assim por diante. Então, consideraram as conexões entre cada um desses elementos, bem como se os consumidores entendiam e se lembravam do anúncio. Isso resultou em uma "receita" para um anúncio complexo o suficiente para ser interessante, mas não a ponto de ser confuso.

Sutileza

Além da complexidade, as coisas se tornam mais desafiadoras se, para apreciá-las, for preciso fazer distinções sutis. Por exemplo, um romance que diz o que cada personagem está sentindo ("Jane estava com raiva por precisar buscar os filhos de Sarah") é menos desafiador do que um que espera que o leitor deduza as emoções do personagem pela forma de falar ("É sempre bom rever seus filhos", disse Jane, "mas você podia ter me avisado").

O queijo não é apenas um bom exemplo de complexidade, mas também de distinções sutis. Os simpáticos membros do Cheese Science Toolkit identificaram 47 sabores comuns no queijo. À medida que você aprende a degustar queijos, poderá classificá-los em categorias gerais, como frutado, floral, fermentado e "curral" — afinal, é um queijo. Então, à medida que sua experiência aumenta, você percebe distinções mais sutis. Em vez de identificar algo como floral, por exemplo, é possível distinguir as várias nuances deste aspecto. Para um exemplo menos apetitoso, você começará a notar a diferença entre os sabores de fundo sutis, como manta de cavalo, meia com chulé e xixi de gato (mas fique tranquilo, nenhum deles tem a ver com mantas, meias ou gatos).

Intensidade de estímulo

Algumas coisas, como pimentas Habanero, filmes de terror e montanhas-russas super-rápidas, fornecem um nível particularmente alto de estímulos. Essas experiências geralmente são muito extremas para crianças pequenas. Mas com o tempo, à medida que ganhamos maturidade, tendemos a desfrutar de sabores fortes, montanhas-russas rápidas e outras experiências intensas.

A intensidade e a sutileza dos estímulos podem parecer diametralmente opostas, mas geralmente andam juntas. Por exemplo, refeições em restaurantes gourmet geralmente incluem combinações complexas de sabores fortes e sutis. Essa combinação de sutileza e intensidade torna desafiadora a apreciação de um prato em sua totalidade.

Se algo produz poucas sensações, não há muito o que desfrutar; por outro lado, se as produz em demasia, a experiência pode ser desagradável ou até dolorosa. O nível de intensidade certo para uma experiência prazerosa difere de pessoa para pessoa, e essas diferenças têm um forte componente genético. Pessoas com uma alta necessidade genética de estimulação tendem a ser extrovertidas, a gostar de muita variedade, e anseiam por coisas novas, enquanto aquelas programadas a menos estímulos tendem a ser introvertidas que "só de olhar, sabem o que é bom" e a não sentir tanta necessidade de variedade. Pessoas com alta necessidade de estimulação também correm alto risco de terem problemas com drogas e são mais propensas do que a média a apresentarem TDAH.

Há momentos em que as aparências enganam, em que experiências que parecem ser extraordinariamente intensas, na verdade, não o são. Por exemplo, em média, os homens gostam de ouvir música mais alto do que as mulheres.[11] Muitas pessoas presumem, então, que eles, mais do que elas, gostam da experiência subjetiva da música alta. No entanto, em média, as mulheres têm audição mais sensível do que os homens. Portanto, eles podem precisar aumentar o volume para obter a mesma experiência que o sexo feminino. Este princípio básico está por trás de uma diferença entre mim e minha esposa quando se trata de comida. Eu a invejo porque suas papilas gustativas são muito mais exigentes do que as minhas, que são relativamente insensíveis e me levam a escolher alimentos com sabor forte. Mas não é porque eu queira uma experiência de sabor mais intensa do que a dela; é que me são necessários alimentos mais fortemente condimentados para que eu tenha a mesma experiência.

O hábito também tem seu papel na intensidade do desejo. Se você está habituado a algo, isso significa simplesmente que, com o tempo, vem o costume, e que logo será necessária uma maior quantidade dele para obter o efeito desejado. Você já deve ter ouvido falar que as pessoas se habituam a drogas que causam dependência, mas é possível se habituar a vários tipos de coisas. Por exemplo, os toques de celular são mais perceptíveis quando os telefones são novos, e vão se tornando gradualmente menos notáveis ao longo do tempo.[12] E as pessoas que usam perfume ou colônia percebem que o cheiro parece enfraquecer, mesmo que outras pessoas o achem bastante forte.

Encontrei outro exemplo incrível (e um tanto trágico) disso enquanto estava em Las Vegas com um amigo, David Obstfeld. David tem uma incrível capacidade de iniciar conversas profundas com estranhos. Estávamos em um Uber quando ele começou a conversar com o motorista que, descobrimos, tinha presenciado muitos combates em uma das guerras recentes dos Estados Unidos. Habituado à intensidade dessas experiências, elas o deixaram tão emocionalmente entorpecido que a única maneira de "sentir alguma coisa" era por meio do paraquedismo *sem paraquedas*. Ele subia em um avião com um antigo companheiro de combate, que também era um paraquedista altamente qualificado, e saltava de lá sem o equipamento. Seu amigo esperava um pouco e também saltava do avião. Ao controlar o ângulo de seu corpo, o motorista do Uber poderia desacelerar sua descida. O amigo então precisaria alcançá-lo e resgatá-lo antes que ele caísse no chão. Ele disse que fazia isso uma vez a cada seis meses "para se sentir vivo".

Um exemplo mais típico é que, quanto mais açúcar você ingere, mais fraco fica o seu paladar, levando-o a adicionar mais açúcar aos alimentos para obter o efeito desejado. Eu abri mão de usar todo e qualquer adoçante por um mês para dar às minhas papilas gustativas a chance de recuperar sua sensibilidade. Descobri que a fruta tinha um sabor muito mais doce do que antes, enquanto muitos alimentos embalados e vindos de restaurantes tinham um sabor repugnantemente doce. Por mais que eu gostasse de aproveitar completamente a doçura natural dos alimentos, os alimentos superdoces são tão comuns que achei que evitá-los seria inconveniente demais para levar isso adiante. Não demorou muito para que minhas papilas gustativas voltassem ao seu estado entorpecido.

Estarmos habituados à doçura está literalmente nos matando. Restaurantes e empresas de alimentos industrializados descobriram que, se sua comida for um pouco mais doce do que a comida de seus concorrentes, terão mais aprovação dos clientes. Isso levou a uma escalada gradual na quantidade de açúcar adicionada aos alimentos, à medida que as empresas tentam "superar" a concorrência. Como resultado, segundo a pesquisadora de nutrição Elyse Powell, os adultos norte-americanos consumiram em média 30%

mais açúcar em 2010 do que em 1977.[13] Isso ocorre, principalmente, porque o açúcar também foi adicionado a alimentos que não consideramos como sobremesas.

Ao ler os exemplos a seguir, proponho que você se imagine segurando uma colher de chá de açúcar: uma xícara de feijão cozido em lata contém cerca de cinco colheres de chá de açúcar; uma xícara de granola contém cerca de sete; uma xícara de iogurte desnatado saborizado pode conter cerca de doze. Essa questão chegou às manchetes quando o governo irlandês, que cobra mais taxas sobre bolos do que sobre pães, decidiu que o pão da empresa Subway continha tanto açúcar que se qualificava como bolo para fins de estabelecimento da alíquota do imposto sobre vendas. Quando eu soube disso, minha reação foi: "Sério? Eu provei o pão da Subway, e não me pareceu doce." Mas, refletindo a respeito, percebi que esse é exatamente o problema.

Todo esse açúcar não contribui em quase nada para o prazer de comer, porque nossas papilas gustativas foram dessensibilizadas. Ao mesmo tempo, ele é, de acordo com o cardiologista Chiadi E. Ndumele, da Universidade Johns Hopkins, "um importante contribuinte para o ganho de peso"[14] e, de acordo com um estudo da Universidade de Utah, um dos principais fatores que impulsionam o aumento das taxas de diabetes.[15] Essa competição entre produtores de alimentos para tornar seus produtos um pouco mais doces do que a concorrência está matando alguns de nós, prejudicando muitos e aumentando os custos médicos para todos.

Requer Conhecimento Especializado

Além da complexidade e da sutileza, as coisas podem ser desafiadoras quando é necessário algum conhecimento especializado para aproveitá-las ao máximo. Alguns anos atrás, provoquei um amigo meu fã de beisebol chamando o jogo de "xadrez terrestre". Para minha surpresa, ele concordou, explicando que adorava beisebol por causa das estratégias de xadrez. Pensar nas escolhas estratégicas de um time é uma fonte comum de prazer para os fãs de beisebol. Certa vez, entrevistei uma mulher que me contou como veio a amar o beisebol.[16] Ela começou a namorar um jogador de ligas menores que a levou a um jogo dos Cubs. Enquanto estavam sentados nas arquibancadas, ele lhe explicou que, como havia um homem na segunda base, e porque o arremessador era destro e o próximo rebatedor era canhoto, todos os jogadores de defesas mudariam de posição, avançando alguns metros em várias direções quando o próximo batedor se aproximasse da base. Ela não acreditou nele. Mas eis que, quando o rebatedor entrou em campo, todos os jogadores se movimentaram exatamente como seu acompanhante havia previsto. A mulher percebeu que havia muito do jogo que não conhecia e ficou curiosa para aprender mais. À medida que adquiria mais conhecimentos especializados sobre beisebol, ela finalmente chegou ao ponto em que sua habilidade de assistir ao beisebol era compatível com a complexidade do jogo, e pôde entender o que estava acontecendo. Só então que realmente se apaixonou pelo esporte. É por isso que pessoas como eu, que não sabem muito sobre o jogo, o consideram tão chato. Mas à medida que o conhecimento especializado de uma pessoa cresce, ela eventualmente atinge o ponto de fluxo, e o beisebol se torna muito envolvente (pelo menos, foi o que me disseram).

Assim como o beisebol, o vinho também requer conhecimento especializado para que se obtenha dele o máximo de prazer. Certa vez, fui à minha enoteca usual, onde o proprietário me recomendou com entusiasmo uma garrafa de vinho tinto francês de US$20. Era mais do que eu costumava gastar, mas ele parecia tão entusiasmado que pensei: "Por que não?" O vinho estava bom, mas não entendi o motivo para tanto alarde. Na vez seguinte que entrei na loja, contei a ele sobre minha reação "nhé" ao vinho. Ele explicou que a bebida era de uma determinada região da França onde os vinhos têm um sabor especial e único. Bons exemplares de lá geralmente custam US$50 ou mais, mas o vinho que experimentei era um bom exemplar e custou apenas US$20. Antes eu soubesse... Para desfrutar plenamente a bebida, eu deveria saber a respeito daquela região; isto é, precisava conhecer a história do vinho.

Talvez alguns de vocês estejam pensando: *Se é preciso saber o passado do vinho antes para só então apreciá-lo, isso significa que ele não é bom, e que você só finge que gostou para parecer sofisticado.* Esse argumento é um exemplo de formalismo estético, que é a crença de que são as qualidades internas que fazem uma coisa ser boa. Por exemplo, os formalistas argumentam que a qualidade de uma pintura boa está contida na tela, de modo que informações sobre o artista e o contexto histórico do quadro são irrelevantes. Compreendo o apelo desse ponto de vista, porque eu mesmo costumava concordar com ele.

Rejeitei o formalismo estético, no entanto, quando aprendi o que acontece na vida real quando as pessoas desfrutam das coisas. Por exemplo, pessoas que amam esportes tendem a saber muito sobre os jogadores, incluindo suas vidas fora do campo. Os formalistas veriam isso como fofoca irrelevante, porque para eles o importante é o que acontece no jogo. Mas essa fofoca é *relevante*. Conhecer os jogadores como pessoas permite aos fãs de esportes um entendimento complexo e diferenciado do que está acontecendo em campo. Também melhora sua conexão pessoa-coisa-pessoa (neste caso, torcedor-jogador) com a equipe, o que torna a experiência de assistir ao jogo significativa. Seria demasiado teórico e excessivamente rígido dizer aos fãs de esportes que não deveriam aprender mais sobre os jogadores, mesmo que isso aumentasse o prazer de assistir ao jogo. Da mesma forma, sempre que amantes sérios da arte me dizem por que amam determinadas pinturas,[*] suas explicações entrelaçam o que está acontecendo na tela com o que estava acontecendo na vida dos artistas e na sociedade na época em que as obras foram pintadas. Se você adota uma abordagem puramente formalista e ignora a história por trás da criação do objeto, você elimina boa parte daquilo que faz as pessoas amarem a arte. Qual é a graça nisso?

Repetição, Habilidades e Prazer: "Jogando de novo, e de novo, Sam"?

Apresentei a discussão do fluxo falando sobre um ciclo típico da moda, no qual novos estilos se tornam populares e depois impopu-

---

[*] É diferente de quando não especialistas falam das obras de arte em suas casas e só mencionam os artistas quando há conexão pessoal com ele.

lares ao longo do tempo. O diagrama abaixo ajuda a explicar esse fenômeno.

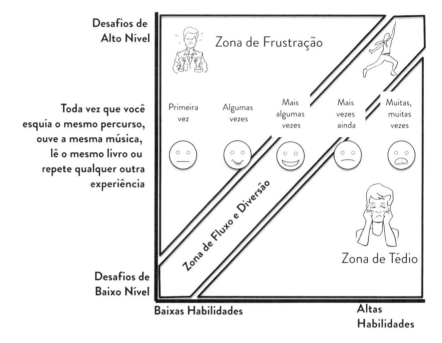

Diagrama do fluxo e repetição de experiências

No início do capítulo, citei o exemplo de uma pianista iniciante (baixas habilidades) tentando tocar uma peça musical muito difícil (desafio de alto nível), e sugeri que isso a levaria diretamente à zona de frustração. Existem dois caminhos que ela pode tomar para aliviar esse sentimento: mudar para uma música menos desafiadora ou aumentar suas habilidades. O diagrama acima mostra o que acontece quando nossa pianista frustrada combina as duas abordagens. Em vez de um estudo de Chopin de nível especializado, ela muda para uma composição menos complicada, e é por isso que a linha no diagrama está situada a meio caminho entre os desafios de alto e baixo níveis. Ela também precisa aumentar suas habilidades, objetivo que será alcançado por meio da repetição da composição mais simples.

Como você pode ver pelas expressões do diagrama, sua primeira vez tocando a composição ainda é muito desafiadora para seu nível de habilidade, e a pianista permanece na zona de frustração. Mas à medida que ela pratica com mais frequência, suas habilidades melhoram e há um movimento para a zona de fluxo. No entanto, uma vez que a composição esteja dominada, caso continue a tocá-la repetidamente, suas habilidades continuarão melhorando, e ela acabará caindo na zona de tédio. É assim que obtemos o padrão básico do ciclo da moda: no começo, nossa afeição aumenta a cada experiência com a coisa em questão, mas isso atinge um pico e, com a repetição, passamos a gostar cada vez menos dela.

É fácil ver como a habilidade de uma pianista em tocar uma peça musical aumenta a cada ensaio. Mas o que muitas vezes nos passa despercebido é que a mesma coisa nos acontece a cada vez que ouvimos uma música ou assistimos a um filme. Assim como o prazer do pianista com a nova peça aumenta e depois diminui à medida que sua habilidade melhora com a prática, nosso prazer em ouvir uma composição musical também aumenta e depois diminui à medida que a habilidade do cérebro em compreender a música melhora com a prática.

Esse mesmo processo básico também explica o que acontece quando você acompanha uma história na forma de livro, filme, programa de TV, peça de teatro ou piada. No entanto, a maioria das histórias são escritas com a suposição de que as pessoas as ouvirão apenas uma vez. Portanto, os escritores tentam definir os desafios em um nível que colocará a maioria das pessoas na zona de fluxo de primeira. Quando lemos uma história, grande parte do desafio está em prever o que os personagens farão a seguir. Se você já leu um determinado livro, o desafio é tão drasticamente reduzido na segunda leitura que é improvável que esta ocorra. No entanto, isso nem sempre é verdadeiro. Uma das coisas que torna a alta literatura em algo excelente é o fato de ela conter muitas sutilezas e complexidades. Mesmo que você saiba como a história termina, ainda há mais para se descobrir com uma eventual releitura, de forma que esta pode ser agradável.

Até agora, falei sobre as situações comuns onde as pessoas enjoam das coisas depois de algum tempo. Mas e quanto às pessoas que veem seus programas de TV favoritos dezenas de vezes? Por que elas não se cansam deles e seguem em frente? O fluxo é uma fonte do prazer que obtemos das coisas, mas não a única. Também gostamos daquilo que desperta lembranças emocionais agradáveis. Por exemplo, no caso de um rapaz que entrevistei explicando por que ele adora pizza.[17]

> Pizza é demais. Sempre foi minha comida favorita desde criança... Quando eu era pequeno, com 4 anos de idade, lembro de comer minha primeira pizza assistindo *King Kong*, e é uma memória vívida que eu tenho; a partir daí, ela se tornou muito importante.

Velhos favoritos nos lembram de experiências passadas e nos permitem desfrutar de memórias emocionais alegres. Para algumas pessoas, o prazer de desencadear essas memórias já é mais do que suficiente para compensar o tédio de repetir o velho favorito mais uma vez.

Quando se trata de associações mentais positivas ao ouvir música, descobri recentemente uma maneira de ter as duas coisas ao mesmo tempo. Gosto de procurar *covers* das minhas músicas antigas favoritas, refeitas de maneiras inovadoras. Por exemplo, k.d. lang fez um *cover* fabuloso de uma das minhas favoritas, "After the Gold Rush", de Neil Young. Eu me apaixonei pela versão original no ensino médio e tenho muitas lembranças positivas associadas a ela. Muitos anos depois, esse *cover* me possibilita desencadear as mesmas associações positivas prazerosas, mas como o arranjo da música agora é tão diferente do original, acho interessante ouvi-la repetidamente.

Memórias emocionais positivas podem ser poderosas o suficiente para nos fazer amar coisas que, sem elas, provavelmente consideraríamos desagradáveis. Por exemplo, recentemente ouvi um homem explicar que adora o cheiro de alcatrão fresco porque isso o lembra das ruas recém-asfaltadas onde ele e seus amigos andavam de patins: "Especialmente quando o sol estava muito quente e queimando a rua, dava para sentir o cheiro de alcatrão."[18] Os cheiros têm uma capacidade especialmente forte de desencadear memórias emocionais, porque a parte do cérebro que os processa é o sistema límbico, que também desempenha um papel importante nas emoções. Como explica Pamela Dalton, uma cientista olfativa, os cheiros ativam "o sistema de memória emocional... [Assim,] memórias que são desencadeadas por odores... quase parece que você viajou no tempo para o passado."[19]

O fato de gostarmos de coisas que desencadeiam memórias emocionais positivas tem um impacto em nossas preferências, incluindo nossas cores favoritas. Uma pesquisa conduzida pelos psicólogos Stephen Palmer e Karen Schloss[20] descobriu que várias de nossas preferências por cores são amplamente baseadas na nossa afeição pelas associações que o cérebro faz a essas cores. Por exemplo, como os times de futebol de Michigan e Ohio State têm uma rivalidade intensa, não é de surpreender que os torcedores do Ohio State adorem vermelho (a cor do time) e odeiem azul (a cor do Michigan), e vice-versa. No entanto, é surpreendente que esse princípio seja aplicável a situações menos óbvias do cotidiano, como aconteceu ao descobrirem que o amor das pessoas pela cor amarela está ligado ao quanto gostam de bananas.

ESTE CAPÍTULO EXAMINOU o fluxo, que atua a nível individual, o que significa que funciona da mesma maneira, independentemente de as pessoas estarem sozinhas ou acompanhadas. No próximo capítulo, continuarei a examinar por que as pessoas amam as coisas, mas focarei na influência que as interações entre grupos têm naquilo que amamos.

8

O Que as Coisas que Amamos Dizem Sobre Nós

Um povo é um conjunto de seres racionais unidos pelo comum acordo dos objetos de seu amor.

— Santo Agostinho, *Cidade de Deus* 19.24

As coisas que amamos podem oferecer pistas sobre nosso caráter. Para dar um exemplo, o professor de psicologia Omri Gillath e seus colegas[1] estudaram as conclusões que as pessoas tiravam com base nos sapatos das outras. Foi descoberto que usuários de sapato de bico fino eram acertadamente vistos como um pouco mais desagradáveis e complacentes (ou seja, um pouco mais abaixo na escala de "amabilidade") do que aqueles que não usavam este tipo de calçado. Também descobriram que universitários politicamente tidos como liberais eram tachados de "hippies" e que, seguindo o estereótipo, estavam mais propensos a usar sapatos que os outros viam como pouco atraentes (embora eu tenha as minhas suspeitas de que esses estudantes liberais talvez preferissem descrever seus calçados como confortáveis).

É possível que nossos sapatos forneçam pistas até mesmo sobre nosso relacionamento com nossos pais na primeira infância. Pessoas que não formaram uma ligação forte com seus progenitores podem desenvolver ansiedade e um medo persistente de serem rejeitadas. Isso as leva a evitar calçados que pareçam gastos ou danificados para que os outros não as vejam com maus olhos. Essa pesquisa me faz lembrar de uma entrevista com uma mulher que afirmava ser injusto julgar as pessoas por suas roupas, "exceto pelos sapatos, claro".[2] Não foram necessários grandes estímulos para que ela compartilhasse sua opinião — aprendida com sua mãe — de que sapatos gastos eram um sinal claro de falta de caráter. Fiquei feliz por estar vestido "profissionalmente" para aquela entrevista, sem o meu calçado habitual.

DIGA-ME COM QUEM ANDAS...

As coisas que possuímos ou fazemos nos rotulam como pertencentes ao que os profissionais de marketing chamam de "grupos de estilos de vida",* que é uma versão maior do que chamávamos, na escola, de panelinhas — os atletas, os virados, os nerds, e assim por diante. É uma subcultura de pessoas que tendem a conviver por suas opiniões e gostos semelhantes. Termos como "hippies" e "donas de casa" começaram como jargão de marketing para esses grupos. Um dos sistemas populares que catalogam esses grupos é

* Também conhecidos como "segmento de estilo de vida."

o Mosaic, que dividiu os Estados Unidos em 71 segmentos diferentes, como os *Young City Solos* (jovens e solteiros de meia-idade com estilos de vida ativos e enérgicos em áreas metropolitanas) e os *Flourishing Families* (famílias de meia-idade afluentes e casais com rendas prósperas cujas vidas são muito confortáveis e ativas).[3]

Embora a maioria de nós não esteja familiarizada com os nomes dados a esses segmentos, é comum reconhecer os tipos de pessoas inseridos neles. Isso é particularmente verdadeiro quando esses estilos de vida estão associados a produtos icônicos, como os que dirigem carrões e picapes. Claro, muitos dos usuários desses produtos não cabem nos estereótipos, mas os profissionais de marketing investem centenas de milhões de dólares estudando esses grupos, porque, estatisticamente falando, existem semelhanças subjacentes entre aqueles que se encontram inseridos nesses estilos de vida, e tais semelhanças ajudam a prever o que essas pessoas comprarão.

Um sistema como o Mosaic, com seus 71 grupos de estilos diferentes, pode ser útil para esses profissionais. Porém, para a maioria das pessoas, olhar para 71 grupos as deixa tão confusas que chega a ser constrangedor. Neste capítulo, adotarei uma abordagem que acredito ser capaz de fornecer uma compreensão mais profunda. Para começar, no lugar de apresentar uma lista pré-fabricada de diferentes tipos de pessoas, explicarei alguns dos princípios básicos para a origem desses grupos de estilo de vida. Como seus membros tendem a amar as mesmas coisas, entender as diferenças entre aqueles que dão origem a esses grupos fornece muitas informações, ajudando a explicar por que eles amam as coisas que fazem. Mais especificamente, este capítulo discutirá duas importantes diferenças — seus níveis de "capital econômico" e "capital cultural", que levam as pessoas a pertencer a determinados grupos de estilo de vida e a amar as mesmas coisas.

Compreender os capitais econômico e cultural aproxima dois dos principais temas deste livro. Primeiramente, embora nossos gostos às vezes pareçam misteriosos e inexplicáveis, existem razões previsíveis para amarmos as coisas. E em segundo lugar, ainda que nossos gostos sejam íntimos e pessoais, eles também são profundamente influenciados pelos outros.

STATUS SOCIAL: UM CONCEITO FUNDAMENTAL

Não apenas eu uso sapatos surrados, mas também acredito no conceito antiquado de que preciso continuar com um carro até que ele realmente comece a cair aos pedaços. Seguindo esta filosofia, certa vez tive um carro que tinha uns 15 anos e mais de 360 mil quilômetros rodados. Ele simplesmente não quebrava. Pior ainda, embora ele não tivesse sofrido nenhum dano real, ainda parecia velho. Para falar a verdade, às vezes eu me sentia envergonhado.

Uma vez, enquanto palestrava sobre símbolos de status, cometi o erro de usar meu carro como exemplo. Com o que eu achava ser um humor autodepreciativo, admiti aos meus alunos que às vezes ficava infeliz quando chegava ao estacionamento da universidade e via que todos tinham carros melhores que o meu. Em todos os meus anos de sala de aula, jamais vi — ou tornarei a ver — meus alunos com rostos tão mortificados, expressando sua descrença chocada ao me ver admitir publicamente ter preocupações tão vulgares sobre meu status de consumidor.

Isso me lembrou das situações em que pais com filhos pequenos ficam tão acostumados a trocar fraldas que se esquecem de que, para a maioria das pessoas, os detalhes de suas últimas empreitadas fraldais não são bem-vindos durante um jantar. Assim como esses pais, estive lidando por tanto tempo com pessoas preocupadas com seus status sociais que, por vezes, esqueço como parece "informação demais" admitir uma preocupação desse gênero entre pessoas com nível de formação elevado. Entretanto, ainda que muitos não gostem de admitir preocupação quanto ao próprio status social, é comum para a psicologia humana se importar *muito* com o que os outros pensam de nós. E como explicarei, essa necessidade de ser admirado e respeitado por outros influencia diretamente aquilo que amamos.

Quando os sociólogos discutem status social, geralmente suas explicações giram em torno do que chamam de capital. Esse termo é frequentemente utilizado para se referir a dinheiro. Mas os cientistas sociais[4] — em particular o falecido sociólogo francês Pierre Bourdieu[5] — utilizam a palavra *capital* para se referir a qualquer recurso ao qual alguém possa recorrer em caso de necessidade, incluindo a própria reputação e os amigos. Existem muitos tipos diferentes de capital, mas vou me concentrar no econômico (dinheiro) e no cultural (impressionar as pessoas com sua inteligência, sofisticação e virtude). Nessa perspectiva, a vida é, em grande parte, um jogo em que competimos por status e no qual marcamos pontos por capital econômico e cultural com base nas coisas que fazemos, dizemos e possuímos. Uma das principais maneiras pelas quais as coisas que amamos dizem algo sobre nós é a forma como indicam nossos níveis de capital econômico e cultural.

As pessoas ganham pontos de capital econômico por possuir coisas caras, empregos bem remunerados, organizar festas elaboradas e fazer grandes doações para a caridade. Essa lista permaneceu bastante estável ao longo do tempo, mas houve pelo menos uma mudança significativa. Em épocas nas quais a riqueza andava de mãos dadas com títulos de nobreza hereditários ou pelo menos com a participação em dinastias familiares de proprietários de terras, as pessoas ricas sinalizavam seu capital econômico exibindo seu enorme tempo livre. Foi daí que surgiram jogos como o críquete, cujas partidas duram de três a cinco dias. Hoje, as grandes riquezas geralmente provêm do sucesso nos negócios ou do talento artístico, de tal forma que, quanto mais dinheiro as pessoas têm, mais ocupadas tendem a ser. Consequentemente, é comum ouvir pessoas ricas reclamando de estarem muito ocupadas, o que revela quão requisitada é a sua presença.

O capital cultural é muito mais complexo que o econômico. No filme *Titanic*, Jack Dawson (interpretado por Leonardo DiCaprio) faz amizade com uma norte-americana rica chamada Molly Brown (interpretada por Kathy Bates). Molly Brown é considerada uma "nova rica", em contraste com os aristocratas provenientes de famílias com riqueza geracional, que dividem com ela acomodações de primeira classe no *Titanic*. Ela comenta o seguinte sobre estes: "Lembre-se, eles amam dinheiro, então finja que tem uma mina de ouro e pronto, você faz parte do clube." Porém, Molly está bastante enganada quanto a isso. Mesmo que tenha dinheiro, nenhum dos aristocratas a vê como parte do clube. Pelas costas, eles a chamam de "Brown, aquela mulher vulgar" e fazem o possível para evitá-la.

Uma razão para Molly Brown não estar "no clube" é que lhe falta capital cultural. Este inclui todo tipo de coisa que novos ricos como ela não entendem — os códigos e comportamentos secretos que lhe escapam e fazem com que pareça não pertencer à classe alta. Para os aristocratas de 1912, os novos ricos careciam de capital cultural porque não falavam com o sotaque certo, não conheciam os detalhes das boas maneiras, não usavam as palavras e nem falavam sobre as coisas corretas, não se vestiam da maneira correta, não mantinham a postura, não coravam na hora certa, não gostavam de ópera, não dançavam do jeito conveniente, não liam coisas apropriadas, não tinham opiniões corretas — essa lista poderia continuar indefinidamente. O capital cultural também inclui a posse de certos objetos, como obras de arte que indicam bom gosto, e das credenciais certas, como um diploma de uma universidade de elite.

Essa noção mudou muito desde 1912. Para ter uma rápida noção do que é tido como capital cultural atualmente faça o Quiz do Capital Cultural, que criei para ajudar meus alunos na compreensão do tópico. Ao contrário do Quiz do Amor pelas Coisas (página 9), essa escala de capital cultural não foi validada cientificamente. No entanto, em minha humilde opinião, ela ainda descreve razoavelmente bem os Estados Unidos em 2022.

O QUIZ DO CAPITAL CULTURAL

Escolha a resposta (verdadeira ou falsa) que mais lhe pareça correta. Contabilize 1 ponto a cada vez que responder "verdadeiro."

QUIZ DO CAPITAL CULTURAL

1.	As coisas de que mais gosto tendem a ser populares entre as pessoas que estão "por dentro" do assunto, mas não têm apelo ao grande público.	Verdadeiro	Falso
2.	Coisas muito populares (como a cerveja mais vendida, a marca número 1 em roupas e o programa de TV mais popular) tendem a ser medíocres.	Verdadeiro	Falso
3.	Evito comprar roupas com logotipos de grife visíveis.	Verdadeiro	Falso
4.	Se eu estivesse adquirindo um novo carro e pudesse comprar uma marca de luxo como Mercedes, Jaguar ou Cadillac, a desvantagem é que eu me sentiria pelo menos um pouco *envergonhado* por essa propriedade.	Verdadeiro	Falso
5.	Se eu tivesse que escolher entre (a) ter a reputação de uma pessoa normal com inteligência mediana ou (b) a de uma pessoa brilhante, porém esquisita, escolheria (b).	Verdadeiro	Falso
6.	Gosto de analisar programas de TV, filmes, músicas, livros e/ou arte.	Verdadeiro	Falso
7.	Leio, assisto ou ouço regularmente o *New York Times*, rádios públicas ou podcasts, programas de televisão aberta e/ou literatura de ficção.	Verdadeiro	Falso
8.	Em vez de fazer um cruzeiro ou viajar para um grande resort nas férias, eu preferiria aproveitar a natureza (por exemplo, caminhadas e canoagem) ou fazer programas culturais (por exemplo, visitar museus e locais históricos).	Verdadeiro	Falso
9.	Eu sempre (ou quase sempre) voto, mesmo em eleições locais.	Verdadeiro	Falso
10.	Mudei ou estou mudando meus hábitos alimentares (como parar de comer carne e comprar apenas vegetais orgânicos), em parte por razões políticas, éticas ou ambientais.	Verdadeiro	Falso
11.	Eu completei (ou estou matriculado) em uma graduação universitária de 4 anos.	Verdadeiro	Falso
12.	Eu conclui (ou estou matriculado) em uma graduação universitária de 4 anos *e me formei em um bacharelado interdisciplinar de ciências humanas, ciências sociais ou arte*.	Verdadeiro	Falso
13.	Eu completei (ou estou matriculado) em um programa de graduação de 4 anos *em uma universidade particular ou na universidade pública mais concorrida do estado*.	Verdadeiro	Falso
14.	Eu completei (ou estou matriculado) em uma pós-graduação.	Verdadeiro	Falso

Número total de "Verdadeiros":

Guia de pontuação
0–2 = Baixo capital cultural
3–7 = Médio capital cultural
8–14 = Alto capital cultural

CAPITAL CULTURAL E RIQUEZA

A relação entre capital cultural e riqueza é complicada. De modo geral, o capital cultural e o econômico andam juntos: as pessoas da classe alta tendem a ter muito dos dois tipos, e as da classe trabalhadora fazem o caminho oposto. Isso acontece, em parte, porque filhos criados por pais ricos recebem uma educação intensiva em habilidades, hábitos e atitudes que lhes darão capital econômico e cultural quando adultos. E quando pessoas de origens menos privilegiadas querem subir na vida ao ir para uma universidade, a educação aumenta tanto seu poder aquisitivo quanto seu capital cultural em comparação ao que elas teriam se não tivessem tido acesso a ela.

Mas se, em vez de olhar para toda a população, focarmos nas pessoas com educação universitária, descobriremos que elas se deparam com um dilema entre capital cultural e econômico. Escolher carreiras em áreas como administração e engenharia leva a remunerações altas, mas apenas a níveis moderados de capital cultural, enquanto seguir carreiras em áreas como educação, artes e jornalismo leva a altos níveis de capital cultural, mas apenas a níveis moderados de renda.

Isso não é por acaso. Antigamente, eram majoritariamente os aristocratas ricos que dispunham de tempo e tinham inclinação a estudar tópicos como literatura e arte, áreas que não são diretamente aplicáveis para ganhar dinheiro. Por outro lado, a classe média trabalhava em profissões como direito, medicina e engenharia. Dessa forma, faz sentido que os aristocratas tenham usado seu poder cultural para estabelecer uma "regra" de que a especialização em tópicos de alta cultura não relacionados ao trabalho, como arte e literatura, ganhem mais pontos de capital cultural do que as especializações relacionadas ao trabalho. Os vestígios dessa regra permanecem ainda hoje.[*]

PRODUTOS FALSIFICADOS, AMOR VERDADEIRO

Um indicador infalível do status de capital econômico ou cultural de uma coisa é quando tentam falsificá-la. Um exemplo disso é adquirir produtos de luxo falsificados na tentativa de fingir ter capital econômico. Um estudo[6] descobriu que, no Reino Unido, 44% dos consumidores fazem compras internacionais de sapatos ou roupas de grife falsificados, isso sem levar em conta itens amplamente pirateados, como relógios e bolsas. As pessoas podem até pagar para ter acesso a sets de filmagem que se parecem com o interior de jatos particulares para que possam tirar selfies que dão a impressão de estarem em um avião particular.

Enquanto certas pessoas agem como se possuíssem capital econômico fingindo ter coisas caras, outras fingem ter capital cultural afirmando gostar de coisas de que não gostam. Por exemplo, você pode ir a um concerto mesmo não gostando. Já notou que, ao frequentar um desses eventos, assim que a música termina, algumas pessoas se levantam feito velocistas olímpicos após o tiro de partida para aplaudir fervorosamente? Talvez esta pesquisa tenha

---

[*] Recentemente, no entanto, começamos a ver uma ligeira mudança nesse padrão. A dramática ascensão do setor de tecnologia e de empresas como Google e Apple deram à expertise tecnológica uma aura descolada. Gostar de tecnologia, especialmente se você trabalha em uma startup que está criando algo de ponta, pode lhe render muitos pontos de capital cultural. Só nos resta saber se esta é uma mudança que veio para ficar.

me tornado um tanto cínico, mas às vezes me pergunto se esses membros da plateia realmente gostaram *tanto assim* do show ou se estão apenas tentando ganhar um punhado de capital cultural exagerando no quanto estão se divertindo ali.

O individualismo tem seus prós e contras, mas uma vantagem referente ao seu aumento crescente nos Estados Unidos é que houve uma diminuição acentuada na pressão social que as pessoas sofriam para fingir que apreciavam a alta cultura, mesmo que a contragosto. Por exemplo, os Cabernet Sauvignon mais caros têm a reputação de ser alguns dos melhores vinhos tintos do mundo, pois um bom Cabernet tem o perfil que os especialistas apreciam: é complexo, intenso e conta com muitas diferenças sutis em seu sabor. Mas isso não significa que não especialistas irão apreciá-los. Não obstante, por muitos anos, o Cabernet Sauvignon reinou como o tipo de vinho tinto mais vendido nos EUA, já que os mais entendidos no assunto o elogiavam e as pessoas comuns acreditavam que se tratava do produto certo a se comprar. Felizmente, no final da década de 1990, os consumidores não especializados finalmente criaram coragem para migrar do Cabernet para o Merlot, que melhor se adequava a seus paladares e orçamentos. O Merlot rapidamente se tornou o tipo de vinho tinto mais vendido nos Estados Unidos e, à medida que as pessoas passaram a beber o que realmente apreciavam, as vendas dos vinhos aumentaram em geral.

COMO OS CAPITAIS ECONÔMICO E CULTURAL INFLUENCIAM O QUE AMAMOS

A razão para as coisas que amamos *refletirem* nossos níveis de capital econômico e cultural é que esses objetos de afeto são parcialmente *moldados por* esses fatores.

O capital econômico influencia o que amamos de duas maneiras principais: primeiramente, as pessoas *querem* os mais variados produtos que não podem pagar. Mas querer e amar são conceitos diferentes, e elas tendem a amar as coisas que fazem parte do seu dia a dia. É verdade que o amor a distância existe para alguns — você pode amar Ferraris mesmo sem nunca ter entrado em uma. Mas, para cada pessoa que ama um carro que não possui, há muitas outras que amam seus veículos próprios. Como seu nível de capital econômico determina o que você pode pagar, ele também influencia o que você ama.

A segunda maneira pela qual o capital econômico influencia o que amamos é um pouco mais complicada. Quanto maior sua renda, mais individualista você tende a ser, o que por sua vez influencia no seu jeito de amar. Expliquei no capítulo 6 que, historicamente, as culturas gradualmente se tornam mais individualistas à medida que enriquecem. Também é verdade que, em um dado momento em uma sociedade, quanto mais dinheiro as pessoas têm, mais individualistas elas tendem a ser.[7]

Uma das maiores diferenças entre o individualismo e o coletivismo está na maneira como as pessoas definem suas identidades. Na definição dos individualistas, são enfatizadas as coisas que os diferem dos outros, enquanto os coletivistas enfatizam os aspectos de suas identidades que as conectam aos outros. Como as pessoas ricas tendem a ser individualistas, sua definição[9] se inclina principalmente a termos de gostos pessoais e realizações que ajudam a diferenciá-las dos outros ("sou especialista em X e Y"). Pessoas de renda média e baixa dão mais ênfase aos aspectos coletivos de suas identidades, como suas nacionalidades, bairros, times esportivos e assim por diante. Isso também é verdade, por exemplo, quando se trata de seus restaurantes favoritos. Pessoas de alta renda são mais propensas a preferir lugares exclusivos e recém-inaugurados que a maioria das pessoas ainda não experimentou, enquanto as de baixa renda tendem a frequentar um pequeno conjunto de restaurantes favoritos, vendo-os como uma conexão direta à sua vizinhança ou amigos.

Em termos de influenciar o que amamos, ainda mais poderoso que o capital econômico é o cultural, do qual a criatividade é um dos elementos mais importantes atualmente. Da perspectiva do alto capital cultural, uma pessoa boa é uma pessoa criativa, e gente criativa costuma ser um tanto peculiar. Portanto, ser um pouco estranho e não convencional é motivo de orgulho para pessoas de alto capital cultural que veem a palavra *normal* como sinônimo de *medíocre*. Por outro lado, entre grupos de capital cultural moderado e baixo, "normal" significa "saudável", e ser estranho (na visão deles) é problemático. Isso se estende às coisas que esses grupos amam. Pessoas de alto capital cultural adoram coisas que consideram criativas, artísticas e únicas (como eles), enquanto as de baixo e médio capital cultural também valorizam a criatividade; para estas, no entanto, com um pouco de criatividade já se pode ir longe. Elas não gostam de coisas criativas demais, que beiram o estranho.

Uma das principais maneiras de as pessoas adquirirem capital cultural é demonstrando "bom gosto".* Mas quem decide o que é isso? A sociedade dá às pessoas com a maior audiência e que são mais experientes em suas áreas o poder de definir, nelas, o que significa bom gosto. Por exemplo, ter bom gosto na moda é definido por "formadores de opinião" como críticos de moda, designers, influenciadores digitais, varejistas e fashionistas. Uma coisa que todas essas pessoas têm em comum é que são especialistas em moda. No capítulo 7, argumentei que gostos pessoais estão intimamente conectados a especializações. Quanto maior a experiência, maior o gosto por desafios (por exemplo, especialistas em palavras cruzadas preferem as mais difíceis). Também argumentei que comidas, jogos, obras de arte, livros, filmes e músicas são difíceis de apreciar quando (1) são complexos, (2) produzem experiências intensas, (3) exigem discernimento sutil e (4) exigem conhecimento especializado para serem compreendidos. Portanto, quando as pessoas querem ter altos níveis de capital cultural, elas se esforçam para se tornar especialistas nas coisas que lhes interessam, e começam a gostar de coisas complexas, intensas, sutis e um pouco esotéricas.

Como exemplo, Cathy Horyn, em uma matéria para o *New York Times*, escreveu uma crítica de um desfile de moda desenhado por Stefano Pilati para Yves Saint Laurent que apresentava a coleção prêt-à-porter da casa — isto é, as roupas que iriam para os shoppings, em vez daquelas de alta costura muito menos convencionais que frequentemente vemos em desfiles. Qual foi o veredito

---

* Coloco "bom gosto" entre aspas para indicar que não acredito que o gosto de alguém seja objetivamente melhor do que o de qualquer outra pessoa. No entanto, o conceito de bom gosto é importante para entender por que aquelas com muito capital cultural amam suas coisas e por que as pessoas, em geral, às vezes fingem amar coisas que não amam.

de Horyn? A roupa era "um tanto monótona, se você quer mesmo saber".[10] Isso não é de surpreender: Horyn é uma profissional com muita experiência, que gosta de visuais únicos e complexos que arrancam reações intensas do público, possuem sutilezas interessantes e exigem muito conhecimento prévio sobre moda para serem compreendidos. O prêt-à-porter é projetado para agradar ao consumidor médio, e a maioria das coisas que lhe agradam deixam o especialista entediado. Por outro lado, quando os consumidores típicos veem as modas de vanguarda de aparência estranha de que Horyn gosta, suas mentes tentam em vão encaixar esses looks estranhos em sua compreensão do conceito de roupa, como se estivessem tentando colocar um pino quadrado em um buraco redondo. Isso resulta em frustração e, às vezes, na conclusão furiosa de que as modas de vanguarda são uma farsa perpetuada por um público crédulo.

Isso explica por que a música apropriadamente chamada de "easy listening" ("fácil de ouvir", em tradução livre) é tão desdenhada por muitos amantes de música. Ela foi criada propositalmente para representar um desafio musical extremamente baixo. Como resultado, algumas pessoas a consideram como a música de fundo perfeita — algo que seus cérebros podem processar sem distraí-los do que estão fazendo. Por outro lado, o compositor Carl Wilson[11] se refere à música adotada pelos especialistas como "difficult listening" ("difícil de ouvir", em tradução livre). Para eles (e muitos outros amantes da música), ouvir algo fácil é tão desprovido de desafios que resta reagir a isso com nada menos que repulsa.

Em suma, embora possa parecer que existem muitas convenções arbitrárias por trás dos diferentes níveis de capital cultural envolvido no amor às coisas, também há algum método a ser depreendido dessa loucura. O que conta como capital cultural é muitas vezes determinado por especialistas. E por causa das formas pelas quais o cérebro transforma, digamos, um livro em uma experiência de leitura prazerosa, esses estudiosos geralmente gostam de coisas consideradas relativamente complexas, intensas e sutis e que se baseiam em conhecimentos básicos que nem todo mundo possui. Quando a arte ou o entretenimento carecem dessas qualidades que agradam aos especialistas, é provável que sejam vistos como produtos de mau gosto, de modo que apreciá-los marcará poucos pontos, ou até mesmo pontos negativos, de capital cultural.

OS GRANDES DEBATES

Ser um especialista em música clássica deveria valer mais pontos de capital cultural do que ser um especialista em rap? Intelectuais conservadores podem dizer que sim, mas muitos discordariam. Um dos primeiros conflitos nas guerras culturais foi um debate nos campi universitários sobre a importância de se aprender o cânone tradicional (obras de Shakespeare, Homero e outros escritores clássicos) na educação universitária. Esse debate também tratava, implicitamente, do tipo de conhecimento que deveria contar como capital cultural. Este é apenas um exemplo dos amplos debates que, embora raramente se valham da expressão "capital cultural", abordam implicitamente uma pontuação nesse sentido de que uma determinada pessoa deve marcar mais ou menos pontos por gostar mais de uma coisa do que de outra, bem como a importância relativa de capital cultural versus capital econômico. E, como veremos, esses debates contribuem diretamente para as guerras culturais.

Capital Cultural Geral versus Local

Os debates sobre capital cultural muitas vezes revelam uma distinção entre o geral e o local. Quando se fala em capital cultural, a intenção normalmente é referir-se a coisas amplamente reconhecidas pela sociedade como marcadoras de pontos de capital cultural. Por outro lado, o capital cultural local refere-se a assuntos marcantes dentro de uma subcultura ou de uma pequena comunidade. Por exemplo, entre os colecionadores de selos, saber muito sobre os timbres raros rende credibilidade ao capital cultural local. Em uma comunidade de fé, ser particularmente devoto também pode fornecer reconhecimento local. Mas na sociedade em geral, saber muito sobre selos ou ser fervorosamente religioso não confere capital cultural a alguém. Isso muitas vezes cria conflitos quando os grupos contrapõem o que deve contar como capital cultural para a sociedade como um todo àquilo que meramente permite que uma pessoa seja influente em um determinado meio.

Mesmo que o capital cultural local não lhe conceda status fora da comunidade, ele pode ter uma enorme influência sobre o que as pessoas amam. Considere, por exemplo, a cultura dos carros rebaixados (veículos customizados que andam muito rente ao chão) que emergiu das comunidades latino-americanas em Los Angeles. Rebaixar seu carro não lhe dará muitos pontos de capital cultural nos círculos da elite financeira. Mas nossos cérebros são automaticamente sintonizados para perceber o que vai conquistar o respeito das pessoas ao nosso redor. Então, se você cresce em um bairro onde as pessoas que seguem esse costume são amplamente admiradas, sua mente vai notar isso. Como resultado, você intuitivamente achará esses carros mais atraentes do que os outros. Isso não significa necessariamente que você vai se apaixonar por veículos rebaixados, mas esse fator dá um empurrãozinho nessa direção.

Quando as pessoas que crescem fora dos círculos de alto capital cultural percebem que o que tem valor dentro das comunidades (como ter um bom carro rebaixado) não é considerado de alto capital cultural no geral, elas podem sentir que sua comunidade está sendo desrespeitada. Isso leva muitas pessoas a ter ressentimento em relação às elites financeiras, o que adiciona lenha ao fogo das guerras culturais. Curiosamente, porém, pessoas com níveis muito altos de capital cultural têm trabalhado arduamente (embora nem sempre com sucesso) para descartar as atitudes esnobes que caracterizaram as elites anteriores.

A Mudança de Valores Conservadores para Liberais

Em relação ao capital cultural geral, tem havido uma mudança gradual dos valores conservadores para os valores liberais como fonte de status social. Até meados dos anos 1900, ser rico em capital cultural significava ser um aristocrata (pense em *Downton Abbey*). Embora agora se fale em "esquerda caviar" para se referir aos liberais, os aristocratas da velha guarda eram conservadores por excelência. Pesquisas[12] mostram que duas características centrais do conservadorismo são (1) apoiar valores, práticas e instituições tradicionais e (2) ser tolerante à desigualdade social. Os aristocratas eram conservadores porque a própria existência de uma aristocracia hereditária dependia da manutenção de uma ordem social tradicional e da justificação de desigualdades. Mesmo quando os aristocratas não tinham um título real hereditário, seu status social ainda estava ligado à quantidade de gerações da sua família que faziam parte da alta sociedade. Na França, as pessoas tinham até um vocabulário especial para expressar há quanto tempo uma família fazia parte da burguesia:* *moyenne bourgeoisie* indicava cerca de três gerações, *grande bourgeoisie* cerca de cinco, e *haute bourgeoisie* significava que a alta posição da família remontava à Revolução Francesa.

Quando um grupo tem o poder de decidir o que conta como capital cultural dentro de uma sociedade, ele usa esse poder para conferir status social àqueles que refletem seus valores. Por exemplo, se o clero for influente dentro de uma cultura, as pessoas ganharão pontos de status por serem piedosas, ao passo que se os artistas forem influentes, o status social irá para as pessoas criativas. Antes de meados dos anos 1900, a aristocracia tinha o poder informal de definir o capital cultural. Sendo assim, este refletia valores aristocráticos: uma pessoa deveria ser bem versada nas belas artes e desdenhar do entretenimento popular e comum. Também era muito importante seguir um sistema quase incompreensível de maneiras formais, que incluía convenções arbitrárias como a regra dos aspargos — minha favorita — que ditava que, mesmo em um jantar formal, era permitido comer aspargos com as mãos.[13]

---

* Embora o termo francês *bourgeoisie* atualmente se refira à classe média — historicamente, denotava pessoas de uma vila ou cidade que não precisavam trabalhar de forma braçal —, nos Estados Unidos ele também se refere ao grupo de pessoas que seriam consideradas membros da classe alta.

No século XIX e no início do século XX, os intelectuais liberais muitas vezes pertenciam a uma pequena subcultura de "boêmios"* que tinham suas próprias formas de capital cultural local, mas eram considerados infames na sociedade dominante. Ao longo do século XX, liberais altamente educados mantiveram muitos de seus valores boêmios à medida que gradualmente passaram a dominar os centros do poder cultural, incluindo a academia, a educação, as artes e a mídia. Com esse poder cultural, os liberais instruídos foram capazes de redefinir o capital cultural à *sua* própria imagem, baseando-o em seus padrões de inteligência, sofisticação, criatividade e progressismo. Hoje, qualquer demostração dessas características — como suas formas de se vestir, opiniões políticas, talentos, instituições de ensino, como decoram suas casas e o que amam — aumenta o capital cultural.

Como o alto capital cultural agora inclui ter visões políticas progressistas, as pessoas de alto capital cultural deixaram de ser esnobes e se tornaram onívoras.[14] Elas costumavam ver o entretenimento popular como dotado de pouco valor e inferior. Seus únicos interesses estavam em artes eruditas, como a ópera. Hoje, no entanto, ter alto capital cultural significa apoiar valores sociais progressistas, como o igualitarismo e a diversidade cultural. A própria ideia de que gostos eruditos (por exemplo, música clássica e filmes *avant-garde*) são *superiores* aos populares (por exemplo, músicas no Top 40 e *reality shows*) cheira a elitismo.

---

* *Bohémien* era a palavra francesa usada para descrever povos ciganos tidos como estranhos pela sociedade dominante. Esse status de forasteiro levou a palavra a ser aplicada a qualquer subcultura artística/intelectual.

Isso coloca pessoas dotadas de alto capital cultural em um dilema: *como mostrar que têm gosto superior sem ser esnobe e nem parecer tolerar a ideia de que há algum gosto que seja realmente superior.*[15] Uma maneira de resolver isso foi amar ambos, a alta cultura (para mostrar sua sofisticação) e a popular (para mostrar que não são esnobes). Assim, quem domina o capital cultural hoje é um verdadeiro onívoro cultural, ou seja, alguém que consome de tudo, incluindo as populares séries de TV *Masterpiece* e *Bravo's Real Housewives.* No entanto, quando esses onívoros de alto capital cultural assistem, digamos, a *reality shows*, eles utilizam suas habilidades de capital cultural, falando sobre esse entretenimento de tal forma que possam mostrar seus altos níveis de educação.[16] Isso geralmente significa oferecer uma análise cultural dos programas que seria mais apropriada para um seminário universitário.

A Hierarquia é Mais Fácil de Notar de Baixo para Cima

A maior parte das hierarquias são mais visíveis para as pessoas que estão embaixo do que para as que estão no topo. Um exemplo disso é que as mulheres sofrem mais sexismo que os homens, e as pessoas negras percebem mais o racismo do que os brancos. Essa tendência de as hierarquias serem mais evidentes para as pessoas que estão embaixo desempenha um papel importante na história das pesquisas sobre capital cultural. Esta pesquisa está mais fortemente associada ao sociólogo francês Pierre Bourdieu, que cresceu em uma família da classe trabalhadora antes de finalmente chegar ao topo da academia francesa. Como alguém de origem de baixo capital cultural, ele conseguia ver facilmente como seus colegas acadêmicos, cuja maioria vinha de famílias altamente educadas, usavam o capital cultural de forma a elevar seu status. Lendo nas entrelinhas de sua obra, percebo uma mensagem para seus colegas intelectuais: "Vocês têm toda razão em criticar os empresários por usarem o capital econômico para estabelecer hierarquias de classe, mas fazem o mesmo com o capital cultural." Da mesma forma, o fato de o capital cultural nos Estados Unidos como um todo incluir valores liberais ou progressistas passa despercebido por algumas (embora não todas) pessoas que compartilham desses valores, mas é uma fonte frequente de irritação para muitos conservadores.

Por exemplo, no podcast do *New York Times*, o *The Argument*,[17] a apresentadora Jane Coaston comentou que "os liberais têm poder cultural nos Estados Unidos, mas querem obter poder político, enquanto o exato oposto ocorre com os conservadores, de tal forma que ninguém é feliz." Sua convidada, a republicana Michelle Cottle, elaborou essa ideia, afirmando: "Eu venho de uma família de republicanos radicais [...] sempre recebo sermão sobre a mídia [...] porque [meu pai] tem a sensação de que [a mídia] está atrás dele e de todos os seus amigos conservadores. Acho que há um sentimento real de perseguição, ressentimento ou *menosprezo*. E [...] meu pai é um republicano muito rico e bem instruído." Em outras palavras, o homem tem muito capital econômico e uma boa educação, mas o fato de ser conservador diminui seu capital cultural, o que faz com que se sinta menosprezado pelas pessoas no topo da hierarquia cultural.

Em resposta a se sentirem excluídos do centro cultural norte-americano, os conservadores têm lutado para construir uma contracultura com seu próprio capital cultural local — consideremos a Fox News, por exemplo. Muito antes de os conservadores adotarem essa estratégia, grupos socialmente marginalizados, como negros e LGBTQIA+, criaram suas próprias modas, músicas e definições locais de capital cultural. Pessoas inovadoras dentro dessas subculturas marcam pontos de capital cultural local. Mas esses pontos de status são frequentemente menosprezados pela cultura geral — e como é necessário interagir com esta, o problema persiste.

O Que é Mais Importante, Capital Econômico ou Cultural?

Ao lado dos argumentos que questionam o que deve contar como capital cultural, existe também um debate sobre qual capital é mais importante — econômico ou cultural. As vozes mais potentes nesse debate vêm de dois grupos concorrentes, as *elites dominantes* e os *criativos culturais* (veja o diagrama na página 230). As elites dominantes consistem em profissionais influentes, principalmente empresários, mas também médicos, engenheiros, advogados, entre outros. Eles têm uma educação aplicada que lhes confere uma renda alta, mas apenas um nível moderado de capital cultural. Não surpreendentemente, esse grupo tende a pensar que o capital econômico deve ter o maior impacto no status social. Eles argumentam que é bom ter dinheiro, e que ser profissionalmente bem-sucedido é um sinal legítimo de que uma pessoa é inteligente, trabalhadora e uma grande contribuinte para a sociedade. Certa vez, ouvi de um libertário o argumento de que, nas economias capitalistas, as pessoas só estão dispostas a pagar um salário ou comprar um produto se acharem que o que você tem a oferecer lhes será proveitoso. Portanto, o capitalismo é um jogo em que você ganha pontos (ou seja, dinheiro) ajudando outras pessoas, e aquele que mais ajudar, vence. Além de defender a importância do capital econômico, as elites dominantes muitas vezes desvalorizam o cultural, argumentando que parece uma sobremesa: é um bom extra, mas pensando bem, sua importância é secundária. Eles também acusam os criativos culturais de serem esnobes que desprezam todos que não compartilham de seus gostos esquisitos.

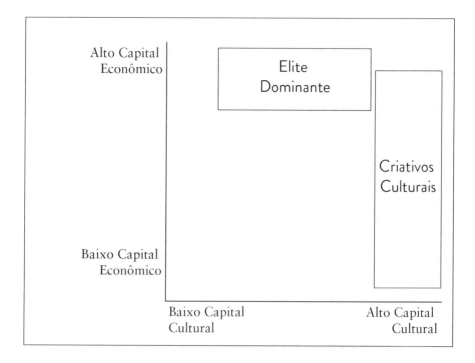

Como o termo indica, os criativos culturais[18] tendem a trabalhar em indústrias culturais como mídia, entretenimento, marketing, educação, jornalismo, artes e no ativismo social. Eles argumentam que ser inteligente, sofisticado, criativo e socialmente engajado são as características que definem uma boa pessoa e, portanto, que é o capital cultural, e não a renda, que deve determinar quem deve ser valorizado.

Os criativos culturais de todos os níveis concordam que conferir status a alguém apenas por dinheiro é grosseiro, materialista e injusto com aqueles menos favorecidos. Mas a intensidade de suas críticas ao capital econômico está, talvez não surpreendentemente, conectada às suas posses. Esse grupo inclui boêmios hipsters que, como os hippies no passado, têm baixa renda. Muitos desses boêmios progressistas equiparam riqueza à ganância e argumentam que as pessoas fazem dinheiro explorando os outros e prejudicando o meio ambiente. Portanto, eles desprezam o capital econômico e, se pudessem, fariam com que pontos de status econômico contassem *negativamente*. Em contraste, os criativos culturais ricos que possuem bom capital econômico discordam que esta seja uma marca de mau caráter, especialmente quando o dinheiro deles é usado para ajudar aos outros.

As posições assumidas pelas pessoas neste debate sobre capital cultural versus capital econômico se tornam parte de suas identidades. Tendo em vista que objetos amados nos ajudam a nos expressar, pessoas de alto nível cultural tendem a amar verdadeiramente o que destaca sua sofisticação cultural. E como há variação em renda, elas encontram formas de demonstrar essa sofisticação que cabem em seus bolsos. Por exemplo, criativos culturais de alta renda estão por trás de grande parte do crescente mercado de vinhos nos EUA, enquanto seus colegas boêmios de baixa renda são mais propensos a se tornarem especialistas em cervejas artesanais, que têm muito da mesma complexidade encontrada no vinho, mas são mais acessíveis.

Da mesma forma, as pessoas que foram bem-sucedidas financeiramente geralmente se orgulham de suas realizações e amam de verdade as coisas que servem como troféus que simbolizam seu sucesso. Percebi um padrão em que os carros mais amados dos colecionadores ricos não são os mais caros. Em vez disso, eles preferem o primeiro veículo caro que puderam pagar, porque estão mais ligados aos sentimentos de sucesso e realização. As pessoas que têm a sorte de contar com os dois tipos de capital em abundância tendem a amar as coisas que combinam ambos: colecionar obras de arte vanguardistas, por exemplo.

Essas diferenças entre as elites tradicionais e os criativos culturais se manifestam em suas crenças sobre produtos caros. As elites convencionais pensam que o barato sai caro, e que portanto produtos caros geralmente valem o investimento. Tal perspectiva faz sentido para eles, porque ajuda a justificar sua crença de que é importante ser rico — sem riqueza, você só tem acesso a produtos de segunda linha. Os criativos culturais, por outro lado, pensam que, quando se trata de comprar coisas certas, é bom pensar antes de gastar. Se você for inteligente e bem-informado, poderá encontrar um produto de preço médio que seja tão bom ou até melhor do que um mais caro. Logo, essas marcas com custos elevados são fraudes que exploram as preocupações do consumidor crédulo com seu status. Faz sentido que eles tenham essa perspectiva, por sua vez, porque isso prejudica o valor do capital econômico e eleva o do cultural (ser inteligente e bem-informado) como a base para ser um consumidor bem-sucedido.

SE VOCÊ TEM, OSTENTE, CERTO?

Apesar da discordância sobre qual dos capitais é o mais importante — econômico ou cultural —, todos se preocupam em serem respeitados e até admirados. Nesse caso, os dois só são capazes de gerar admiração se as pessoas souberem que você os possui; logo, todos precisamos exibir nossos suados capitais. Dito isto, um dos maiores desacordos entre os grupos de estilo de vida diz respeito a como devemos fazer isso.

Da perspectiva de uma pessoa de renda baixa ou média, todos os ricos parecem ostentar suas posses. Falei com um homem proveniente de uma família rica, de riqueza geracional, que disse que, como comprar um Mercedes de US$125 mil seria exibicionista, ele prefere dirigir um Mercedes de US$50 mil. Mas do ponto de vista de alguém menos abastado, dirigir qualquer Mercedes já é exibicionista. Como resultado, as pessoas de baixa e média renda veem a ostentação como um comportamento comum entre pessoas ricas.

Como as pessoas de baixa renda respondem a isso, porém, depende do seu nível de capital cultural. Para pessoas como professores do ensino público, que, apesar de sua baixa renda, têm muito capital cultural, a resposta típica é: "Ostentar dinheiro é absurdo, essa é apenas mais uma razão pela qual o capital cultural merece o verdadeiro respeito." Em uma situação mais comum, porém, na qual uma pessoa de baixa renda também possui um baixo capital cultural, enfatizá-lo como alternativa à riqueza não ajuda. Portanto, se essas pessoas pouco abastadas tiverem a sorte de um dia se tornarem ricas, espalhar a boa nova para Deus e o mundo lhes pareceria algo óbvio a se fazer. Como me disse uma mulher que amava sua bolsa Chanel de US$5 mil:[19]

> É muito importante para mim que essas bolsas sejam caras. Trabalhei duro pelo meu dinheiro e agora quero reivindicar as recompensas. Eu as uso para que as pessoas saibam quanto dinheiro tenho. E sabe o que eu mais gosto nelas? Esta parte [aponta para o grande fecho com o logotipo na frente].

Minha resposta pessoal quanto a isso mudou muito quando comecei a entrevistar as pessoas, perguntando-lhes sobre as coisas que amavam. Fui criado para ficar chocado com a ideia de ostentar riquezas. Mas em minha pesquisa, também tive a oportunidade de falar com muitas pessoas ao redor do mundo que, como a mulher que acabei de citar, nasceram em famílias de baixa renda, mas agora possuem uma Mercedes, um Rolex, bolsas da Louis Vuitton ou outros símbolos de status por elas apreciados. Ao contar as histórias sobre seus itens amados, elas sempre remontavam a décadas antes de comprá-los, quando viveram a pobreza na infância e os anos de privação material enquanto lutavam pela faculdade de medicina ou investiam até o último centavo nos negócios da família. Eventualmente, elas se sentiram financeiramente seguras o suficiente para fazer uma grande compra ostentosa. Essas pessoas falam com entusiasmo sobre como sempre quiseram a coisa em questão e esperam que todos aqueles que as vejam saibam o que conquistaram. Em uma entrevista para pesquisa, é importante não expressar suas reações pessoais. Mas toda vez que ouço esse tipo de história, em vez de ficar chocado com o materialismo rude dos entrevistados, me vejo torcendo por eles com entusiasmo. É fácil ver por que os itens de luxo significam tanto para essas pessoas.

Opiniões pessoais à parte, essa atitude de "se você tem, ostente" é completamente incompatível com o ideal de bom gosto do alto capital cultural da atualidade. Mas não foi sempre assim. Imagine se o Palácio de Versalhes, em toda a sua grandeza folheada a ouro, estivesse sendo construído hoje. Pessoas de alto capital cultural o considerariam ridiculamente exagerado.* Mas Versalhes não foi uma criação dos novos ricos; foi construído pelas mais ricas dentre as mais ricas das famílias. Por que as pessoas que o criaram não estavam preocupadas em parecerem espalhafatosas?

Na Europa do século XVII, a aristocracia praticamente detinha o monopólio do capital econômico e cultural. Isso significava que ela ganhava tanto a competição do capital cultural quanto a do capital econômico contra outros segmentos da sociedade. Sobretudo, como sua vitória em qualquer competição de riqueza era garantida, essas pessoas acreditavam que era por bem exibir seus troféus (como mansões e outras joias do século XVII). Porém, isso começou a mudar quando sua vitória já não era mais tão certa assim.

A expansão do comércio no século XVIII, seguido pela Revolução Industrial no século XIX, significava que os empresários estavam ficando tão ricos que podiam construir mansões mais chamativas do que a maioria dos aristocratas. Quando os aristocratas de riqueza geracional estavam perdendo disputas de riquezas com os empresários novos ricos, como será que foi sua reação?

---

* Isso não é um palpite. Alguns dos cômodos de Donald Trump se parecem muito com Versalhes. E mesmo antes de entrar na política, muitas pessoas de alto capital cultural viam esses espaços como um tanto vulgares.

A aristocracia ainda tinha poder cultural para decidir como as pessoas marcavam pontos no jogo de status. Então, eles mudaram as regras. Os aristocratas podiam estar perdendo as disputas de capital econômico, mas ainda podiam contar com a vitória na competição de capital cultural. Isso porque adquirir capital cultural é como aprender um idioma: se você cresceu falando, terá um nível de fluência totalmente inalcançável para falantes não nativos. Famílias de riqueza geracional são criadas em meios de alto capital cultural, então falam a linguagem do capital cultural de forma natural e fluente, enquanto os novos ricos a falam como se só tivessem tido contato com ela em alguns semestres no ensino médio. Assim, essas famílias começaram a se afastar de um estilo opulento em direção a um estilo mais contido, enfatizando a ideia de que o bom gosto exige simplicidade e moderação. Apreciar coisas que são simples e discretas se baseia na capacidade de fazer distinções sutis sobre a aparência, o gosto e o som de algo. Isso é particularmente difícil para novos ricos. Gostar de coisas que são elegantemente discretas ajudou a aristocracia a reafirmar sua superioridade frente aos seus oponentes.

Por fim, as famílias de riqueza geracional se comprometeram com a posição de que o correto é exibir suas riquezas com produtos caros, mas de bom gosto. Não é correto chamar muita atenção para as posses, já que é desta forma que os novos ricos se gabam. É possível notar esse equilíbrio cuidadoso em uma conversa que ocorreu entre o príncipe Philip e o marechal Tito em 1953. Quando ainda havia um país chamado Iugoslávia, Josip Broz Tito, então "presidente vitalício" do país, jantou com o príncipe no Palácio de Buckingham. Tito, que cresceu em uma vila croata, ficou impressionado com toda a elegância do palácio, especialmente os pratos de ouro maciço, pelos quais elogiou o príncipe Philip. Sem perder a compostura, o anfitrião respondeu: "Ah, sim, e minha esposa diz que são econômicos, já que não quebram."[20]

LIGAS DE MODA DE GRIFE

A moda é uma área particularmente importante em que a ostentação tem papel fundamental. Ao gastar grandes quantias em marcas de prestígio, pode-se marcar pontos de capital econômico e, às vezes, perder pontos de capital cultural. É possível ver como isso se desenrola comparando o que chamo de "as três ligas de moda de grife,"[21] abrangendo os entusiastas de marcas de estilistas de alto nível.

A Liga do Logotipo

Na Liga do Logotipo, as pessoas seguem comprando produtos de grandes designers com logotipos visíveis. Quanto maior o logotipo, mais caro costuma ser o item, e portanto, mais se pontua ao exibi-lo. Para se manterem na competição, muitos preferem comprar falsificações.[22]

As pessoas desta Liga compram produtos *relativamente* acessíveis das marcas de grife mais conhecidas, como Gucci, Louis Vuitton e Prada, todos na faixa de US$1 mil a US$6 mil, ou adquirem o que os comerciantes chamam de marcas de "mastígio" ("massa" + "prestígio"), como Coach e Michael Kors, cujas bolsas normalmente custam de US$100 a US$800. Essas pessoas geralmente não têm ideia de que muitos dos ricos e famosos que elas admiram estão em um nível completamente diferente em termos de capital econômico e cultural. Eles se assemelham a Molly Brown ao pensar que comprar produtos com grandes logotipos os coloca "no clube" dos amantes da moda de elite. Como exemplo, eu entrevistei uma jovem em Singapura que, apesar de estar longe de ser rica, economizou cada centavo até ter o suficiente para esbanjar no último lançamento da Louis Vuitton (uma bolsa que custava cerca de US$600 em Singapura na época). A moça explicou que, quando usava produtos de luxo com logotipos grandes e visíveis, sentia que fazia parte "dos populares... que estava no centro dos acontecimentos, e isso era muito bom. Estou aproveitando minha vida enquanto ainda sou jovem."[23] Ela continuou nessa linha:

> MEMBRO DA LIGA DO LOGOTIPO: Os ricos e famosos usam produtos de marca, especialmente os de alta costura. Eles passam suas férias em pistas e estações de esqui, e também vão para o Taiti e lugares exóticos.
> EU: Então, quando você compra produtos de marca...
> MEMBRO DA LIGA DO LOGOTIPO: Eu sinto que sou quase rica e famosa à minha própria maneira.

Ela claramente gostava da sensação que obteve com sua bolsa, e espero que esta tenha continuado a lhe dar muito prazer. No entanto, conversei com pessoas do tipo que ela tanto admira, e nenhuma delas pensaria que sua bolsa de US$600 a tornava parte do clube dos populares.

BOLSAS DAS TRÊS LIGAS DE MODA DE GRIFE
A LIGA DO LOGOTIPO

Bolsa Marmont das marcas associadas Gucci e Balenciaga, US$2.800

A LIGA DE LUXO

Bolsa de couro de avestruz Hermès Verrou, US$12 mil

A LIGA DE ALTA COSTURA

Bolsa Gucci Tifosa, US$4.353

A Liga de Luxo

Muitos dos verdadeiramente ricos e famosos pertencem ao que chamo de "Liga de Luxo". Embora consumidores das três ligas comprem marcas luxuosas, esta abriga o arquétipo mais clássico do consumidor de luxo. São as pessoas a que os membros da Liga dos Logotipos aspiram ser. Afinal, a Liga de Luxo tem muito mais capital econômico e, frequentemente, mais capital cultural. Por serem de fato ricos, e não apenas pessoas de renda média tentando ostentar algo, eles podem comprar as peças que quiserem, um jeans Gucci de US$500, sapatos Manolo Blahnik de US$800 e camisetas Prada de US$835, para se vestir inteiramente com grifes em vez de exibir apenas uma ou duas peças como troféu.

Como resultado, uma característica fundamental da Liga de Luxo é sua aptidão à moda, que, quando se trata de amor, desempenha um papel de grande importância comparado à Liga da Logotipo. Estes, é claro, tentam se manter atualizados e montar looks que funcionem, mas acreditam que, se você possuir as marcas certas, já está com meio caminho andado. Por outro lado, na Liga de Luxo, possuir as peças certas é apenas mais um fator, e o foco está no uso que se faz com o que se tem.

Existe um espírito competitivo na moda que é comum entre amantes da moda sérios e de todos os níveis de renda. A explicação dessa mulher sobre por que ela não fica impressionada com uma roupa toda preta em um anúncio captura esse sentimento:[24]

> FASHIONISTA: O look é todo preto. E preto fica bem em todos. Então, eu realmente não dou pontinhos para

ninguém por conseguir montar um look assim. Sim, é bonito. Mas é a maneira mais simples de se ficar bonito.

Eu: Então é como dizem na ginástica, alguns truques têm um "grau de dificuldade maior" do que outros. Uma pessoa parece ter mais valor para você se ela criar um estilo complexo?

Fashionista: Sim... Eu diria que é isso mesmo. Qualquer um pode vestir uma bela camisa e um jeans. A roupa fez o trabalho por você. Por exemplo, se estou usando uma estampa legal no meu jeans, aí fica muito difícil combinar. Então eu calço sapatos, arrumo meu cabelo e tudo se harmoniza. É preciso habilidade para combinar tudo isso e conseguir uma boa aparência. Eu fico realmente impressionada quando alguém consegue. Já quando você se veste todo de preto, é diferente — porque assim tudo fica muito mais fácil.

A Liga de Luxo combina essa atitude fashionista com *a renda e o estilo de vida dos mais ricos e famosos*. Seus membros amam as grandes marcas luxuosas já estabelecidas, como Chanel, Gucci e todas as outras, mas às vezes se sentem em conflito com os logotipos. Por um lado, eles querem mostrar bom gosto e se distinguir dos membros da Liga dos Logotipos, evitando logotipos gigantes que são visíveis mesmo de longe. Mas ainda querem que as pessoas com quem estão conversando apreciem suas posses. Por isso, costumam escolher itens discretos ou objetos como a famosa bolsa Birkin, que vem em estilos que variam de US$40 mil a US$500 mil para os colecionáveis mais desejáveis[25] e que é tão icônica que certamente será reconhecida por pessoas que estão por dentro.

A Liga de Alta Costura

A Liga de Alta Costura é um pequeno grupo de elite global que ocupa o topo da hierarquia da moda. Quando se trata de riqueza, eles geralmente são os 0,1%. Mas o mais importante é que geralmente são herdeiros. No início deste capítulo, comparei o aprendizado das habilidades que produzem o capital cultural com o aprendizado de um idioma. Os típicos membros desta Liga não são apenas falantes nativos de alto capital cultural; também cresceram em casas onde marcas de luxo estavam espalhadas por toda parte — apenas coisas normais. Como resultado, eles se sentem muito à vontade com esses objetos. Pessoas assim não têm o mesmo tipo de reverência pelas marcas que os consumidores de outras ligas.

Elas vivem em cidades como Nova York, Londres, Hong Kong, Tóquio, Milão e Paris, e se consideram não apenas ricos, mas também membros da vanguarda cultural. Como são dotadas de alto capital cultural, elas valorizam a criatividade e a vontade de desafiar convenções sociais. É fácil identificar um anúncio de moda direcionado a esse grupo. Basta mostrá-lo para um consumidor típico. Se a resposta for: "Essa roupa é tão estranha — alguém realmente usaria isso?", ele é direcionado à Liga de Alta Costura.

Essas pessoas compram muitas coisas caras, mas não querem ser confundidas com a Liga de Luxo ou mesmo, Deus as livre, a Liga dos Logotipos. Portanto, mesmo comprando de grandes grifes, elas geralmente preferem os produtos mais peculiares da marca — como a bolsa Gucci Tifosa na página 239 — e evitam os mais populares. Da mesma forma, elas compram de marcas menos conhecidas, como Bottega Veneta, ou de outras alternativas ainda mais obscuras, como Pyer Moss ou Stephane Rolland. Isso deixa claro que elas estão tão acima do resto que não se importam se o resto de nós conhece os produtos que consomem.

A Liga de Alta Costura mostra seu domínio da moda por meio de uma atitude brincalhona, e até mesmo irreverente. Uma mulher que entrevistei tinha o estilo da Alta Costura, porém vivia cercada por membros das Ligas de Luxo e Logotipos, e não gostava desse fato[26]. Por diversão, ela enganava os membros das outras ligas usando itens de marcas famosas que eram de bom gosto, mas reconhecíveis como muito caros (cerca de US$20 mil ou mais por uma roupa). A moça também fazia uso de uma bolsa de grife bem barata e obviamente falsificada. A roupa como um todo dizia: "Eu claramente tenho dinheiro suficiente para comprar uma bolsa de grife verdadeira, mas mesmo assim estou usando essa falsificada." Ela gostava da confusão e desconforto que o look gerava.

ESTE CAPÍTULO EXAMINA o que as coisas que amamos dizem sobre nós. Esses objetos frequentemente nos identificam como pertencentes a um determinado grupo de estilo de vida. Estes, por sua vez, diferem entre si quanto à sua valorização do capital econômico ou cultural e à quantidade que seus membros normalmente possuem de cada um. Diferem também quanto à definição do capital cultural local, ou seja, as crenças, ações e posses que provam que uma pessoa está vivendo de acordo com os ideais da subcultura específica de um grupo.

Os capitais econômico e cultural também influenciam o que amamos. Para usar uma fala de Marie Kondo, sabemos que amamos algo quando isso nos provoca "faíscas de alegria", as quais são geradas por nossas mentes inconscientes.

Argumentei ao longo deste livro sobre as diversas razões pela quais amamos. Uma delas é que nossos cérebros consideram esses objetos como valiosas mostras de capital econômico ou cultural para as pessoas com quem nos importamos. Desta forma, a influência desses fatores sobre o que amamos pode ser considerável, mas podemos não reconhecê-la pelo que de fato é, pois pode simplesmente nos parecer uma atração misteriosa por um objeto ou atividade em particular.

9

Por Causa da Evolução

Ao dizer que alguém tem "Fome de dinheiro", talvez estejamos sendo mais precisos do que imaginamos. O professor de marketing David Gal[1] argumentou que, sendo o dinheiro uma representação de poder e status, ele seria particularmente apelativo para aqueles que se sentem menos poderosos; desse modo, o pesquisador realizou um estudo para testar sua teoria. Na intenção de aguçar o apetite dos participantes de sua pesquisa, Gal lhes pediu que escrevessem sobre uma época em que seu poder era escasso. Uma vez que todos mantivessem em mente este quadro de necessidade, ele mostrava uma foto de dinheiro para metade deles e uma foto de materiais de escritório para outra. Então, o pesquisador e seus colegas analisaram as respostas salivares dos participantes. O que aconteceu? As pessoas que viram a imagem do dinheiro salivaram, enquanto as que viram a dos materiais de escritório, não. Faz sentido salivar antes de comer, pois isso ajuda na digestão; mas por que o fariam diante de uma foto de dinheiro?

Como a maioria das coisas do mundo moderno, o dinheiro não existia na época em que nossos corpos evoluíram, logo não há uma explicação evolutiva específica para esse fenômeno. Na verdade, nossos cérebros estão dizendo: "Não estou preparado para lidar com isso, mas dinheiro é como comida, pois ambos são recursos importantes. Então, aplicarei aqui os comportamentos relacionados à alimentação." Sua mente é capaz de modificar em certo grau algumas respostas, já que não comemos dinheiro. Porém, certas condutas relacionadas aos alimentos, como salivar, são ativadas por coisas que desejamos. No capítulo 3, chamei esses fenômenos de "efeitos de transmissão", porque as respostas que evoluíram para uma determinada situação — neste caso, comer — são transferidas para situações diversas, dando origem a alguns comportamentos esquisitos.

Ao longo do livro, citei muitos exemplos específicos de efeitos de transmissão. Mas se adotarmos um panorama geral, todo o fenômeno de amar as coisas pode ser visto como uma grande consequência deste efeito. O amor humano evoluiu ao longo de milhões de anos para poder criar relacionamentos entre pessoas. Mas amar as coisas não foi uma parte importante de nossas vidas até muito depois de nossos cérebros terem evoluído para seu estado atual. Quando amamos objetos, nossos cérebros tomam emprestado um mecanismo psicológico pré-histórico que evoluiu para os relacionamentos humanos (amor), ajustando-o e transferindo-o para nossas relações com as coisas.

Nos capítulos anteriores, concentrei-me, principalmente, em como o nosso amor pelas coisas funciona. Mas se quisermos entender não apenas como, mas também *por que* essa forma de amor funciona assim, temos que olhar para a evolução do amor. Fazer isso significa explorar novos tópicos e, ao mesmo tempo, fornecer uma visão muito mais profunda dos pontos-chave apresentados até aqui. Portanto, este capítulo pretende ser uma revisão dos principais pontos da obra.

A EXPANSÃO DOS CÍRCULOS AMOROSOS

Para compreender o amor pelas coisas, é preciso dividir seu desenvolvimento em quatro estágios. Os três primeiros são baseados em mudanças físicas no cérebro.[2] O quarto reflete a mudança cultural discutida no Capítulo 6, à medida que as ideias românticas sobre o amor ganharam popularidade, e as coisas se tornaram abundantes.

ESTÁGIO 1:
AMOR-PRÓPRIO

Há momentos na criação de um filho — digamos, durante a clássica pirraça no supermercado — em que os pais podem invejar até mesmo os peixes, e não os julgamos por isso. Várias peixes fêmeas põem muitos ovos de uma vez; o macho, então, os fertiliza e, tendo cumprido com todos os seus deveres parentais, tanto o macho quanto a fêmea nadam alegremente para longe.[*] Isso é o que os cientistas chamam de "estratégia reprodutiva r": ter muitos descendentes na intenção de que ao menos alguns deles cheguem à fase adulta, mas sem investir tempo ou energia para criá-los. Além

---

[*] Ou, como no caso de algumas espécies, eles morrem. Mas não vamos nos alongar nisso.

disso, para que uma estratégia *r* seja bem-sucedida, os animais não precisam de um mecanismo psicológico que os obrigue a cuidar de seus filhotes; eles só precisam que seu desejo sexual aponte para um parceiro fisicamente saudável. Em outras palavras, e levemente diferente do que os Beatles disseram, eles só precisam de luxúria.

Essa luxúria pode ter alguma relação com o amor, mas é algo bem diferente. A atração sexual ajuda a alimentar o amor romântico, mas normalmente não tem espaço em um relacionamento entre pais e filhos, ou em amizades. Talvez por essa razão, pesquisas[3] sobre as definições de amor mais citadas pelas pessoas mostram que aspectos não sexuais do afeto, como cuidado e respeito, são muito mais centrais na percepção da maioria sobre o amor do que sobre a sexualidade. O fato de o sexo não ser uma parte necessária do amor explica por que podemos amar todos os tipos de coisas sem nos sentirmos sexualmente atraídos por elas.

Dito isso, ainda existem algumas semelhanças psicológicas subjacentes entre nosso desejo por parceiros em potencial e a atração que sentimos pelas coisas que amamos. Para começar, a luxúria e o amor pelas coisas são facilmente despertados pela boa aparência. Não é incomum sentir atração sexual por alguém extremamente bonito, mesmo que essa pessoa seja um pouco estúpida. Faz sentido evolutivo, porque esse tipo de atração sexual se desenvolveu primeiro em espécies animais que sequer alimentavam ou protegiam suas crias. Que diferença faz se um potencial parceiro atraente não for um exemplo de responsabilidade, já que ele ou ela nadará para longe assim que o acasalamento chegar ao fim? A única contribuição do seu parceiro serão os genes; por que você deveria se preocupar? Faz sentido, então, que os traços físicos pelos quais nos sentimos atraídos, como aptidão atlética, pele imaculada e até simetria facial (a metade esquerda do seu rosto se parecer com a direita), sejam todos indicação de boa saúde e bons genes.[4]

Assim como pessoas bonitas desencadeiam a atração sexual, belos objetos — carros, sapatos e outras coisas — podem gerar uma resposta luxuriosa. Considere a atração passional que um homem que entrevistei sentia por algumas roupas que lhe agradavam.[5]

> Eu vi [uma roupa], e foi dessas vezes em que você está em uma loja, vê algo, sente um chamado e então precisa comprá-la. É assim que me sinto em relação a essas roupas.

Outra coisa que pessoas e coisas bonitas têm em comum é que ambas podem ter um impacto extraordinariamente poderoso na maneira como nos sentimos sobre nós mesmos. Se conseguimos um parceiro romântico de boa aparência, isso tende a aumentar nossa autoestima. Os professores de marketing Claudia Townsend e Sanjay Sood[6] também mostraram que, se adquirirmos um produto bonito, o impacto disso em nossa autoimagem é maior do que se comprássemos um produto funcional, porém desinteressante. Portanto, quando as pessoas estão se sentindo inseguras, sentem necessidade de autoestima, o que por sua vez aumenta sua atração por objetos bonitos.

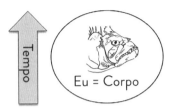

Estágio 1: O eu e o amor são limitados ao corpo.

Animais que usam uma estratégia reprodutiva *r*, na qual parceiros e descendentes são deixados para se defenderem sozinhos, não evoluíram para amar sua prole. Mas esses animais — e de fato, todos os animais — têm aquilo que o filósofo do século XVIII Jean-Jacques Rousseau[7] chamou de amor-próprio. Como ele escreveu: "o amor-próprio é um sentimento natural que leva todo animal a zelar por sua própria conservação." Esse amor-próprio se resume a uma série de mecanismos cerebrais que levam os animais a se alimentarem e se protegerem. Logicamente, essas ferramentas devem incluir um autoconceito básico que lhes diga "Este é você", para que eles não vejam as próprias caudas como uma refeição em potencial. Além disso, essas formas de agir tratam tudo dentro do eu (isto é, o corpo de um animal) como intrinsecamente valoroso, ou seja, de suma importância; todo o resto é tratado como extrinsecamente relevante, o que significa que só importa na medida que potencialmente ameaça ou beneficia o eu.

A esta altura, talvez você note que algumas das principais descobertas que discuti anteriormente estão começando a aparecer na história da evolução. Os animais têm um autoconceito que traça uma fronteira entre seus corpos e todo o resto. Isso também se torna uma fronteira entre o que é amado (eles mesmos) e o que não é (todo o resto). Por fim, seus cérebros tratam as coisas amadas como intrinsecamente importantes. Quando os animais começam a se relacionar com seus descendentes e companheiros, esses componentes afetivos passam a coexistir, criando algo que se assemelha ao amor tal como o conhecemos.

ESTÁGIO 2:
O CÍRCULO AMOROSO SE EXPANDE À FAMÍLIA

A maioria dos donos de animais de estimação acredita que eles os amam. Até pouco tempo, porém, a visão científica dominante era que, embora alguns animais possam fazer coisas que pareçam indicar amor, eles não são capazes de replicar o sentimento tal como o concebemos. No entanto, agora há uma tendência científica geral apontando na direção oposta: quanto mais aprendemos sobre os animais, incluindo aí seus vínculos emocionais, mais descobrimos como eles se parecem conosco. Atualmente, existem tecnologias de varredura cerebral que nos possibilitam um olhar mais profundo para o comportamento desses seres. Boa parte dessa pesquisa foi realizada com arganazes-do-campo (animais semelhantes aos gerbos), que acasalam com o mesmo parceiro por toda a vida.

Usando a tecnologia de escaneamento cerebral, descobrimos que quando um deles entra em contato com seu companheiro, sua atividade cerebral se assemelha à de um cérebro humano experimentando amor.[8] Essa é uma forte evidência de que esses mamíferos estão experimentando algo que pode ser legitimamente classificado como amor. É provavelmente seguro supor que o amor desses animais seja diferente do humano, assim como características tais como fome ou sonolência. Mas não há necessidade de que a sensação da fome ou do amor sejam iguais entre as espécies para que se enquadrem como tal.

Uma das razões pelas quais as varreduras do cérebro desses roedores podem se parecer com a dos humanos é que tanto eles quanto as pessoas são mamíferos e, portanto, suas estruturas cerebrais são semelhantes. Grande parte da atividade neural conhecida como amor ocorre em uma região do cérebro chamada neocórtex. Apenas os mamíferos a possuem, e apenas eles são, portanto, capazes de sentir o amor em sua totalidade. Porém, alguns não mamíferos, como certas espécies de pássaros, exibem comportamentos semelhantes a este tipo de afeto. Um exemplo é quando um pássaro macho está tentando cortejar uma fêmea, e sua "atração é regularmente associada a altos níveis energéticos, foco, perseguição obsessiva, insônia, perda de apetite, possessividade em 'proteger a parceira', gestos de afiliação, comportamentos visando o cortejo e intensa motivação para conquistar uma parceira de acasalamento específica", de acordo com um estudo neurológico.[9] Parece familiar? Os cientistas chamam essa atração amorosa de ligação de pares. Além dela, que ocorre entre companheiros, muitas espécies animais também formam laços com seus filhotes.

Não é complicado entender como o vínculo dentro de uma família animal pode resultar em vantagens evolutivas. A alternativa à estratégia r é a estratégia K^*, na qual os animais têm poucos descendentes, mas investem tempo e energia para criá-los. Uma não é superior à outra. Isso depende da espécie (por exemplo, estratégias K funcionam melhor com animais grandes) e de seu ambien-

---

* Sim, o r é minúsculo, e o K, maiúsculo. Dizem que isso só faz sentido para quem fala alemão.

te (estratégias *r* funcionam particularmente bem debaixo d'água). Uma teoria afirma que quando os primeiros animais emergiram dos oceanos e começaram a botar ovos em terra, a estratégia *K*, na qual os progenitores criam seus filhotes, tornou-se mais vantajosa. E se um deles cuida da ninhada, é de grande ajuda que o outro traga alimentos para todos. É por isso que a ligação entre os companheiros fazia sentido para algumas espécies. Mas, para que os animais aplicassem este comportamento de "cuidados com o outro", eles precisavam desenvolver um sistema motivacional em seus cérebros, responsável por tal conduta. Nos animais, chamamos esse sistema motivacional de vínculo. Em alguns mamíferos, este vínculo eventualmente evoluiria para o amor.

Talvez isso explique por que essa conexão evoluiu em alguns animais, mas não explica como esse novo sistema motivacional surgiu em seus cérebros. O que aconteceu para poder tornar possíveis o vínculo e o amor? Como as mudanças evolutivas surgem primeiramente como mutações aleatórias, é muito mais provável que algo já existente tenha sofrido uma pequena mudança do que tenha surgido do nada. David Linden, professor de neurociência, colocou bem a questão: "[Na] evolução, nunca se constrói algo novo se for possível adaptar o que você já tem."[10] Então, o que esses animais já tinham que poderia ser adaptado para produzir esses comportamentos parentais?

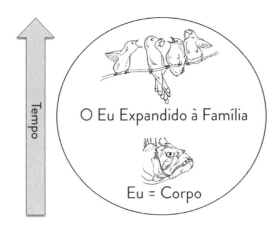

Estágio 2: O eu e o amor se expandem para incluir a família

Todos esses animais já tinham amor-próprio, o que os levou ao cuidado de si. Tudo o que eles precisavam era da ampliação de seus autoconceitos, conforme ilustrado no diagrama acima.* Essa simples mudança levaria os pais a cuidar de seus filhos e/ou companheiros, abrindo, dessa forma, a porta para todos os comportamentos que fazem parte do vínculo animal e do amor humano. No diagrama, o círculo pode ser interpretado como o "círculo do eu", bem como um "círculo de amor". À medida que ele se expande e deixa de conter apenas o corpo do animal para abrigar também sua família, isso indica que este ser desenvolveu a capacidade de expandir seu senso de identidade para além de seus limites anteriores e, ao fazê-lo, criou laços (e depois, amor) com outros seres.

Em suma, o que proponho aqui é que a razão pela qual o amor humano envolve a expansão do eu para incluir o objeto de amor

---

* Psicólogos e biólogos veem as coisas de perspectivas disciplinares diferentes. Como psicólogo, falo sobre as mudanças nos estados mentais, enquanto os biólogos evolucionários descreveriam esses eventos em termos de estruturas cerebrais, conexões neurais e atividades hormonais.

é que, há muito tempo, esse processo de expansão do eu era um passo evolutivo fácil que permitia aos animais desenvolver seus comportamentos de cuidado para com seus descendentes e/ou companheiros.

O Amor e a Luxúria Dividem um Quarto no seu Cérebro

No capítulo 3, afirmei que nós enxergamos marcas famosas da mesma forma que vemos nossos romances ou pessoas que consideramos atraentes,[11] enquanto as marcas mais simples são comparáveis às pessoas "para casar". Agora vamos checar a origem evolutiva dessa distinção. Mesmo com o desenvolvimento de uniões de longo prazo, não houve substituição da luxúria; no lugar disso, ambos caminharam em conjunto.[12] Então, hoje, os cérebros humanos contêm dois sistemas um tanto distintos que criam atração: (1) um sistema de atração sexual que procura por pessoas atraentes e (2) um sistema de amor de longo prazo que nos atrai para pessoas "para casar". Os dois não são inteiramente separados: fazer sexo leva à liberação de hormônios no cérebro que promovem uma ligação de longo prazo com o parceiro.[13] Porém, esses dois sistemas também podem agir de forma bastante independente. Por exemplo, Helen Fisher, antropóloga da Universidade de Rutgers, e seus colegas,[14] apontaram que a testosterona pode ativar o sistema de desejo sexual em homens e mulheres, mas isso só aumenta a luxúria, não o amor. Se você já se interessou por dois parceiros em potencial, um "para ficar" e outro "para casar", pode ter sentido como se existissem duas vozes distintas na sua cabeça, ambas dizendo para você fazer algo diferente. Parecia ser assim porque era basicamente o que estava acontecendo.

A distinção entre pessoas "para pegar" e "para casar" também tem um bom comparativo nos tipos de alimento que as pessoas amam — ou, mais especificamente, não amam. Quando comecei a pedir para que elas me dissessem o que amavam, presumi que muitas pessoas mencionariam sobremesas. Mas acontece que, embora a atração por sobremesas seja real para muitos, elas raramente são amadas. Em um dos meus estudos, 22 pessoas nomearam um alimento que amavam, mas em apenas 3 dos casos as sobremesas foram mencionadas.[15] Para completar, duas dessas três pessoas mudaram de ideia mais tarde e disseram que não amavam verdadeiramente os doces que mencionaram. Por que esses quitutes recebem tão pouco amor?

As duas pessoas que mudaram de ideia disseram que o problema era que as sobremesas não eram saudáveis. Os doces eram apenas casos amorosos — atraentes e agradáveis, mas não apropriados para o amor verdadeiro. Mas e quanto à última pessoa, que se manteve firme sobre as sobremesas? O que ela amava era iogurte congelado, que continha um "sabor sem culpa". Para ela, iogurte congelado era o mais raro dos achados: ao mesmo tempo "para pegar" e "para casar". Isso me faz lembrar de uma mulher com quem conversei na Suíça e que me contou sobre seu amor intenso por chocolates. Ela disse que, para os suíços, o chocolate faz bem para a saúde (e para ela, era tanto "para pegar" quanto "para casar"). Essa tendência em sentir atração, mas não amor, por coisas que consideramos prejudiciais também é evidente em nossos relacionamentos com cigarros, álcool, drogas e muitas outras coisas. Quando vemos coisas como atraentes, mas prejudiciais, podemos "cobiçá-las", mas é muito mais provável que só as amemos se forem atraentes e nos fizerem bem. Dito isso, se estivermos em uma situação oposta, na qual algo é visto como saudável, porém sem graça, isso tampouco inspira amor.

Quando se trata de pessoas, o nosso ideal é que nossos parceiros sejam tanto "para pegar" quanto "para casar". No entanto, isso nem sempre é possível. Como escreveu o notável sociólogo Bernard Murstein: "Apenas indivíduos com inúmeras qualidades interpessoais e poucos defeitos realmente se *escolhem* mutuamente. Aqueles com menos qualidades e mais defeitos geralmente se *contentam* uns com os outros."[16] Essa doeu! Para deixar claro, estou certo de que as pessoas inteligentes e de muito bom gosto que leem este livro são atraentes o bastante para não precisarem "se contentar" com seus parceiros. Mas, caso você conheça alguém que já esteve nessa posição, eu gostaria de oferecer uma palavra de apoio: contentar-se é uma coisa boa. Mostra que a necessidade de amor é tão poderosa e profunda que pode superar nossas preocupações sobre estética, dinheiro e outras características mais superficiais. Essa é uma das características mais redentoras da humanidade.

Uma Teoria Alternativa Sobre o que Veio Primeiro

Se o amor fosse um programa de TV, *Amar Pessoas* seria o sucesso que deu origem ao spin-off *Amar Coisas*. É muito mais comum que um comportamento tenha se desenvolvido para relacionamentos interpessoais e depois se estendido para nossas relações com as coisas do que o oposto (embora eu tenha escrito sobre como isso pode acontecer em namoros).[17] Às vezes chamo esse fenômeno de "primazia interpessoal", o que significa que nossos relacionamentos com as pessoas vieram primeiro e estipularam um modelo de amor, para que depois isso se transferisse para a nossa relação com as coisas.

No entanto, o notável biólogo Larry Young tem uma teoria diferente: certos animais desenvolveram primeiro o apego a coisas para que depois isso se tornasse um modelo de apego a seus companheiros. Young estuda a evolução do vínculo entre casais de arganazes-do-campo.* Em algumas espécies, os machos são territorialistas, o que significa que eles enxergam determinado território como "próprio" e o defenderão contra intrusos com os quais competiriam por comida. A teoria de Young é que esses machos† primeiramente desenvolveram a tendência de se vincular a um território, criando o que, em pessoas, nós chamaríamos de "apropriação psicológica". Mais tarde, em sua história evolutiva, seus cérebros evoluíram e estenderam o conceito de possuir um território para, de fato, possuir companheiros. Ver o cônjuge como propriedade não é um pensamento muito romântico. Mas há evidências no trabalho de Young e de seus colegas,[18] principalmente ao observar o modo como os hormônios funcionam no cérebro de um arganaz, que suportam essa teoria. Isso também explica um pouco do comportamento dos machos, que, quando se unem a uma fêmea, impedem que outros roedores *tanto do sexo feminino* quanto do masculino se aproximem. Manter os machos rivais longe de sua companheira faz sentido. Mas manter as fêmeas distantes... nem

---

* Sim, de novo! Esses roedores são as grandes estrelas do mundo animal quando o assunto é pesquisas sobre a bioquímica do amor e do apego. Eles são frequentemente usados para esse fim pelo fato de construírem fortes vínculos com seus companheiros, enquanto outros tipos de roedores, como o campanhol-da-montanha, não fazem isso.

† Há evidências de que, se esta teoria estiver correta, ela se aplica apenas a arganazes-do-campo machos que se acasalam com fêmeas, e não ao contrário.

tanto. Young sugere que esse estranho comportamento pode ser um resquício da época de sua primeira conduta evolutiva — como se fosse uma maneira de proteger o território de machos e fêmeas que pudessem comer a comida que havia lá. No entanto, por mais interessante que seja essa possibilidade, ainda estamos muito longe de saber se isso é verdadeiro no caso desses roedores, e mais longe ainda de descobrir se isso também se aplicaria a pessoas. Então, ao se tratar de humanos, nosso melhor palpite é que o amor evoluiu primeiro para que amássemos outras pessoas, e só depois isso veio a se aplicar às coisas.

ESTÁGIO 3:
O CÍRCULO AMOROSO SE EXPANDE AO GRUPO

Um tema comum ao longo deste livro tem sido as muitas maneiras pelas quais nossos relacionamentos com objetos estão ligados às nossas relações com as pessoas. Objetos amados nos ajudam a nos divertir, dão assuntos para comentar com os outros, nos lembram de nossas amizades, fortalecem nossas identidades de grupo, ajudam a ganhar o respeito do próximo, e assim por diante. Para entender por que as outras pessoas desempenham um papel tão importante em nossas relações com as coisas, precisamos compreender a evolução da amizade, e ela se inicia no neocórtex.

O neocórtex é essencial para o amor e muitos outros aspectos das relações sociais. Nos humanos, essa região evoluiu a ponto de ficar enorme, compondo cerca de três quartos do cérebro. O fato de os humanos terem os maiores cérebros do reino animal (em relação ao tamanho do corpo) deve-se principalmente ao nosso robusto neocórtex.

No entanto, esse tamanho todo é, de certa forma, uma *des*vantagem. Cérebros grandes requerem cabeças grandes, o que faz com que alguns bebês e mães morrem durante o parto. Além disso, nossos cérebros usam de oito a dez vezes mais calorias por unidade de massa do que o músculo esquelético.[19] Sendo assim, mesmo representando apenas 2% do nosso peso corporal, ele consome cerca de 20% de nossas calorias diárias.[20] Isso significa que nossos cérebros enormes exigem que encontremos muitos alimentos. Ora, para nossos ancestrais terem desenvolvido um neocórtex tão grande, suas vantagens devem compensar essas desvantagens.

Um conceito popular, e errôneo, afirma que a principal vantagem do tamanho do nosso cérebro é nos permitir criar ferramentas. Os cientistas atualmente questionam essa explicação, já que enquanto nossos cérebros grandes estavam em desenvolvimento, as ferramentas não mudaram muito. Para entender a principal razão deste tamanho, primeiro devemos nos comparar aos outros animais. Espécies de acasalamento monogâmico que criam seus descendentes têm cérebros significativamente maiores do que espécies que não fazem o mesmo.[21] Muitos biólogos acreditam que o tamanho do cérebro nessas espécies se deve à potência cerebral necessária para fazer escolhas inteligentes de forma a coordenar o trabalho em equipe enquanto se cuida dos filhos. Assim, em todos os tipos de espécies animais, o principal objetivo de um cérebro grande é possibilitar relacionamentos complexos e cooperativos entre os pais.[22]

Os humanos* levaram esse conceito um passo adiante. Enquanto o neocórtex crescia rapidamente, nós não apenas coordenamos a paternidade com nossos companheiros, como também estruturamos muitos aspectos da vida cotidiana com outros membros de nossos grupos que não estavam inclusos em nossos círculos familiares. Talvez Robin Dunbar seja o pesquisador mais notório do papel das necessidades sociais dos primatas na evolução de seus cérebros. Ele mostrou que, se você comparar várias espécies de chimpanzés e macacos, aquelas que têm cérebros grandes também vivem em grandes grupos e têm organizações sociais complexas e flexíveis. Isso sugere que o que começou como cooperação baseada no amor dentro de uma família nuclear em humanos, mais tarde se estendeu à tribo. Isso foi positivo para o nosso sucesso evolutivo, já que grupos de animais frequentemente competem entre si por recursos, e os grupos grandes e organizados de forma flexível tendem a derrotar grupos menores e rigidamente organizados.

É de conhecimento de todo bom coach que, para criar uma equipe eficiente, é preciso motivar os colegas a se preocuparem uns com os outros. Ou, parafraseando o famoso biólogo E. O. Wilson, um indivíduo egoísta vencerá um indivíduo altruísta, mas uma equipe de altruístas vencerá uma equipe de egoístas. Portanto, a razão pela qual desenvolvemos a capacidade de cuidar de pessoas além dos familiares mais imediatos é para que sejamos funcionais em equipes externas às famílias nucleares. Em outras palavras, desenvolvemos a capacidade de fazer amizades. Embora nem sempre falemos sobre isso desta forma, as amizades íntimas são uma for-

---

* Chimpanzés e macacos também apresentam alguns desses mesmos padrões evolutivos. E alguns outros animais parecem ter amizades fora de suas famílias nucleares.

ma de amor. O amor é o grande responsável por fazer relacionamentos de todos os tipos parecerem íntimos. Pesquisas conduzidas por Arthur Aron e outros mostraram que não apenas o amor romântico, mas também os relacionamentos íntimos em geral funcionam ao incluírem outras pessoas em nosso senso de identidade.[23] Este conceito não é novo. Como Aristóteles escreveu: "Um amigo é um segundo eu".

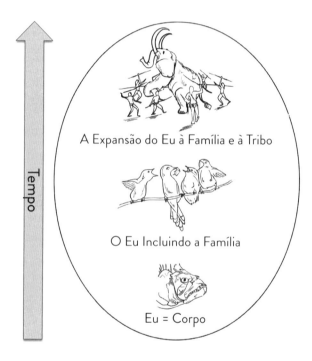

Estágio 3: O eu e o amor expandido para amigos e para a tribo.

Acredito que nossos ancestrais adquiriram a capacidade de fazer amizades da mesma forma que a de formar vínculos emocionais com seus filhos e companheiros: os cérebros evoluíram de tal forma que, sob as circunstâncias adequadas, seu senso de identidade se expandiu para incluir indivíduos além de seus familiares. E quando isso aconteceu, houve uma expansão do círculo amoroso.

Uma vez que um senso de identidade pode incluir pais, filhos, outros parentes e amigos, o autoconceito de um indivíduo pode conter pessoas suficientes para dar início a uma pequena orquestra. Vemos evidências disso em pesquisas conduzidas por Stephen Dollinger e Stephanie Clancy, da Universidade de Southern Illinois,[24] que pediram a estudantes universitários para que tirassem doze fotografias que capturassem "como você se vê". As fotografias *autodescritivas* mais comuns eram fotos de outras pessoas — 98% dos entrevistados trouxeram ao menos uma foto de outra pessoa, enquanto apenas 84% trouxeram uma ou mais fotos de si.

Nossos cérebros grandes não só nos deram inteligência social para trabalharmos como grupo, mas aqueles com cérebros maiores também eram mais propensos a ter sucesso e se reproduzir dentro desses grupos. Muitas pessoas não compreendem a história da evolução humana. Quando pensam na vida dos tempos pré-históricos, assumem que nossos maiores desafios eram coisas como evitar tigres-dentes-de-sabre — ao contrário do modo de viver atual, em que nossos maiores desafios envolvem questões interpessoais, como lidar com chefes exigentes. Admito que o número de pessoas mortas por tigres-dentes-de-sabre diminuiu bastante desde que a espécie foi extinta. Mas mesmo em tempos pré-históricos, o destino de uma pessoa dependia de suas habilidades sociais.

Primeiro, essas habilidades, assim como nos dias de hoje, tinham muito a ver com a capacidade de encontrar um parceiro. Em segundo lugar, as máquinas de hoje, de tratores a utensílios de cozinha, nos ajudam a desempenhar certas tarefas. Mas antes do advento da tecnologia, os recursos mais poderosos e versáteis para a realização de atividades eram os amigos. Terceiro, as relações sociais com outros membros da tribo tiveram um grande impacto sobre os papéis das pessoas dentro do grupo e em sua parcela dos recursos coletivos. E em quarto lugar, nos dias atuais, caso você prejudique suas relações sociais no trabalho, sempre poderá tentar encontrar um outro emprego. Já nos tempos pré-históricos, quando você convivia com as mesmas pessoas todos os dias, era complicado escapar de uma relação deteriorada. Tudo isso levou nossos ancestrais a desenvolverem cérebros que os ajudariam a ter sucesso em suas relações com os outros.

Como a evolução do cérebro humano, especialmente o neocórtex, se deu majoritariamente para nos ajudar a ter sucesso em nossas relações sociais, possuímos o que muitos cientistas chamam de "cérebro social". Fiz uma breve menção à teoria do cérebro social no capítulo 1, mas ela requer um pouco mais de atenção. Geralmente os cientistas enxergam nossos cérebros como um dispositivo de uso geral com capacidade de considerar na mesma proporção pessoas, pedras, ou qualquer outra coisa. Atualmente, no entanto, foram identificadas muitas áreas cerebrais que evoluíram para pensar especificamente em questões humanas. Há, por exemplo, uma área do cérebro chamada de "área fusiforme da face",[25] que evoluiu especificamente para ajudar a reconhecer rostos humanos. Um exemplo notável da importância disso foi descrito em um artigo no *Journal of Neuroscience*.[26] Ron Blackwell, um paciente que foi submetido a uma cirurgia cerebral para reduzir crises epilépticas graves, recebeu leves estímulos elétricos em diversas regiões do cérebro para que os médicos pudessem localizar a zona responsável pelas convulsões. O paciente permaneceu desperto durante o processo (eu sei — credo!) na intenção de relatar para o cirurgião os efeitos dos estímulos recebidos. Durante o estímulo elétrico da área fusiforme da face, Blackwell relatou que o rosto do médico "se metamorfoseou", dando a impressão de que ele "havia se transformado em outra pessoa". Nenhuma outra parte do corpo do cirurgião ou qualquer objeto presente na sala apresentou quaisquer mudanças.

A tese do cérebro social também nos mostra por que gostamos de ser generosos. Um estudo conduzido pela psicóloga Lara Aknin mostrou que mesmo crianças pequenas demais para aprenderem a compartilhar sorriam bem mais ao dividirem uma guloseima do que recebendo algum presente. Em outro exemplo menos científico, porém bem mais bonitinho, minha esposa, que é rabina, estava fazendo um show de marionetes em sua congregação. Um dos bonecos tinha uma pelúcia em mãos. Um outro perguntou se poderia brincar com ela, mas o primeiro recusou. Quando o boneco sem a pelúcia começou a fungar e parecer triste, um menino de 2 anos se levantou da plateia, cambaleou até lá e entregou seu gato de pelúcia à marionete triste. Da mesma forma que evoluímos para gostar de comportamentos importantes para a nossa sobrevivência, como comer, gostamos de ser altruístas, porque isso fortalece nossos laços sociais. Viemos de um contexto evolutivo grupal, no qual as relações sociais também são necessárias para a sobrevivência.

Faz tempo que os humanos são tidos como animais sociais. No entanto, foi apenas recentemente que biólogos e neurocientistas começaram a mostrar até onde nossa natureza social está conectada aos nossos cérebros. *Até mesmo em nossas relações com as coisas, nossos cérebros continuam priorizando as pessoas.* Por esta razão, como pontuei no capítulo 4, o primeiro axioma de Belk estipula que relações que a princípio parecem ser pessoa-coisa, quando olhadas de perto, acabam se revelando relações pessoa-coisa-pessoa.

Por Que nossos Cérebros Separam Pessoas de Coisas

Esta obra tem seu desenvolvimento baseado no que nominei como os três vitalizadores de relacionamento: antropomorfismo, os conectores de pessoas e a inclusão no próprio senso de identidade. Esses vitalizadores são maneiras pelas quais relacionamentos frios e pragmáticos com as coisas podem ser "aquecidos" e se qualificar como amor. Todos os três vitalizadores fazem sua mente considerar as coisas de formas que normalmente reserva às pessoas.

Mas por qual a razão o cérebro pensa de modo diferente sobre pessoas e coisas, chegando a utilizar sistemas neurais distintos para diferenciá-las? Como relatam os pesquisadores Nicolas Kervyn, Susan Fiske e Chris Malone,[27] "O córtex pré-frontal medial é ativado ao observar uma pessoa desempenhando uma tarefa. Entretanto, ele não funciona caso observemos um robô exercer a mesma atividade." Outra equipe de pesquisadores — Carolyn Yoon, Angela Gutchess, Fred Feinberg e Thad Polk[28] — descobriu que, na maioria dos casos, processamos informações sobre as personalidades das pessoas no córtex pré-frontal medial, mas quando pensamos na "personalidade da marca" (por exemplo, se a Apple é empolgante ou sofisticada), a informação é majoritariamente processada em uma região diferente do cérebro, o córtex pré-frontal inferior esquerdo, onde tendemos a pensar em objetos.

E por que são usadas regiões diferentes para pensar em pessoas e coisas? Anteriormente neste capítulo, descrevi a tese do cérebro social, que sustenta que nossos cérebros evoluíram para enfrentar os desafios do convívio social, que por sua vez nos levaram a desenvolver mecanismos especializados para lidar com pessoas. Uma teoria leva esse conceito um pouco adiante e afirma que os mecanismos utilizados para pensar sobre pessoas têm mais potência que aqueles utilizados em relação às coisas. As evidências que apoiam essa visão vêm de um problema de lógica chamado "Tarefa de Seleção de Wason". Essa atividade envolve quatro cartas dispostas em uma mesa, cada uma com um número na frente e uma estampa — pontos ou tijolos — no verso. Qual(is) carta(s) deve(m) ser virada(s) para testar a suposição de que *se a carta mostra um número par na frente, seu verso terá pontos*? O objetivo é responder virando o menor número de cartas possível.

Tarefa de Seleção de Wason 1

Se você for como a maioria das pessoas, provavelmente disse que viraria a carta com o número 2, ou a carta com os pontos no verso, talvez até a de tijolos no verso. Neste caso, como mais de 90% dos que tentaram este quebra-cabeça, sua resposta estaria errada. Em breve direi o porquê, mas primeiro, uma outra questão de lógica:

Você está como acompanhante em uma festa, e menores de 21 anos só podem beber refrigerante. Avistando quatro pessoas na sua frente, é possível dizer em qual delas é preciso depositar sua atenção para verificar se a regra está sendo seguida?

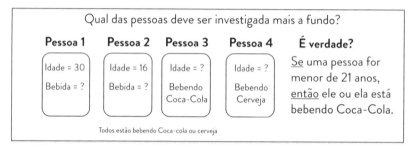

Tarefa de Seleção de Wason 2

É possível dizer que a pessoa 1 tem 30 anos e a pessoa 2 tem 16 anos. Ambas estão bebendo, mas não é possível saber de que bebida se trata. As pessoas 3 e 4 estão de costas para você, tornando impossível saber quantos anos têm. Porém, é possível ver que a 3 está bebendo Coca-Cola, enquanto a 4 está bebendo cerveja (ver acima). A maioria pensa que o desafio é fácil. Você precisa conferir se o rapaz de 16 anos está bebendo cerveja e se a pessoa 4, que está bebendo cerveja, tem mais de 21.

É aqui que está o pulo do gato. De forma lógica, as duas questões propostas são idênticas. E a resposta correta é a mesma para ambas: você checa as cartas e as pessoas de número 2 e 4. Por que a pergunta sobre a festa é muito mais fácil de responder corretamente? Esse quebra-cabeça lógico tem sido chamado de "o paradigma experimental mais investigado na psicologia do raciocínio",[29] logo, ele tem sido amplamente analisado. A descoberta dos pesquisadores resultou na compreensão de que é muito mais fácil responder a questões que tratam de pessoas e não de objetos.[30] Quando o problema é sobre humanos, instantaneamente transformamos a afirmação "Menores de 21 só podem beber refrigerante" para a pergunta lógica: "Alguém com menos de 21 anos está bebendo cerveja?" A partir daí é fácil ver que precisamos investigar a pessoa com menos de 21 anos e a que está bebendo cerveja. Mas nossos cérebros têm muito mais dificuldade em traduzir a regra "Se uma carta mostra um número par na frente, então seu verso tem pontos" para a pergunta "Há cartas com número par na frente e tijolos na parte de trás?" Depois dessa conversão, é claro que você precisa checar as cartas com número par na frente (carta 2) e tijolos no verso (carta 4). O fato de que essa questão lógica é muito mais fácil de solucionar quando trata de pessoas e não de coisas é tido como evidência de que as partes do nosso cérebro que estão focadas em humanos funcionam em um nível mais produtivo do que aquelas que refletem sobre as coisas.

Mas o que isso tem a ver com vitalizadores de relacionamentos? Uma das tarefas mais frequentes do seu cérebro é filtrar informações que ele não tem estrutura para lidar. O psicólogo social Timothy D. Wilson[31] observa que, a cada segundo, recebemos cerca de 11 milhões de bits de informação por meio de nossos sentidos, e nosso cérebro só é capaz de processar 50 bits disso. Logo, o cérebro faz uso de uma série de mecanismos de classificação para reduzir o número de informações que recebemos até um nível manejável. O que essa filtragem classificatória faz é separar informações sobre pessoas e coisas e garantir que as capacidades mentais (como o amor) que evoluíram com foco em pessoas não fiquem sobrecarregadas pensando nas milhões de coisas que atravessam nossa visão todos os dias. O que os três vitalizadores fazem é burlar essa classificação de tal forma que objetos recebam o tratamento destinado a pessoas. O antropomorfismo, o primeiro vitalizador, "disfarça" objetos. O segundo, o conector de pessoas, faz associações entre certas pessoas e coisas, de forma que nossos mecanismos as enxerguem como humanas. O terceiro é muito parecido com o segundo, mas em vez de associar as coisas a outras pessoas, ele as associa a você mesmo. Assim, elas se tornam parte de sua identidade, de seu senso de si mesmo.

Vitalizadores de relacionamentos tornam as coisas elegíveis ao amor, mas não o garantem. Existem diversas coisas antropomórficas que não amamos. O mesmo vale para coisas que associamos fortemente a outras pessoas. Por exemplo, você pode associar a sopa de tomate que a sua tia prepara a ela, o que o leva a se sentir mais emocionalmente conectado à versão caseira do que à sopa enlatada na despensa. Mas se você acha que a receita secreta da sua tia é tão sem graça que ninguém deveria prová-la, não amará a sopa. E mesmo quando enxergamos algo como parte de quem somos, há certos hábitos e muitas outras coisas de que não gostamos em nós mesmos, e muito menos amamos. Os vitalizadores de relacionamentos podem tornar o amor viável, mas ainda assim uma dada coisa precisa agradá-lo, fazê-lo se sentir bem e ultrapassar diversos outros obstáculos para se tornar amada.

ESTÁGIO 4:
O CÍRCULO DO AMOR SE EXPANDE PARA PRATICAMENTE QUALQUER COISA

Afirmei anteriormente neste capítulo que os animais pré-históricos tinham uma forma de amor-próprio que os motivava a cuidar de si. Mais tarde, essa característica evoluiu em algumas espécies para incluir a família, e posteriormente, evoluiu novamente para incluir as amizades. Mas quando que a capacidade de amar as coisas se desenvolveu?

Os Animais Amam as Coisas?

Se alguns animais amam coisas, isso apoia a ideia de que a capacidade de amar objetos pode ter se desenvolvido no início de nossa história evolutiva, talvez mesmo antes de nos tornarmos humanos. O fenômeno dos parasitas de ninhada — animais que enganam outros para que criem seus filhotes — tem relevância aqui. Por exemplo, o cuco-canoro europeu encontra os ninhos de outras espécies de aves e põe seus ovos lá. A mãe cujo ninho foi invadido geralmente aceita o ovo extra como um dos seus, e depois se conecta com o filhote e o alimenta. O cuco invasor não é uma coisa, mas também não é um dos filhotes daquela mãe. Logo, existe ao menos alguma flexibilidade em como os animais podem se relacionar. Será que essa flexibilidade se estende às coisas?

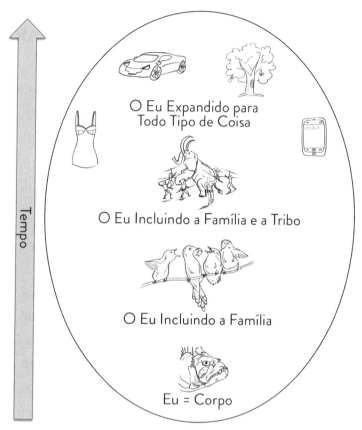

Estágio 4: O eu e o amor expandidos para todas as coisas.

Considere os famosos experimentos[32] nos quais o psicólogo Harry Harlow separou bebês macacos de suas mães* e as substituiu por bonecas, uma de tecido felpudo e outra feita de arame. Os macaquinhos acolheram a primeira e recusaram a última. A inspiração para este estudo veio após a percepção de que bebês macacos criados longe de suas mães se agarravam às fraldas de pano da mesma forma que bebês humanos às vezes se agarram a

---

* Embora esses experimentos tenham sido cientificamente importantes, é difícil ler sobre eles sem sentir pena dos macacos.

cobertores. Ele se perguntou se a textura macia da fralda de pano poderia lembrar os macaquinhos do toque materno, o que parece ser o caso. Adicionar uma camada de tecido felpudo à boneca a tornou antropomórfica (macacomórfica?) e encorajou o macaquinho a se relacionar com ela. O trabalho de Harlow sugere que, a princípio, é possível que alguns animais amem as coisas.

Um bom exemplo é que muitas pessoas sentem que seus cães amam seus brinquedos favoritos. Meus dois cães se dão muito bem, mas podem acontecer brigas ocasionais quando um deles tenta pegar o osso mastigável do outro. Essa pode ser uma indicação do amor dos cães pelo osso, mas não é possível ter certeza. O ímpeto dos animais em brigar por algo mostra que eles valorizam o objeto, mas o amor inclui preocupações adicionais que vão além dos benefícios proporcionados. Não tenho conhecimento de nenhuma pesquisa que nos diga se os animais amam objetos dessa maneira ou se simplesmente os valorizam porque fornecem nutrição, conforto ou prazer. Por enquanto, o máximo que podemos afirmar é que alguns animais parecem dispor da capacidade de amar coisas, mas que não podemos ter certeza disso.

Quando os Humanos Passaram a Amar Coisas?

Arqueólogos encontraram conchas esculpidas pelo *Homo erectus* datadas em 500 mil anos. Como é comum que o criador ame as próprias criações, é plausível que nossos primeiros ancestrais humanos possam ter amado essas coisas, embora seus cérebros ainda tivessem que evoluir e nós não saibamos se eles eram capazes de formar os mesmos tipos de ligações emocionais a objetos que formamos hoje.

Seres humanos desenvolveram cérebros totalmente modernos há cerca de 50 mil anos, de modo que a capacidade biológica de amar as coisas remonta a esse período. O que os primeiros humanos poderiam ter amado? Arqueólogos encontraram obras de arte significativas que remontam a 40 mil anos atrás, sendo algumas descobertas ainda mais antigas. Essas obras incluem ídolos, que são excelentes candidatos a objetos amados, visto que são objetos altamente antropomorfizados. Ainda nos dias de hoje, as pessoas rezam para imagens religiosas, e muitas vezes até conversam com elas pedindo por algo, o que estimula um senso de relação com o objeto. Os humanos antigos também podem ter amado a natureza, que, como observado no capítulo 1, é provavelmente a coisa mais amplamente amada atualmente.

Além dos ídolos, será que os primeiros humanos amavam outras posses? As tribos aborígenes nos dão pistas úteis sobre como era a vida humana primitiva. Bronislaw Malinowski,[33] o fundador da antropologia moderna, escreveu sobre o sistema de trocas de presentes Kula usado por alguns povos indígenas da Nova Guiné. Presentes Kula são trocados entre pessoas de alto status em várias comunidades, com os presenteadores geralmente realizando viagens perigosas, às vezes percorrendo centenas de quilômetros a canoa, para alcançar os destinatários. Os presentes eram sempre colares ou braçadeiras feitas de conchas. Caso recebesse um colar, o destinatário deveria retribuir com uma braçadeira. Alguns objetos Kula são mais prestigiosos do que outros: o valor do prestígio aumenta à medida que as pessoas revezam a posse do objeto. Essa troca de presentes consolida amizades fortes, consideradas pelos participantes como semelhantes a casamentos. Assim, os presentes

Kula trazem muitas das características dos objetos amados: são bonitos, ajudam a definir a identidade do proprietário e são essencialmente objetos de vínculo pessoa-coisa-pessoa. É plausível que muitos humanos primitivos tivessem tipos semelhantes de posses, então é bem provável que eles também as amassem.

Embora os primeiros humanos provavelmente adorassem coisas de tempos em tempos, há duas razões para acreditar que isso não acontecia com tanta frequência quanto agora. Em primeiro lugar, o mundo humano primitivo não estava tão saturado de coisas quanto o nosso. Conheço crianças de 5 anos que possuem muito mais coisas do que um aborígene comum teria durante toda a vida. Em segundo, nas sociedades de caçadores-coletores, objetos como presentes Kula são raros.

Um estudo transcultural conduzido pelos professores de administração Melanie Wallendorf e Eric Arnould[34] comparou os bens favoritos dos norte-americanos aos dos habitantes de aldeias remotas na África. No caso dos norte-americanos, esses bens geralmente ajudavam seus donos a estabelecer uma identidade desejada e a marcar relações sociais importantes. Os aldeões africanos, por outro lado, gostavam de seus objetos favoritos por razões práticas — eles funcionavam particularmente bem ou podiam ser vendidos por um preço alto se necessário, por exemplo. Mas os africanos não imbuíam os objetos com os mesmos tipos de significados simbólicos quanto à sua identidade como os norte-americanos faziam. Parte dessa diferença transcultural se origina no fato de que esses últimos vivem em uma sociedade enorme onde as interações ocorrem, em grande parte, com pessoas que não os conhecem bem; logo, eles se valem de suas posses para mostrar quem são. Por outro lado, os africanos neste estudo viviam em aldeias pequenas e remotas onde todos se conheciam, de modo que não precisavam utilizar suas posses para comunicar suas identidades.

À medida que a civilização se desenvolveu e a produção econômica aumentou, as posses passaram a desempenhar um papel crescente na vida humana. Junto ao aumento de sua prevalência e variedade, encontramos referências claras ao amor às coisas, como a condenação bíblica do amor ao dinheiro e o tratado "Sobre o amor à riqueza", de Plutarco. Avançando para o Renascimento, vemos casos inequívocos do tipo de amor sobre o qual este livro trata. Por exemplo, Shakespeare escreve que Desdêmona "ama tanto" um lenço ganhado de Otelo que ela sempre o carrega consigo "para beijá-lo e conversar com ele". Aí está: o amor completo por um objeto, incluindo antropomorfismo (ela conversa com ele) e amor derivado de uma conexão pessoa-coisa-pessoa com Otelo.

AMAR COISAS: NÃO UMA FALHA, MAS UMA CARACTERÍSTICA

O comportamento de uma pessoa é "evolutivamente ideal" se resultar na criação do maior número possível de outros indivíduos que carreguem seus genes. O amor por pessoas também se enquadra nesse quesito, mas o amor pelas coisas, não. Amar pessoas que compartilham nossos genes (como nossos filhos e irmãos) faz sentido evolucionalmente, pois nos leva a querer preservá-los e, logo, a ajudar na sobrevivência de nossos genes. As coisas que amamos não compartilham de nossos genes e, portanto, fazer sacrifícios por elas não ajuda a propagá-los.

Mas e quanto a amar pessoas que não compartilham dos nossos genes, como companheiros e amigos? Esse amor também tem sentido evolutivo, mas por outra razão. Amar amigos cria um pacto de ajuda mútua: você os ajuda, e eles ajudam você. Mas isso só funciona em casos de amor recíproco. Caso você ajude um amigo, e o comportamento dessa pessoa em relação a você continue o mesmo, então esse amor é uma desvantagem evolutiva. É por isso que as pesquisas[35] apontam que uma das razões mais comuns que nos levam a amar alguém é a descoberta da reciprocidade. Por outro lado, amar coisas nos faz mudar de comportamento em relação a elas, mas não há qualquer mudança do outro lado. Se você digitar um comando em um computador, não importa se você o ama, odeia ou não se interessa pelo aparelho; ele simplesmente responderá aos comandos. Portanto, independentemente de estarmos considerando a lógica evolucionária de amar pessoas que compartilham nossos genes ou não, em ambos os casos, esse raciocínio não é aplicável ao amor pelos objetos.

Devo esclarecer uma coisa: não estou dizendo que nunca faz sentido evolucionário algum valorizar algo. As pessoas terão mais chances de espalhar seus genes se valorizarem os objetos de acordo com sua capacidade de ajudar na sua sobrevivência, de atrair um parceiro, de reproduzir, e assim por diante. Se um objeto oferece muitos desses benefícios, devemos valorizá-lo e cuidar bem dele. Porém, esse valor só deve existir na medida em que essas coisas forem úteis, nem mais nem menos.

Por outro lado, *o amor em sua essência é sobre cuidar de pessoas e coisas de tal forma que exceda os benefícios práticos que conseguimos delas.* Fazemos sacrifícios por nossos filhos que excedem amplamente quaisquer benefícios diretos que obtemos em troca. E se houver necessidade, também estamos dispostos a fazer sacrifícios por outras pessoas pelas quais nutrimos afeto. Da mesma forma, muitas vezes investimos uma enorme quantidade de tempo e energia nas coisas que amamos, cuja única retribuição são as recompensas emocionais, e não benefícios práticos capazes de contribuir em um sentido evolutivo. Por exemplo, os psicólogos Jesse Chandler e Norbert Schwarz descobriram[36] que, quando os consumidores estão decidindo se querem recomprar um produto antropomórfico, sua decisão se baseia mais no quanto eles gostam da "personalidade" do objeto do que nos benefícios práticos oferecidos por ele. Nossa tendência de cuidar das coisas que amamos de maneiras que excedem sua utilidade prática também fica evidente toda vez que não suportamos nos separar de algo que amamos, mesmo quando já não o utilizamos mais.

Amar coisas pode ser visto como uma falha em nosso sistema evolutivo. Mas eu discordo: "Não é uma falha, é uma característica." Muitas das melhores coisas da vida não são evolutivamente boas, já que não nos levam a reproduzir e replicar nossos genes. Na verdade, a maioria das pessoas no mundo pós-industrial limita intencionalmente seu número de filhos, pelo menos em parte, para que tenham tempo de realizar as atividades que amam. A história evolutiva do desenvolvimento do amor pode nos dar muitas informações sobre por que pensamos e nos comportamos de determinadas maneiras. Mas levaríamos vidas horrivelmente empobrecidas se nunca fôssemos além de maximizar nossa contribuição para o patrimônio genético.

10

O Futuro das Coisas Que Amamos

Com o aumento do número de veículos automáticos, é apenas uma questão de tempo até fazerem um sertanejo sobre um caminhoneiro deixado por seu caminhão.

— Anônimo

No capítulo 9, analisei a história da evolução e as formas pelas quais contribuiu no amor entre pessoas e coisas. Neste último capítulo, explorarei três tipos de tecnologias: interfaces cérebro-computador, geradores de conversas e telepatia consensual. Cada uma delas será incorporada a novos produtos que provavelmente serão mais amados do que iPhones são pelos fãs da Apple. Todas essas coisas têm potencial de mudar fundamentalmente a experiência humana. Essas tecnologias me parecem absurdas, mas já existem protótipos para todas elas.

Ao longo do livro, falei sobre três vitalizadores de relacionamentos — antropomorfismo, conectores de pessoas e integração ao eu — por meio deles consideramos as coisas para além de sua utilidade prática. Cada uma dessas tecnologias futuras aumentará o poder de um desses vitalizadores. Interfaces cérebro-computador serão utilizadas em produtos, e isso fortalecerá drasticamente a sensação de que os objetos fazem parte de nós. Os geradores de conversas nos permitirão criar máquinas antropomórficas que serão amadas com a mesma intensidade que um ser humano. A terceira tecnologia, a telepatia consensual, revolucionará a forma como as coisas que amamos nos conectarão uns aos outros. Como tudo isso aumentará, e muito, o poder dos três vitalizadores de relacionamentos, as pessoas amarão suas coisas muito mais intensamente do que no passado.

INTEGRAÇÃO AO EU POR MEIO DE INTERFACES CÉREBRO-COMPUTADOR

Considere os seguintes comentários de pessoas no Reddit confessando problemas que tiveram para encontrar seus telefones:

> Por mais de uma vez, procurei meu celular usando a própria lanterna dele; em uma dessas vezes, eu falava com minha mãe no viva-voz.

> Certa vez, estava assistindo a um filme no meu celular e fui procurar meu telefone para ver a hora. Foram os 5 minutos mais assustadores da minha vida.

> Já estive, literalmente, usando o celular e sendo incapaz de lembrar onde o aparelho estava.

O que está havendo? Uma ideia útil atribuída a Bill Gates afirma que "a base do avanço tecnológico está na capacidade de se encaixar no seu dia de modo imperceptível, fazendo parte da sua vida cotidiana." Vemos isso mais nitidamente com os smartphones. Mas os celulares não apenas fazem parte da vida de seus usuários; eles se tornaram parte dos próprios usuários. Uma vez ouvi Jerry Seinfeld brincar: "O nome é 'iPhone' porque é metade você e metade seu celular." É por isso que os donos de celulares podem perder a consciência de onde estão seus aparelhos, mesmo tendo-os em mãos. Objeto e dono se misturaram. Em breve, a tecnologia levará esse fenômeno a outro patamar.

Em 2014, Juliano Pinto deu um chute que, ao mesmo tempo, foi o menos e o mais impressionante da abertura cerimonial na história das Copas do Mundo.[1] O chute em si foi fraco, avançando cerca de 3 metros antes de ser interceptado por um árbitro. Impressionante, entretanto, era o fato de o jogador ter conseguido chutar mesmo totalmente paralisado do peito para baixo. Os movimentos foram possíveis graças a um exoesqueleto mecânico preso ao seu torso e membros, que ele controlava com a mente. Ele utilizava um objeto que parecia um capacete de bicicleta e que continha sensores capazes de medir sua atividade cerebral. Então, um computador utilizou essas informações para controlar o exoesqueleto, que moveu suas pernas, permitindo que o homem ficasse de pé e conseguisse chutar a bola. Este tipo de sensor que detecta a atividade cerebral e utiliza-a no controle de um computador se chama "interface cérebro-computador".

Como apontei no capítulo 5, quando usamos um objeto e sentimos ter controle sobre seus movimentos, passamos a vê-lo como parte de nosso corpo, e consequentemente, como parte de nós mesmos. Por exemplo, a psicóloga Ambra Sposito e seus colegas[2] pediram para que um determinado grupo em uma pesquisa utilizasse uma vara longa (de 60 centímetros) para mover pequenos objetos como parte de uma tarefa. Ela pediu ao outro grupo que fizesse o mesmo usando uma vara curta (de 20 centímetros). Concluído o experimento, os pesquisadores pediram aos participantes que estimassem as medidas de seus antebraços; aqueles que usaram a vara longa perceberam seus membros como mais longos do que os que usaram a vara curta, mostrando que eles integraram essas ferramentas às representações mentais que tinham de seus próprios corpos.

Mas essa sensação subjetiva de que uma ferramenta faz parte de nossos corpos é uma questão de nível. Digamos que, para um bom jogador de tênis, uma raquete lhe parece muito mais integrada ao seu corpo que qualquer outro objeto; todavia, ele ainda a percebe como menos integrada do que suas mãos. Isso acontece porque o controle de um tenista sobre a raquete é menor do que o que tem sobre as mãos, e também pelo fato de que o feedback sensorial que vem de suas mãos é, no caso das raquetes, muito limitado e indireto. À medida que a tecnologia de interface cérebro-computador avança, nos permitindo controlar os objetos e receber deles um feedback sensorial direto, nossas relações com coisas que utilizem essa interface se tornarão indistinguíveis de nossos relacionamentos com nossos corpos. Por isso Russell Belk deu o nome de "eu protético"[3] para esse tipo de tecnologia. As coisas que a maioria das pessoas identifica absoluta e positivamente como "elas mesmas" são seus corpos. Assim, quando as máquinas atingirem uma integração completa com nossos corpos, nós as integraremos totalmente ao nosso senso de identidade e, portanto, as amaremos muito mais profundamente do que hoje.

Tipos de Interfaces Cérebro-Computador

Por US$80, você pode adquirir um brinquedo que o treinará para levitar um caça Star Wars X-wing (o mesmo que Luke Skywalker pilotou) usando ondas cerebrais. Bem, quase isso — no entanto a parte das ondas cerebrais é verdadeira. O brinquedo, chamado *Force Trainer II: Hologram Experience*, inclui um headset que realmente lê suas ondas cerebrais usando a tecnologia EEG (eletroencefalógrafo). Quanto mais concentrado você estiver, mais alto vai parecer conseguir levitar a imagem holográfica de uma nave espacial. Por mais incrível que seja, o headset só é capaz de estimar seu nível geral de concentração. Há um sensor cerebral mais bem orientado ao consumidor, de uma empresa chamada Emotiv, que custa US$300 e permite ao usuário treinar seu dispositivo e acionar mentalmente quatro comandos de computador. Isso é suficiente para mover um cursor pela tela, mas nada muito além disso. Para poder fazer mais, precisaremos de sensores melhores.

Atualmente, um dos melhores sensores disponíveis é uma máquina chamada fMRI[*] como a que está em posse de Marcel Just e Tom Mitchell, da Universidade Carnegie Mellon[4], que eles utilizam como um dispositivo para "reconhecer pensamentos". Os pesquisares podem lhe entregar fotos de vários objetos, como prédios e bicicletas e, não importa a ordem em que você as olhe, uma ressonância magnética analisará sua atividade cerebral. O computador

---

[*] A ressonância magnética funcional (fMRI) mede o fluxo sanguíneo no cérebro e pode informar as áreas que estão mais ativas.

que estiver lendo a saída da varredura informará a ordem em que você olhou para as fotos. Isso é bem legal, mas não é muito prático: equipamentos fMRI são gigantescos, barulhentos e podem custar até US$1 milhão. E mesmo assim, os resultados produzidos ainda não são detalhados o suficiente para alcançar todo o potencial da tecnologia de interface cérebro-computador.

Outro tipo de sensor é um eletrodo muito pequeno que é implantado cirurgicamente no cérebro, ou entre o cérebro e o crânio. Em uma versão atual dessa tecnologia,[5] os sensores são implantados perto da área utilizada para escrever à mão. O participante, então, imagina escrever algo, e um computador "lê" a mensagem manuscrita que foi imaginada pela pessoa. Outra abordagem é colocar os sensores sobre a região responsável pela fala e treinar um computador para reconhecer os impulsos cerebrais criados por palavras silenciosamente "faladas" na mente.[6]

O Que Pode ser Controlado por uma Interface Cérebro-Computador?

O exoesqueleto usado por Juliano Pinto era uma extensão de seu corpo. Atualmente, estão sendo desenvolvidas interfaces cérebro-computador que nos permitirão ter controle sobre um carro, a ponto de o veículo se tornar um membro protético enorme e muito poderoso. Uma aplicação criativa de próteses que funciona com a tecnologia atual vem na forma de um terceiro polegar protético, projetado por Dani Clode,[7] que agiliza o processo de agarrar e levantar objetos manualmente (ver página 285). Embora não seja controlado por intermédio de uma interface cérebro-computador, o dispositivo altera a forma como a mão do usuário é representada no cérebro. O professor Tamar Makin, da Universidade de Londres, que liderou esta pesquisa, explicou que "para estender nossas habilidades de maneiras novas e inusitadas, o cérebro precisará adaptar sua representação do corpo biológico." A versão atual do Terceiro Polegar é operada por sensores de pressão localizados sob os dedões dos pés do usuário, e é surpreendentemente fácil de aprender a manusear. Os usuários dizem que "o polegar robótico parece uma parte de seu corpo."

Junto às extensões corporais, a tecnologia de interface cérebro-computador também pode ampliar nossas capacidades mentais. Por exemplo, o que vemos e ouvimos poderia ser armazenado em um banco de dados, dando-nos, literalmente, memórias fotográficas. Já temos acesso a uma quantidade impressionante de informações online, mas a tecnologia do futuro pode fazer com que pesquisar na internet seja como vasculhar nossas próprias memórias.

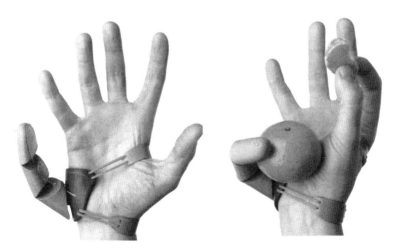

Terceiro Polegar, por Dani Clode

Haverá Demanda por Produtos que Usam Interfaces Cérebro-Computador?

Imagine um computador pessoal com interface cerebral que você controla por meio de comandos mentais e que responde com imagens visuais e sons criados diretamente em seu cérebro. Será que tal produto seria um sucesso comercial? Em primeiro lugar, o melhor indicador do sucesso de um novo produto não é quão bem ele é comercializado, mas sim quão útil ele é. E este computador de interface cerebral pode ser de grande utilidade. Em segundo lugar, supondo que ele funcione, os usuários passarão a considerá-lo uma parte tão integrante de si quanto qualquer membro ou órgão biológico. Essa intensa integração ao eu levará a um intenso amor pelo produto.

Por outro lado, o maior obstáculo para que esse computador de interface cerebral se torne um enorme sucesso é a necessidade de implantar cirurgicamente sensores neurais sob o crânio. Será que isso impediria que produtos como o computador de interface cerebral fossem viáveis, ou apenas serviria para retardar seu inevitável sucesso comercial?

Assim que uma inovação tecnológica é introduzida, os consumidores costumam dizer que não a usarão porque parece estranha, repugnante ou até perigosa. Mas as opiniões mudam uma vez que as pessoas se acostumam. Um dos meus exemplos favoritos é o Walkman da Sony. Alguns consumidores viram protótipos antes do lançamento e disseram que nunca comprariam, porque seria insuportavelmente esquisito andar pelas ruas usando fones de ouvido. Como resultado desses comentários negativos, a Sony atrasou o lançamento do produto por muitos anos. Entretanto, uma vez lançado, um número suficiente de pessoas o experimentaram, e tornou-se normal ver gente usando fones em público. Quanto mais os consumidores viam outras pessoas utilizando o produto, mais o comportamento foi deixando de parecer estranho. O tabu social sobre o uso do eletrônico foi quebrado, e o Walkman tornou-se um dos produtos mais vendidos da história. Atualmente, uma empresa chamada Beats faz muito dinheiro vendendo fones grandes e visualmente distintos, feitos para serem notados.

Claro que implantar sensores no cérebro é mais arriscado do que usar fones de ouvido em público, mas mesmo este notável perigo não será necessariamente um impedimento para as pessoas comprarem um produto se este for atrativo. No início do século XX, quando os carros ainda eram novidades, eles eram muito mais perigosos do que nos dias de hoje. Os primeiros veículos tinham freios ruins, manuseio inadequado, e não vinham com cinto de segurança. Eram pilotados em estradas sem pavimentação, sem limites de velocidade definidos, por pessoas que sequer tinham carteiras de motorista (até 1959, nem todos os estados dos Estados Unidos as exigiam). Apesar das preocupações legítimas com a segurança, os carros se tornaram populares quando as pessoas experimentaram seus benefícios e se acostumaram a vê-los por aí. A resistência inicial geralmente desaparece quando uma massa crítica de consumidores é persuadida a adotar uma nova tecnologia.

Finalmente, a tecnologia de interface cérebro-computador nos traz de volta a uma questão abordada anteriormente neste livro. Quando apresentei pela primeira vez a ideia de que as coisas que amamos se tornam parte de nós, expliquei que o eu tem duas partes: identidade e consciência. Expliquei ainda que — pelo menos por enquanto — quando algo que amamos se torna parte de nós, incluímos esta coisa em nosso senso de identidade, mas não em nossa consciência. A tecnologia de interface cérebro-computador está prestes a mudar isso. Quando avançarmos a ponto de nos tornarmos capazes de armazenar e recuperar filmes de nossas experiências passadas, os dispositivos que possibilitarem isso se tornarão genuinamente parte de nossa consciência. E como a profundidade do nosso amor pelas coisas está ligada a quão fortemente elas se tornam parte de nós, é muito provável que nossa conexão emocional com esses dispositivos seja intensa.

ANTROPOMORFISMO E GERADORES DE CONVERSA

Uma pesquisa conduzida pelo psicólogo Richard Passman[8] mostrou a importância do papel desempenhado pelos cobertores e ursinhos de pelúcia na vida das crianças pequenas. Mas esta pesquisa também descobriu que, quando podem escolher, as crianças preferem a companhia de suas mães. Na competição pelo afeto infantil, a melhor posição possível para o ursinho é a medalha de prata. Seguindo esta linha, estudos[9] que comparam nosso amor pelas pessoas com o que sentimos pelas coisas constatam nossa preferência por pessoas.

Mas isso pode mudar. Na atualidade, o nosso amor por coisas pode se assemelhar ao amor por pessoas desde que o objeto tenha características humanas que estimulem o pensamento antropomórfico. Usando a fraca tecnologia antropomórfica disponível atualmente, pesquisas[10] mostraram que fornecer cães robóticos a idosos em instituições de longa permanência conferia o mesmo nível de benefício terapêutico do que dar a eles cães reais (embora este benefício possa ser de curta duração, já que as pessoas normalmente perdem o interesse em companheiros robóticos ao longo do tempo).[11] Ou considere ainda uma entrevistadora virtual chamada Ellie que está sendo usada para diagnosticar soldados com transtorno de estresse pós-traumático. Ellie faz perguntas às pessoas, observando suas expressões faciais, microexpressões e tons de voz. Estudos[12] que analisaram as habilidades do programa para diagnosticar TEPT descobriram que ele se sai tão bem quanto psicólogos humanos e, em alguns casos, até melhor. Além disso, quando as pessoas conversam com Ellie, tendem a revelar mais sobre si do que quando conversam com um psicólogo.

Quando se trata de criar objetos com os quais as pessoas forjarão relacionamentos emocionalmente recompensadores, o aspecto crucial é o "gerador de conversa", um software que determina as falas desse objeto. O cão robô e o software de psicólogo produziram resultados terapêuticos impressionantes, mesmo com seus geradores de conversas extremamente limitados. Como serão as relações pessoa-objeto quando os objetos não apenas falarem conosco, mas também falarem coisas inteligentes e perspicazes? Esses geradores estão avançando rapidamente nesta direção. A atual Barbie falante, chamada Hello Barbie, é capaz de reconhecer o que uma criança diz e tem uma memória incrível. De acordo com seus desenvolvedores: "Ela sempre saberá que você tem duas mães e que sua avó faleceu… que sua cor favorita é azul e que você quer ser veterinária quando crescer."[13] A Hello Barbie também pode conversar de forma empática. Quando uma criança confidencia que se sente tímida, ela responderá: "Você não deve se sentir mal porque está tímida. Apenas lembre-se de que viramos amigas logo de cara." Este é um grande avanço em relação às Barbies falantes de outrora, que pronunciavam frases aleatórias como a infame "Matemática é difícil" quando uma criança puxava a corda em suas costas.

Assim como as máquinas estão melhorando em termos de conversação, nossos relacionamentos interpessoais também estão mudando, o que facilita sua imitação. Lembre-se da famosa charge de Peter Steiner mostrando um cachorro digitando em um computador e dizendo ao outro cachorro: "Na Internet, ninguém sabe que você é um cachorro." Da mesma forma, é muito mais fácil para um computador se parecer com uma pessoa em uma interação online — e hoje, temos uma série de interações sociais online. A Toyota, por exemplo, está instalando um software chamado *Toyota Friend* em alguns de seus carros. A plataforma permitirá a comunicação entre as pessoas e seus carros através de uma rede social, assim como é feita a comunicação com outras pessoas pelo Facebook. Atualmente, os carros não são tão empáticos quanto a Hello Barbie, e se atêm a tópicos como os pneus que precisam ser calibrados. Mas o presidente e CEO da Toyota, Akio Toyoda, chamou minha atenção quando declarou: "Espero que os carros possam se tornar amigos de seus usuários e que nossos clientes vejam a Toyota como uma parceira. Quero ter com meu carro *o tipo de relacionamento que temos com nossos amigos nas redes sociais*"[14] (grifo nosso). O que torna essa ambição possível é que em redes sociais como o Facebook, onde ninguém tem corpo e toda comunicação é digitada, nos colocamos no "território" do computador.

Já ouvi pessoas descartarem preocupações sobre futuros relacionamentos pessoas-coisas que excluiriam relacionamentos pessoa-pessoa, afirmando que as relações entre humanos sempre serão mais profundas e recompensadoras. Estou de acordo. Mas ainda me preocupo. É aqui que entra em jogo minha perspectiva como professor de marketing. Por exemplo, as pessoas comem muito fast-food. E mesmo quando as programações de TV eram de péssima qualidade, nós assistíamos. Dada a escolha entre algo fácil, porém medíocre, e algo difícil, mas profundamente recompensador, é comum que o caminho de menor resistência vença. Relacionamentos interpessoais significativos nem sempre são fáceis. E mesmo quando estão indo bem, as relações humanas sempre envolvem dar e receber — se você quer que seus amigos ouçam suas histórias chatas, precisará ouvir as deles. Entretanto, as máquinas antropomórficas farão com que tudo seja sobre você o tempo todo. A capacidade egoísta das pessoas dentro de uma relação com as máquinas não apenas torna esses aparelhos antropomórficos, infelizmente, atrativos, como também pode prejudicar nossos laços humanos se começarmos a esperar que as pessoas nos satisfaçam como esses robôs companheiros.

CONECTORES DE PESSOAS E
TELEPATIA CONSENSUAL

Os conectores de pessoas, objetos que se tornam significativos para nós por ocupar um lugar central na dinâmica pessoa-coisa-pessoa, também podem ficar sobrecarregados pela nova tecnologia. Ao contrário da possibilidade de que futuros objetos antropomórficos possam enfraquecer nossas relações humanas, aqui a tecnologia pode fazer o oposto. Além disso, caso funcione, isso estenderá fundamentalmente os limites do que significa amar. O que aconteceria, por exemplo, se a tecnologia de interface cérebro-computador fosse usada não para conectar seu cérebro a, digamos, um braço robótico, mas sim diretamente à mente de outra pessoa? Isso é possível?

Embora possa parecer absurdo, uma versão simples desta tecnologia já existe. Em um experimento conduzido pelo médico Miguel Nicolelis e seus colegas,[15] um rato no Brasil e outros nos Estados Unidos foram colocados cada um em uma gaiola com dois recipientes, um com uma guloseima e outro vazio. Se o rato abrisse primeiro o recipiente que continha a guloseima, ele a recebia. Mas se escolhesse o recipiente errado, ficava sem nada. Cada recipiente tinha uma pequena luz na parte da frente. Para o rato do Brasil, os cientistas acendiam a luz na frente do recipiente onde estava a guloseima. Não demorou para que ele entendesse que sua recompensa estava sempre no recipiente com a luz acesa. O rato dos EUA não teve a mesma sorte. Ambas as luzes estavam sempre acesas, então, para ele, não havia essa informação. No entanto, se a guloseima estivesse, digamos, no recipiente esquerdo no Brasil, também estaria no recipiente esquerdo nos EUA. Se o rato do Brasil pudesse dizer ao rato dos EUA em qual lugar ele deveria checar, seu companheiro também ganharia uma recompensa. Mas os dois estavam em continentes diferentes e sem conexão via Zoom, portanto não havia como se comunicarem... ou será que havia?

É aqui que as coisas ficam surpreendentes. Ambos os ratos tinham implantes neurais em seus cérebros. Esses implantes eram responsáveis por registrar a atividade cerebral do rato do Brasil e transmiti-la ao rato dos EUA, cujos implantes estimularam as partes correspondentes de seu cérebro. No começo, o rato dos EUA acertou apenas 50% das vezes qual era o recipiente correto. Gradualmente, no entanto, ao aprender a interpretar os sinais cerebrais enviados pelo rato do Brasil, ele passou a selecionar o recipiente correto com muito mais frequência. Então, os pesquisadores mudaram um pouco as recompensas, de tal forma que, quando o rato dos EUA escolhesse o recipiente correto, o rato do Brasil ganharia uma recompensa extra. Mesmo que o roedor no Brasil não fizesse ideia da existência do outro roedor nos EUA, ele compreendeu que era recompensado por certos comportamentos. Com a prática, o cérebro do rato passou a compreender quais eram esses comportamentos para poder fazê-los com mais frequência, o que significava enviar sinais mais claros para o roedor dos EUA, que por sua vez também passou a tomar decisões mais acertadas. Essa é uma das razões pelas quais essa tecnologia é viável: com o tempo, os cérebros do remetente e do receptor se adaptarão para aumentar a eficácia do mecanismo de sinalização.

Quanto tempo levará para estabelecer a comunicação entre os cérebros das pessoas? Por meio de sua empresa Neuralink, o empreendedor de tecnologias Elon Musk está tentando financiar o desenvolvimento desta tecnologia. No sistema proposto, poderíamos compartilhar imagens visuais, sons ou sentimentos diretamente com outra pessoa sem descrevê-los em palavras. Como Musk disse ao jornalista Tim Urban em uma entrevista:[16]

Há um monte de conceitos na sua cabeça que seu cérebro precisa tentar formatar nessa taxa incrivelmente baixa de dados chamada fala ou digitação. Isso é a linguagem — seu cérebro executa um algoritmo de compressão nos pensamentos, na transferência de conceitos [...] Se você tem duas interfaces cerebrais, é possível realizar uma comunicação conceitual direta e livre de limitações com outra pessoa.

Na visão de Urban, a Neuralink eclipsa tanto os planos da Tesla de comercializar veículos elétricos em massa quanto as ambições da SpaceX de enviar humanos a Marte. Enquanto a Tesla e a SpaceX "visam redefinir o que os futuros humanos farão — a Neuralink quer redefinir o que os futuros humanos serão". Quanto tempo vai demorar até que essa tecnologia saída diretamente da ficção científica, e que pode mudar a natureza fundamental da existência humana, seja lançada? Musk estima que de 8 a 10 anos.

A série *Made for Love*, da HBO, coloca esta tecnologia sob uma ótica assustadora. Enquanto Elon Musk usa termos como "telepatia consensual", o bilionário da tecnologia na série impõe uma funcionalidade semelhante à sua esposa contra a vontade dela. A intenção é uma união mental completa, sem segredos, sem privacidade e sem escapatória. Isso mostra que, embora a ideia de duas pessoas tornando-se uma só pareça adorável em uma cerimônia de casamento, como tudo que é bom, ela pode ser levada longe demais.

Ainda que uma interface direta entre cérebros fosse revolucionária, não seria completamente estranha à experiência humana. Garth Fletcher[17] e outros psicólogos estudam a leitura da mente em relacionamentos íntimos, que seria a capacidade aumentada das pessoas em relações íntimas de intuir o que seus parceiros estão pensando e sentindo. As ondas cerebrais de amigos próximos e parceiros românticos também tendem a estar em sincronia. Em um estudo, a psicóloga da UCLA Carolyn Parkinson e seus colegas[18] registraram as ondas cerebrais de 42 voluntários enquanto assistiam a uma série de pequenos videoclipes aleatórios do YouTube. Entre os voluntários estavam grupos de amigos próximos, conhecidos e estranhos.

As descobertas mostraram que, se duas pessoas eram amigas, as ondas cerebrais de ambas entravam em sincronia enquanto assistiam aos vídeos, o que raramente acontecia entre estranhos. Os pesquisadores acreditam que quando duas pessoas se encontram e sentem um "tcham", é possível que isso se deva a uma sincronia de pensamento, o que as leva a se tornarem amigas. Pesquisas conduzidas pelo neurocientista Pavel Goldstein e seus colegas[19] descobriram que, quando parceiros românticos sentem empatia um pelo outro, suas ondas cerebrais também se sincronizam. Essa sincronia aumenta com toques físicos. Em sua forma mais benigna, a tecnologia cérebro-cérebro pode ser, na verdade, uma espécie de "toque 2.0" que sincroniza totalmente nossas experiências mentais com as de outra pessoa. Se assim for, este seria o exemplo definitivo de algo que aprofunda a conexão humana.

PENSAMENTOS FINAIS

Erich Fromm[20] escreveu: "O amor é a única resposta sã e satisfatória para a questão da existência humana." Isso certamente é verdadeiro quando consideramos as pessoas que amamos. Mas também se estende a muitas das coisas que amamos, principalmente quando elas nos ajudam a construir nossas identidades e a nos conectar com outras pessoas.

Quando nos cercamos fisicamente de objetos amados e investimos nosso tempo em atividades que amamos, essas coisas se tornam parte do mundo em que vivemos. As coisas que amamos também fazem parte de quem somos, assim como integram o mundo ao nosso redor, tornando difusa a distinção entre eu e mundo. Dessa e de outras maneiras, entender nosso amor pelas coisas pode nos ajudar a ver que a fronteira que nos separa do resto do universo é bem mais difusa e flexível do que pode parecer às vezes.

Como expliquei no capítulo 9, o processo de amar começou nos primeiros animais como amor-próprio. Eventualmente, ele se expandiu para incluir membros da família; depois, cresceu novamente para abranger as amizades, e então mais uma vez para incluir todo tipo de coisas. É uma trajetória inspiradora, na qual o amor parte do eu e se expande para poder abraçar partes cada vez maiores do mundo. A capacidade humana de amar uma variedade tão grande de coisas nos permite trazer o amor para muitas facetas de nossas vidas, e não apenas para nossos relacionamentos sociais. Certamente guardo a esperança de que, ao entendermos um pouco melhor a nós mesmos e as coisas que amamos, possamos construir vidas mais agradáveis e também mais conectadas às pessoas e ao mundo ao nosso redor.

Bibliografia Selecionada

Ahuvia, Aaron C. "Beyond the Extended Self: Loved Objects and Consumers' Identity Narratives". *Journal of Consumer Research* 32, nº 1 (Junho de 2005): 171–84. https://doi.org/10.1086/429607.

_____. "For the Love of Money: Materialism and Product Love". *In*: *Meaning, Measure, and Morality of Materialism*, editado por Floyd W. Rudmin e Marsha Lee Richins. Provo, UT: Association for Consumer Research, 1992.

_____. "I Love It! Towards a Unifying Theory of Love Across Diverse Love Objects". (Abridged PhD diss., Northwestern University, 1993). https://deepblue.lib.umich.edu/handle/2027.42/35351.

_____. "Nothing Matters More to People Than People: Brand Meaning e Social Relationships". *Review of Marketing Research* 12 (Maio de 2015): 121–49. https://doi.org/10.1108/S1548-643520150000012005. Artigo principal, edição especial sobre o significado das marcas.

Ahuvia, Aaron C. *et al.* "Pride of Ownership: An Identity-Based Model". *Journal of the Association for Consumer Research* 3, nº 2 (Abril de 2018): 1–13. https://doi.org/10.1086/697076.

Ahuvia, Aaron C.; Rajeev Batra; Richard P. Bagozzi. "Love, Desire and Identity: A Conditional Integration Theory of the Love of Things". *In*: *The Handbook of Brand Relationships,* editado por Deborah J. MacInnis, C. Whan Park, e Joseph R. Priester. Nova York: M. E. Sharpe, 2009.

Ahuvia, Aaron C.; Philipp Rauschnabel; Aric Rindfleisch. "Is Brand Love Materialistic?". *Journal of Product & Brand Management* 30, nº 3 (Dezembro de 2020): 467–80. https://doi.org/10.1108/JPBM-09-2019-2566.

Bagozzi, Richard P.; Batra, Rajeev; Ahuvia, Aaron C. "Brand Love: Development and Validation of a Practical Scale". *Marketing Letters* 28 (Setembro de 2016): 1–14. https://doi.org/10.1007/s11002-016-9406-1. Artigo principal.

Batra, Rajeev; Aaron C. Ahuvia; Richard P. Bagozzi. "Brand Love". *Journal of Marketing* 76, nº 2 (Março de 2012): 1–16. https://doi.org/10.1509/jm.09.0339. Artigo principal e vice-campeão do Prêmio Harold H. Maynard pelo melhor artigo do *Journal of Marketing* sobre teoria de marketing. Todos os autores contribuíram igualmente para este trabalho.

Carroll, Barbara A.; Ahuvia, Aaron C. "Some Antecedents and Outcomes of Brand Love". *Marketing Letters* 17, nº 2 (Abril de 2006): 79–89. https://doi.org/10.1007/s11002-006-4219-2.

Rauschnabel, Philipp *et al.* "The Personality of Brand Lovers: An Examination in Fashion Branding". Em *Consumer Brand Relationships: Meaning, Measuring, Managing*, editado por Marc Fetscherin e Tobias Heilmann. Londres: Palgrave Macmillan, 2015.

Rauschnabel, Philipp A.; Ahuvia, Aaron C. "You're So Lovable: Anthropomorphism and Brand Love". *Journal of Brand Management* 21, nº 5 (Agosto de 2014): 372–95. https://doi.org/10.1057/bm.2014.14.

Wong, Nancy; Ahuvia, Aaron C. "Personal Taste and Family Face: Luxury Consumption in Confucian and Western Societies". *Psychology & Marketing* 15, nº 5 (1998): 423–41. https://doi.org/10.1002/(SICI)-1520-6793(199808)15:5<423::AID-MAR2>3.0.CO;2-9.

CAPÍTULO 1: Uma Coisa de Grande Esplendor

1. A. Guttmann, "Media Spending Worldwide 2014–2022", Statista, 9 de Agosto de 2019, https://www.statista.com/statistics/273288/advertising-spending-worldwide/.
2. Daniel M. Haybron, "Central Park: Nature, Context e Human Wellbeing", *International Journal of Wellbeing* 1, nº 2 (2011): 235–54, https://doi.org/10.5502/ijw.v1i2.6.
3. Rajeev Batra, Aaron Ahuvia e Richard P. Bagozzi, "Brand Love", *Journal of Marketing* 76, nº 2 (2012): 1–16, https://doi.org/10.1509/jm.09.0339. Richard P. Bagozzi, Rajeev Batra e Aaron Ahuvia, "Brand Love: Development and Validation of a Practical Scale", *Marketing Letters* 28 (2016): 1–14, https://doi.org/10.1007/s11002-016-9406-1.
4. Terence A. Shimp e Thomas J. Madden, "Consumer-Object Relations: A Conceptual Framework Based Analogously on Sternberg's Triangular Theory of Love", *Advances in Consumer Research* 15 (1988): 163–68.
5. Aaron Ahuvia, "I Love It! Towards a Unifying Theory of Love Across Diverse Love Objects", abreviado (PHD, Northwestern University, 1993), https://deepblue.lib.umich.edu/handle/2027.42/35351.
6. Bernard I. Murstein, "A Taxonomy of Love", em *The Psychology of Love*, ed. Robert Sternberg e Michael L. Barnes (New Haven, CT: Yale University Press, 1988), 13–37.
7. Sandra L. Murray, John G. Holmes e Dale W. Griffin, "The Benefits of Positive Illusions: Idealization and the Construction of Satisfaction in Close Relationships", *Journal of Personality and Social Psychology* 70, nº 1 (1996): 79–98, https://doi.org/10.1037//0022-3514.70.1.79.
8. Christoph Patrick Werner et al., "Price Information Influences the Subjective Experience of Wine: A Framed Field Experiment", *Food Quality and Preference* 92 (2021): 104223, https://doi.org/10.1016/j.foodqual.2021.104223.
9. Joseph W. Alba e Elanor F. Williams, "Pleasure Principles: A Review of Research on Hedonic Consumption", *Journal of Consumer Psychology* 23, nº 1 (2013): 2–18, https://doi.org/10.1016/j.jcps.2012.07.003.
10. A partir de dados coletados por Batra, Ahuvia e Bagozzi, "Brand Love."
11. Zick Rubin, "Measurement of Romantic Love", *Journal of Personality and Social Psychology* 16, nº 2 (1970): 256–73, https://doi.org/10.1037/h0029841.
12. Ahuvia, "I Love It!".
13. Ahuvia, no prelo.

14. A partir de dados coletados para Batra, Ahuvia, and Bagozzi, "Brand Love."

15. Aaron C. Ahuvia, Rajeev Batra e Richard P. Bagozzi, "Love, Desire and Identity: A Conditional Integration Theory of the Love of Things", em *The Handbook of Brand Relationships*, ed. Deborah J. MacInnis, C. Whan Park e Joseph R. Priester (Nova York: M. E. Sharpe, 2009).

16. Ahuvia, Batra e Bagozzi, "Love, Desire and Identity".

17. "'Nones' on the Rise", Pew Research Center, 9 de Outubro de 2012, https://www.pewforum.org/2012/10/09/nones-on-the-rise/.

18. "'Nones' on the Rise".

19. Russell Belk e Gülnur Tumbat, "The Cult of Macintosh", *Consumption Markets and Culture* 8, nº 3 (2005): 205–17, https://doi.org/10.1080/10253860500160403.

20. Jonah Weiner, "Jerry Seinfeld Intends to Die Standing Up", *New York Times*, 20 de Dezembro de 2012.

21. Ron Shachar et al., "Brands: The Opiate of the Nonreligious Masses?", *Marketing Science* 30, nº 1 (2011): 92–110, https://doi.org/10.1287/mksc.1100.0591.

22. Batra, Ahuvia e Bagozzi, "Brand Love"; Bagozzi, Batra e Ahuvia, "Brand Love".

23. Wendy Maxian et al., "Brand Love Is in the Heart: Physiological Responding to Advertised Brands", *Psychology & Marketing* 30, nº 6 (2013): 469–78, https://doi.org/10.1002/mar.20620.

24. Ahuvia, "I Love It!".

25. Ibid.

26. Ibid.

27. Vanitha Swaminathan, Karen M. Stilley e Rohini Ahluwalia, "When Brand Personality Matters: The Moderating Role of Attachment Styles", *Journal of Consumer Research* 35, nº 6 (2009): 985– 1002, https://doi.org/10.1086/593948.

28. Matthew Thomson, Jodie Whelan e Allison R. Johnson, "Why Brands Should Fear Fearful Consumers: How Attachment Style Predicts Retaliation", *Journal of Consumer Psychology* 22, nº 2 (2012): 289–98, https://doi.org/10.1016/j.jcps.2011.04.006.

29. John L. Lastovicka e Nancy J. Sirianni, "Truly, Madly, Deeply: Consumers in the Throes of Material Possession Love", *Journal of Consumer Research* 38, nº 2 (2011): 323–42, https://doi.org/10.1086/658338.

30. Ahuvia, "I Love It!".

31. Ibid.

32. Carolyn Yoon et al., "A Functional Magnetic Resonance Imaging Study of Neural Dissociations Between Brand and Person Judgments", *Journal of Consumer Research* 33, nº 1 (2006): 31–40, https://doi.org/10.1086/504132.

33. Iskra Herak, Nicolas Kervyn e Matthew Thomson, "Pairing People with Products: Anthropomorphizing the Object, Dehumanizing the Person", *Journal of Consumer Psychology* 30, nº 1 (2020), 125–39, https://doi.org/10.1002/jcpy.1128.

34. Martha Nussbaum, "Objectification", *Philosophy & Public Affairs* 24, nº 4 (1995): 251–54.

35. Aaron C. Ahuvia, "Beyond the Extended Self: Loved Objects and Consumers' Identity Narratives", *Journal of Consumer Research* 32, nº 1 (2005): 171–84, https://doi.org/10.1086/429607.

36. Lasana T. Harris e Susan T. Fiske, "Dehumanized Perception: The Social Neuroscience of Thinking (or Not Thinking) About Disgusting People", em *European Review of Social Psychology* vol. 20, ed. Wolfgang Stroebe e Miles Hewstone (Londres: Psychology Press, 2010), 192–231.

37. Andreas Fürst et al., "The Neuropeptide Oxytocin Modulates Consumer Brand Relationships", *Scientific Reports* 5 (2015): 14960, https://doi.org/10.1038/srep14960.

38. Martin Reimann et al., "How We Relate to Brands: Psychological and Neurophysiological Insights into Consumer-Brand Relationships", *Journal of Consumer Psychology* 22, nº 1 (2012): 128–42, https://doi.org/10.1016/j.jcps.2011.11.003.

39. Martin Reimann, Sandra Nuñez e Raquel Castaño, "Brand-Aid," *Journal of Consumer Research* 44, nº 3 (2017): 673–91, https://doi.org/10.1093/jcr/ucx058.

CAPÍTULO 2: Pessoas Honorárias

1. Ver Holger Luczak et al., "PALAVER: Talking to Technical Devices", em *Proceedings of the International Conference on Affective Human Factors Design*, ed. Martin G. Helander, Halimahtun M. Khalid e Ming Po Tham (Londres: ASEAN Academic Press, 2001), 349–55.

2. "Progressive.com Surveys Americans to Determine How Much We Love Our Cars", Auto Channel, 7 de Fevereiro de 2001, https://www.theautochannel.com/news/2001/02/07/014192.html.

3. Christoph Bartneck et al., "The Influence of Robot Anthropomorphism on the Feelings of Embarrassment When Interacting with Robots", *Paladyn: Journal of Behavioral Robotics* 1, nº 2 (2010): 109–15, https://doi.org/10.2478/s13230-010-0011-3.

4. Sara Kim e Ann L. McGill, "Gaming with Mr. Slot or Gaming the Slot Machine? Power, Anthropomorphism, and Risk Perception", *Journal of Consumer Research* 38, nº 1 (2011): 94–107, https://doi.org/10.1086/658148.

5. Esta é a primeira de várias imagens que retratam materiais usados em estudos psicológicos. Muitas das imagens originais não seriam reproduzidas de forma clara nesta obra, então decidi redesenhá-las. As originais são facilmente encontradas nos artigos publicados e citados nestas notas finais.

6. Valeria Gazzola et al., "The Anthropomorphic Brain: The Mirror Neuron System Responds to Human and Robotic Actions", *NeuroImage* 35, nº 4 (2007): 1674–84, https://doi.org/10.1016/j.neuroimage.2007.02.003.

7. Lasana T. Harris e Susan T. Fiske, "The Brooms in *Fantasia*: Neural Correlates of Anthropomorphizing Objects", *Social Cognition* 26, nº 2 (2008): 210–23, https://doi.org/10.1521/soco.2008.26.2.210.

8. Sonja Windhager et al., "Face to Face: The Perception of Automotive Designs", *Human Nature* 19, nº 4 (2008): 331–46, https://doi.org/10.1007/s12110-008-9047-z.

9. Jan R. Landwehr, Ann L. McGill e Andreas Herrmann, "It's Got the Look: The Effect of Friendly and Aggressive 'Facial' Expressions on Product Liking and Sales", *Journal of Marketing* 75, nº 3 (2011): 132–46, https://doi.org/10.1509/jmkg.75.3.132.

10. Maferima Touré-Tillery e Ann L. McGill, "Who or What to Believe: Trust and the Differential Persuasiveness of Human and Anthropomorphized Messengers", *Journal of Marketing* 79, nº 4 (2015): 94–110, https://doi.org/10.1509/jm.12.0166.

11. Holger Luczak, Matthias Roetting e Ludger Schmidt, "Let's Talk: Anthropomorphization as Means to Cope with Stress of Interacting with Technical Devices", *Ergonomics* 46, nº 13–14 (2003): 1361–74, https://doi.org/10.1080/00140130310001610883.

12. Andrew Ortony, Gerald L. Clore e Allan Collins, *The Cognitive Structure of Emotions* (Cambridge, UK: Cambridge University Press, 1988).

13. Hilary Downey e Sarah Ellis, "Tails of Animal Attraction: Incorporating the Feline into the Family", *Journal of Business Research* 61, nº 5 (2008): 434–41, https://doi.org/10.1016/j.jbusres.2007.07.015; S. Shyam Sundar, "Loyalty to Computer Terminals: Is It Anthropomorphism or Consistency?", *Behaviour & Information Technology* 23, nº 2 (2004): 107–18, https://doi.org/10.1080/014492903100016 59222.

14. Phillip M. Hart, Sean R. Jones e Marla B. Royne, "The Human Lens: How Anthropomorphic Reasoning Varies by Product Complexity and Enhances Personal Value", *Journal of Marketing Management* 29, nº 1–2 (2013): 105–21, https://doi.org/10.1080/0267257X.2012.759993.

15. Jesse Chandler e Norbert Schwarz, "Use Does Not Wear Ragged the Fabric of Friendship: Thinking of Objects as Alive Makes People Less Willing to Replace Them", *Journal of Consumer Psychology* 20, nº 2 (2010): 138–45, https://doi.org/10.1016/j.jcps.2009.12.008.

16. Philipp A. Rauschnabel e Aaron C. Ahuvia, "You're So Lovable: Anthropomorphism and Brand Love", *Journal of Brand Management* 21, nº 5 (Agosto de 2014): 372–95, https://doi.org/10.1057/bm.2014.14.

17. Rauschnabel e Ahuvia, "You're So Lovable"; Deborah J. MacInnis and Valerie S. Folkes, "Humanizing Brands: When Brands Seem to Be Like Me, Part of Me, and in a Relationship with Me", *Journal of Consumer Psychology* 27, no 3 (2017): 355–74, https://doi.org/10.1016/j.jcps.2016.12.003.

18. Adam Waytz, Joy Heafner e Nicholas Epley, "The Mind in the Machine: Anthropomorphism Increases Trust in an Autonomous Vehicle", *Journal of Experimental Social Psychology* 52 (2014): 113–17, https://doi.org/10.1016/j.jesp.2014.01.005.

19. Sara Kim, Rocky Peng Chen e Ke Zhang, "Anthropomorphized Helpers Undermine Autonomy and Enjoyment in Computer Games", *Journal of Consumer Research* 43, nº 2 (2016): 282–302, https://doi.org/10.1093/jcr/ucw016.

20. Jing Wan e Pankaj Aggarwal, "Befriending Mr. Clean: The Role of Anthropomorphism in Consumer-Brand Relationships", em *Strong Brands, Strong Relationships*, ed. Susan Fournier, Michael J. Breazeale e Jill Avery (Abingdon, UK: Routledge, 2015), 119–34.

21. Pankaj Aggarwal e Ann L. McGill, "Is That Car Smiling at Me? Schema Congruity as a Basis for Evaluating Anthropomorphized Products", *Journal of Consumer Research* 34, nº 4 (2007): 468–79, https://doi.org/10.1086/518544.

22. Simon Hudson et al., "The Influence of Social Media Interactions on Consumer-Brand Relationships: A Three-Country Study of Brand Perceptions and Marketing Behaviors", *International Journal of Research in Marketing* 33, nº 1 (2016): 27–41, https://doi.org/10.1016/j.ijresmar.2015.06.004.

23. Hyokjin Kwak, Marina Puzakova e Joseph Rocereto, "Better Not Smile at the Price: The Differential Role of Brand Anthropomorphization on Perceived Price Fairness", *Journal of Marketing* 79, nº 4 (2015): 56–76, https://doi.org/10.1509/jm.13.0410.

24. Marina Puzakova, Hyokjin Kwak e Joseph Rocereto, "When Humanizing Brands Goes Wrong: The Detrimental Role of Brand Anthropomorphization Amidst Product Wrongdoings", *Journal of Marketing* 77, nº 3 (2013): 81–100.

25. Luczak, Roetting e Schmidt, "Let's Talk."

26. Kate Letheren et al., "Individual Difference Factors Related to Anthropomorphic Tendency", *European Journal of Marketing* 50, nº 5–6 (2016): 973–1002, https://doi.org/10.1108/EJM-05-2014-0291.

27. Shankar Vedantam, "The Lonely American Man," 14 de Outubro de 2019, *Hidden Brain*, produzido por Tara Boyle, podcast, 16:34, https://pca.st/episode/001413bf-71ad-42ca-a445-67129e144ffc?t=994.0.

28. Nicholas Epley et al., "When We Need a Human: Motivational Determinants of Anthropomorphism", *Social Cognition* 26, nº 2 (2008): 143–55, https://doi.org/10.1521/soco.2008.26.2.143.

29. Friederike Eyssel e Natalia Reich, "Loneliness Makes the Heart Grow Fonder (of Robots): On the Effects of Loneliness on Psychological Anthropomorphism", *2013 8th ACM/IEEE International Conference on Human-Robot Interaction (HRI)* (2013): 121–22, https://doi.org/10.1109/HRI.2013.6483531.

30. Adam Waytz et al., "Making Sense by Making Sentient: Effectance Motivation Increases Anthropomorphism", *Journal of Personality and Social Psychology* 99, nº 3 (2010): 410–35, https://doi.org/10.1037/a0020240.

31. Luczak, Roetting e Schmidt, "Let's Talk".

32. Mary M. Herrald, Joe Tomaka e Amanda Y. Medina, "Pet Ownership Predicts Adherence to Cardiovascular Rehabilitation", *Journal of Applied Social Psychology* 32, nº 6 (2002): 1107–23, https://doi.org/10.1111/j.1559-1816.2002.tb01428.x.

33. Tori Rodriguez, "Pets Help Us Achieve Goals and Reduce Stress", *Scientific American,* 1 de Novembro de 2012.

34. Letheren et al., "Individual Difference Factors Related to Anthropomorphic Tendency".

35. Paul M. Connell, "The Role of Baseline Physical Similarity to Humans in Consumer Responses to Anthropomorphic Animal Images", *Psychology & Marketing* 30, nº 6 (2013): 461–68, https://doi.org/10.1002/mar.20619.

36. Aaron Ahuvia, "Commentary on Exploring the Dark Side of Pet Ownership: Statusand Control-Based Pet Consumption: A Reinterpretation of the Data", *Journal of Business Research* 61, nº 5 (2008): 497–99, https://doi.org/10.1016/j.jbusres.2007.01.028.

37. Michael B. Beverland, Francis Farrelly e Elison Ai Ching Lim, "Exploring the Dark Side of Pet Ownership: Statusand ControlBased Pet Consumption", *Journal of Business Research* 61, nº 5 (2008): 490–96, https://doi.org/10.1016/j.jbusres.2006.08.009.

38. Relatado em Daisy Yuhas, "Pets: Why Do We Have Them?", *Scientific American Mind* 26, nº 3 (2015): 28–33, https://doi.org/10.1038/scientificamericanmind0515-28.

39. Stephen Kellett et al., "Compulsive Hoarding: An Interpretative Phenomenological Analysis", *Behavioural and Cognitive Psychotherapy* 38, nº 2 (2010): 141–55, https://doi.org/10.1017/S1352465809990622.

40. Kiara R. Timpano e Ashley M. Shaw, "Conferring Humanness: The Role of Anthropomorphism in Hoarding", *Personality and Individual Differences* 54, nº 3 (2014): 383–88, https://doi.org/10.1016/j.paid.2012.10.007.

41. Melissa M. Norberg et al., "Anxious Attachment and Excessive Acquisition: The Mediating Roles of Anthropomorphism and Distress Intolerance", *Journal of Behavioral Addictions* 7, nº 1 (2018): 171–80, https://doi.org/10.1556/2006.7.2018.08.

42. James Vlahos, "Barbie Wants to Get to Know Your Child", *New York Times Magazine*, 16 de Setembro de 2015.

43. Ver Adam Waytz, John Cacioppo e Nicholas Epley, "Who Sees Human? The Stability and Importance of Individual Differences in Anthropomorphism", *Perspectives on Psychological Science* 5, nº 3 (2010): 219–32, https://doi.org/10.1177/1745691610369336; ver também Adam Waytz, Nicholas Epley e John Cacioppo, "Social Cognition Unbound: Insights into Anthropomorphism and Dehumanization", *Current Directions in Psychological Science* 19, nº 1 (2010): 58–62, https://doi.org/10.1177/0963721409359302.

44. Mark Levine, "Share My Ride", *New York Times Magazine*, 5 de Março de 2009.

45. Hee-Kyung Ahn, Hae Joo Kim e Pankaj Aggarwal, "Helping Fellow Beings: Anthropomorphized Social Causes and the Role of Anticipatory Guilt", *Psychological Science* 25, nº 1 (2014): 224–29, https://doi.org/10.1177/0956797613496823.

46. Kellett et al., "Compulsive Hoarding".

47. Chandler e Schwarz, "Use Does Not Wear Ragged the Fabric of Friendship".

CAPÍTULO 3: O Que Significa Ter Um Relacionamento Com Uma Coisa?

1. Helen Fisher, Arthur Aron e Lucy L. Brown, "Romantic Love: An fMRI Study of a Neural Mechanism for Mate Choice", *Journal of Comparative Neurology* 493, nº 1 (2005): 58–62, https://doi.org/10.1002/cne.20772.

2. Sarah Broadbent, "Brand Love in Sport: Antecedents and Consequences" (PhD diss., School of Management e Marketing, Deakin University, 2012), https://dro.deakin.edu.au/view/DU:30062512.

3. Elaine Hatfield e Richard Rapson, "Love and Attachment Processes", em *Handbook of Emotions*, ed. Michael Lewis e Jeannette M. Haviland (Nova York: Guilford Publications, 1993); Marsha L. Richins, "Measuring Emotions in the Consumption Experience", *Journal of Consumer Research* 24, nº 2 (1997): 127–46; Lisa A. Cavanaugh, James R. Bettman e Mary Frances Luce, "Feeling Love and Doing More for Distant Others: Specific Positive Emotions Differentially Affect Prosocial Consumption", *Journal of Marketing Research* 52, nº 5 (2015): 657–73, https://doi.org/10.1509/jmr.10.0219; Fleur J. M. Laros e Jan-Benedict E. M. Steenkamp, "Emotions in Consumer Behavior: A Hierarchical Approach", *Journal of Business Research* 58, nº 10 (2005): 1437–45, https://doi.org/10.1016/j.jbusres.2003.09.013; Phillip R. Shaver, Shelley Wu e Judith C. Schwartz, "Cross-Cultural Similarities and Differences in Emotion and Its Representation: A Prototype Approach", em *Emotion: Review of Personality and Social Psychology 13*, ed. Margaret S. Clark (Newbury Park, CA: Sage Publications, 1992).

4. Makenzie J. O'Neil et al., "Prototype Facial Response to Cute Stimuli: Expression and Recognition" (manuscrito no prelo, 2019).

5. Para mais informações sobre as relações entre consumidor e marca, veja: Susan Fournier, "Consumers and Their Brands: Developing Relationship Theory in Consumer Research", *Journal of Consumer Research* 24, nº 4 (Março de 1998): 343–73; Susan Fournier, "Lessons Learned About Consumers' Relationships with Their Brands", em *The Handbook of Brand Relationships*, ed. Deborah J. MacInnis, C. Whan Park e

Joseph R. Priester (Nova York: M. E. Sharpe, 2009); Jennifer Aaker, Susan Fournier, e S. Adam Brasel, "When Good Brands Do Bad", *Journal of Consumer Research* 31, nº 1 (Junho de 2004): 1–16; Susan Fournier e Julie L. Yao, "Reviving Brand Loyalty: A Reconceptualization Within the Framework of Consumer-Brand Relationships", *International Journal of Research in Marketing* 14, nº 5 (Dezembro de 1997): 451–72.

6. Matthew Thomson e Allison R. Johnson, "Marketplace and Personal Space: Investigating the Differential Effects of Attachment Style Across Relationship Contexts", *Psychology & Marketing* 23, nº 8 (2006): 711–26, https://doi.org/10.1002/mar.20125.

7. Julie Fitness e Garth J. O. Fletcher, "Love, Hate, Anger, and Jealousy in Close Relationships: A Prototype and Cognitive Appraisal Analysis", *Journal of Personality and Social Psychology* 65, nº 5 (1993): 942–58, https://doi.org/10.1037/0022-3514.65.5.942.

8. Robert J. Sternberg, "Explorations of Love", em *Advances in Personal Relationships* vol.1, ed. Warren H. Jones e Daniel Perlman (Greenwich, CT: JAI Press, 1987).

9. Youngme Moon, "Intimate Exchanges: Using Computers to Elicit Self-Disclosure from Consumers", *Journal of Consumer Research* 26, nº 4 (2000): 323–39, https://doi.org/10.1086/209566.

10. John M. Gottman, *Marital Interaction: Experimental Investigations* (New York: Academic Press, 1979).

11. Carol Werner e Bibb Latane, "Interaction Motivates Attraction: Rats Are Fond of Fondling". *Journal of Personality and Social Psychology* 29, nº 3: 328–34, https://doi.org/10.1037/h0035976.

12. Aaron C. Ahuvia, Rajeev Batra e Richard P. Bagozzi, "Love, Desire and Identity: A Conditional Integration Theory of the Love of Things", em *The Handbook of Brand Relationships*, ed. Deborah J. MacInnis, C. Whan Park e Joseph R. Priester (Nova York: M. E. Sharpe, 2009).

13. Alokparna Basu Monga, "Brand as a Relationship Partner: Gender Differences in Perspectives", *Advances in Consumer Research* 29, nº 1 (2002): 36–41.

14. Jodie Whelan et al., "Relational Domain Switching: Interpersonal Insecurity Predicts the Strength and Number of Marketplace Relationships", *Psychology & Marketing* 33, nº 6 (2016): 465–79, https://doi.org/10.1002/mar.20891.

15. Aaron Ahuvia, "I Love It! Towards a Unifying Theory of Love Across Diverse Love Objects", abreviado (PhD diss., Northwestern University, 1993), https://deepblue.lib.umich.edu/handle/2027.42/35351.

16. Mark S. Rosenbaum et al., "A Cup of Coffee with a Dash of Love: An Investigation of Commercial Social Support and Third-Place Attachment", *Journal of Service Research* 10, nº 1 (2007): 43–58, https://doi.org/10.1177/1094670507303011.

17. Morgan K. Ward e Darren W. Dahl, "Should the Devil Sell Prada? Retail Rejection Increases Aspiring Consumers' Desire for the Brand", *Journal of Consumer Research* 41, nº 3 (2014): 590–609, https://doi.org/10.1086/676980.

18. Julia D. Hur, Minjung Koo e Wilhelm Hofmann, "When Temptations Come Alive: How Anthropomorphism Undermines Self-Control", *Journal of Consumer Research* 42, nº 2 (2015): 340–58, https://doi.org/10.1093/jcr/ucv017.

19. Ellen Berscheid, Mark Snyder e Allen M. Omoto, "The Relationship Closeness Inventory: Assessing the Closeness of Interpersonal Relationships", *Journal of Personality and Social Psychology* 57, nº 5 (1989): 792–807, https://doi.org/10.1037/0022-3514.57.5.792.

20. Elaine Hatfield e Richard L. Rapson, *Love, Sex, and Intimacy: Their Psychology, Biology, and History* (Nova York: HarperCollins, 1993), 9.
21. Ahuvia, "I Love It!".
22. Aruna Ranganathan, "The Artisan and His Audience: Identification with Work and Price Setting in a Handicraft Cluster in Southern India", *Administrative Science Quarterly* 63, nº 3 (2018): 637–67, https://doi.org/10.1177/0001839217725782.
23. Irene Consiglio et al., "Brand (In)fidelity: When Flirting with the Competition Strengthens Brand Relationships" (apresentação, Brands and Brand Relationships conference, Boston, 20 de Maio de 2014).
24. Oscar Ybarra, David Seungjae Lee e Richard Gonzalez, "Supportive Social Relationships Attenuate the Appeal of Choice", *Psychological Science* 23, nº 10 (2012): 1186–92, https://doi.org/10.1177/0956797612440458.
25. Kristina M. Durante e Ashley Rae Arsena, "Playing the Field: The Effect of Fertility on Women's Desire for Variety", *Journal of Consumer Research* 41, nº 6 (2015): 1372–91, https://doi.org/10.1086/679652.
26. Aaker, Fournier e Brasel, "When Good Brands Do Bad".
27. Claudio Alvarez e Susan Fournier, "Brand Flings: When Great Brand Relationships Are Not Made to Last", em *Consumer-Brand Relationships: Theory and Practice*, ed. Susan Fournier, Michael Breazeale e Marc Fetscherin (Abingdon, UK: Routledge, 2013). Veja também Jill Avery, Susan Fournier e John Wittenbraker, "Unlock the Mysteries of Your Customer Relationships", *Harvard Business Review*, Julho–Agosto 2014.
28. Aaker, Fournier e Brasel, "When Good Brands Do Bad".
29. Vanitha Swaminathan, Karen M. Stilley e Rohini Ahluwalia, "When Brand Personality Matters: The Moderating Role of Attachment Styles". *Journal of Consumer Research* 35, nº 6 (2009): 985–1002, https://doi.org/10.1086/593948.
30. Daniel Kahneman, *Thinking, Fast and Slow* (Nova York: Farrar, Straus e Giroux, 2011). Publicado no Brasil com o título *Rápido e Devagar: Duas Formas de Pensar*.

CAPÍTULO 4: Conectores de Pessoas

1. Linda Wertheimer, "The Soul of the World's Most Expensive Violin", *Morning Edition*, transmissão de rádio, 7 de Março de 2014, https://www.npr.org/sections/deceptivecadence/2014/03/07/286262067/the-soul-of-the-worlds-most-expensive-violin.
2. Russell W. Belk, "Possessions and the Extended Self", *Journal of Consumer Research* 15, nº 2 (1988): 139–68, https://doi.org/10.1086/209154.
3. Ouvi esta história na National Public Radio, no programa *All Things Considered*. Lamentavelmente, isso foi ao ar há mais de 20 anos e, apesar da pesquisa, fui incapaz de encontrar a história original. Por essa razão, não conseguirei dar os devidos créditos à repórter.
4. Aaron Chaim Ahuvia, "Nothing Matters More to People Than People: Brand Meaning and Social Relationships", *Review of Marketing Research* 12 (Maio de 2015): 121–49, https://doi.org/10.1108/S1548-643520150000012005; Aaron Ahuvia, "Beyond 'Beyond the Extended Self' : Russ Belk on Identity", em *Legends in Consumer Behavior: Russell W. Belk*, ed. Jagdish N. Sheth, vol. 4, *Consumer Sense of Self and Identity*, ed. John W. Schouten (Thousand Oaks, CA: Sage Publishing, 2014).

5. Alguns desses estudos incluem Mihaly Csikszentmihalyi e Eugene Rochberg-Halton, *The Meaning of Things: Domestic Symbols and the Self* (Cambridge, MA: Cambridge University Press, 1981); Elizabeth C. Hirschman e Priscilla A. LaBarbera, "Dimensions of Possession Importance", *Psychology & Marketing* 7, nº 3 (1990): 215–33, https://doi.org/10.1002/mar.4220070306; Raj Mehta e Russell W. Belk, "Artifacts, Identity, and Transition: Favorite Possessions of Indians and Indian Immigrants to the United States", *Journal of Consumer Research* 17, nº 4 (1991): 398–411, https://doi.org/10.1086/208566; Susan E. Schultz, Robert E. Kleine e Jerome B. Kernan, "These Are a Few of My Favorite Things: Toward an Explication of Attachment as a Consumer Behavior Construct", em *Advances in Consumer Research* 16, nº 1 (1989): 359–66; e Melanie Wallendorf e Eric Arnould, "'My Favorite Things': A Cross-Cultural Inquiry into Object Attachment, Possessiveness, and Social Linkage", *Journal of Consumer Research* 14, nº 4 (1988): 531–47, https://doi.org/10.1086/209134.

6. Csikszentmihalyi e Rochberg-Halton, *The Meaning of Things*.

7. Aaron Ahuvia, "I Love It! Towards a Unifying Theory of Love Across Diverse Love Objects", abreviado (PhD diss., Northwestern University, 1993), https://deepblue.lib.umich.edu/handle/2027.42/35351.

8. Ahuvia, "I Love It!".

9. Vanitha Swaminathan, Karen M. Stilley e Rohini Ahluwalia, "When Brand Personality Matters: The Moderating Role of Attachment Styles", *Journal of Consumer Research* 35, nº 6 (2009): 985– 1002, https://doi.org/10.1086/593948.

10. Aaron C. Ahuvia et al., "Pride of Ownership: An Identity-Based Model", *Journal of the Association for Consumer Research* 3, nº 2 (Abril de 2018): 1–13, https://doi.org/10.1086/697076.

11. Mansur Khamitov, Miranda Goode e Matthew Thomson, "Investigating Brand Cheating in Consumer-Brand Relationships: Triadic and Dyadic Approaches", *Advances in Consumer Research* 42 (2014): 541; Miranda Goode, Mansur Khamitov e Matthew Thomson, "Dyads, Triads and Consumer Treachery: When Interpersonal Connections Guard Against Brand Cheating", em *Strong Brands, Strong Relationships*, ed. Susan Fournier, Michael J. Breazeale e Jill Avery (Abingdon, UK: Routledge, 2015), 216–32.

12. Goode, Khamitov e Thomson, "Dyads, Triads and Consumer Treachery"; Khamitov, Goode e Thomson, "Investigating Brand Cheating in Consumer-Brand Relationships".

13. Rik Pieters, "Bidirectional Dynamics of Materialism and Loneliness: Not Just a Vicious Cycle", *Journal of Consumer Research* 40, nº 4 (2013): 615–31, https://doi.org/10.1086/671564.

14. Xijing Wang e Eva G. Krumhuber, "The Love of Money Results in Objectification", *British Journal of Social Psychology* 56, nº 2 (Setembro de 2016): 354–72, https://doi.org/10.1111/bjso.12158.

15. Monica Perez entrevistada por Sam Sanders, "West Coast on Fire, Plus Comedian Sam Jay", 11 de Setembro de 2020, *It's Been a Minute with Sam Sanders,* podcast, https://www.npr.org/2020/09/11/911947429/west-coast-on-fire-plus-comedian-sam-jay.

16. Aaron C. Ahuvia, "Beyond the Extended Self: Loved Objects and Consumers' Identity Narratives", *Journal of Consumer Research* 32, nº 1 (2005): 171–84, https://doi.org/10.1086/429607.

17. Marsha L. Richins, "Measuring Emotions in the Consumption Experience", *Journal of Consumer Research* 24, n° 2 (1997): 127–46, https://doi.org/10.1086/209499.

18. Cindy Chan, Jonah Berger e Leaf Van Boven, "Identifiable but Not Identical: Combining Social Identity and Uniqueness Motives in Choice", *Journal of Consumer Research* 39, n° 3 (2012): 561–73, https://doi.org/10.1086/664804.

19. Para um excelente debate sobre como o entretenimento nos ajuda a criar relacionamentos sociais, ver Cristel Antonia Russell e Hope Jensen Schau, "When Narrative Brands End: The Impact of Narrative Closure and Consumption Sociality on Loss Accommodation", *Journal of Consumer Research* 40, n° 6 (2014): 1039–62, https://doi.org/10.1086/673959.

20. Alguns estudos relevantes sobre comunidades de marca incluem Richard P. Bagozzi et al., "Customer-Organization Relationships: Development and Test of a Theory of Extended Identities", *Journal of Applied Psychology* 97, n° 1 (2012): 63–76, https://doi.org/10.1037/a0024533; Richard P. Bagozzi e Utpal M. Dholakia, "Antecedents and Purchase Consequences of Customer Participation in Small Group Brand Communities", *International Journal of Research in Marketing* 23, n° 1 (2006): 45–61, https://doi.org/10.1016/j.ijresmar.2006.01.005; Lars Bergkvist e Tino Bech-Larsen, "Two Studies of Consequences and Actionable Antecedents of Brand Love", *Journal of Brand Management* 17, n° 7 (2010): 504–18, http://doi.org/10.1057/bm.2010.6; Bernard Cova, "Community and Consumption: Towards a Definition of the 'Linking Value' of Product or Services", *European Journal of Marketing* 31, n° 3/4 (1997), 297–316, https://doi.org/10.1108/03090569710162380; Hope Jensen Schau, Albert M. Muñiz e Eric J. Arnould, "How Brand Community Practices Create Value", *Journal of Marketing* 73, n° 5 (2009): 30–51, https://doi.org/10.1509/jmkg.73.5.30; e Cleopatra Veloutsou e Luiz Moutinho, "Brand Relationships Through Brand Reputation and Brand Tribalism", *Journal of Business Research* 62, n° 3 (2009): 314–22, https://doi.org/10.1016/j.jbusres.2008.05.010.

21. Angela Watercutter, "Brony Census Tracks 'State of the Herd'", *Wired,* 10 de Janeiro de 2012, https://www.wired.com/2012/01/brony-census/.

22. Logan Hamley et al., "Ingroup Love or Outgroup Hate (or Both)? Mapping Distinct Bias Profiles in the Population", *Personality and Social Psychology Bulletin* 46, n° 2 (2020): 171–88, https://doi.org/10.1177/0146167219845919.

23. Maja Golf Papez e Michael Beverland, "Exploring the Negative Aspects of Consumer Brand Relationships Through the Use of Relational Models Theory" (apresentação "Brands and Brand Relationships conference", Toronto, 20 de Maio de 2016).

24. Aaron C. Ahuvia, Rajeev Batra e Richard P. Bagozzi, "Love, Desire and Identity: A Conditional Integration Theory of the Love of Things", em *The Handbook of Brand Relationships,* ed. Deborah J. MacInnis, C. Whan Park e Joseph R. Priester (Nova York: M. E. Sharpe, 2009).

25. Adam C. Landon et al., "Psychological Needs Satisfaction and Attachment to Natural Landscapes", *Environment and Behavior* 53, n° 6 (2020): 661–83, https://doi.org/10.1177/0013916520916255.

26. Dados coletados para um projeto em andamento.

CAPÍTULO 5: Você Se Torna Aquilo Que Ama

1. Aaron Ahuvia, "I Love It! Towards a Unifying Theory of Love Across Diverse Love Objects", abreviado (PhD diss., Northwestern University, 1993), https://deepblue.lib.umich.edu/handle/2027.42/35351.

2. Dados coletados por Aaron C. Ahuvia, "Beyond the Extended Self: Loved Objects and Consumers' Identity Narratives", *Journal of Consumer Research* 32, nº 1 (2005): 171–84, https://doi.org/10.1086/429607.

3. Arthur Aron et al., "Close Relationships as Including Other in the Self", *Journal of Personality and Social Psychology* 60, nº 2 (1991): 241–53, https://doi.org/10.1037/0022-3514.60.2.241.

4. Arthur Aron e Barbara Fraley, "Relationship Closeness as Including Other in the Self: Cognitive Underpinnings and Measures", *Social Cognition* 17, nº 2 (1999): 140–60, https://doi.org/10.1521/soco.1999.17.2.140.

5. C. Whan Park, Andreas B. Eisingerich e Jason Whan Park, "From Brand Aversion or Indifference to Brand Attachment: Authors' Response to Commentaries to Park, Eisingerich, and Park's Brand Attachment-Aversion Model", *Journal of Consumer Psychology* 23, nº 2 (2013): 269–74, https://doi.org/10.1016/j.jcps.2013.01.006.

6. Sara H. Konrath e Michael Ross, "Our Glories, Our Shames: Expanding the Self in Temporal Self Appraisal Theory" (pôster da conferência apresentado na 111ª reunião anual da American Psychological Society, Atlanta, agosto de 2003), http://hdl.handle.net/1805/10039.

7. Shinya Watanuki e Hiroyuki Akama, "Neural Substrates of Brand Love: An Activation Likelihood Estimation Meta-Analysis of Functional Neuroimaging Studies", *Frontiers in Neuroscience* 14 (2020), https://doi.org/10.3389/fnins.2020.534671.

8. Rajeev Batra, Aaron Ahuvia e Richard P. Bagozzi, "Brand Love", *Journal of Marketing* 76, nº 2 (2012): 1–16, https://doi.org/10.1509/jm.09.0339; Richard P. Bagozzi, Rajeev Batra e Aaron Ahuvia, "Brand Love: Development and Validation of a Practical Scale", *Marketing Letters* 28 (2016): 1–14, https://doi.org/10.1007/s11002-016-9406-1.

9. Judy A. Shea e Gerald R. Adams, "Correlates of Romantic Attachment: A Path Analysis Study", *Journal of Youth and Adolescence* 13, nº 1 (1984): 27–44, https://doi.org/10.1007/BF02088651.

10. Dados coletados por Ahuvia, "Beyond the Extended Self".

11. Pamela Paul, "Jeffrey Toobin on Writing About Trump", 4 de Setembro de 2020, *New York Times Book Review Podcast*, 11:33, https://www.nytimes.com/2020/09/04/books/review/podcast-jeffrey-toobin-true-crimes-misdemeanors-trump-dayna-tortorici-elena-ferrante.html.

12. Ahuvia, "Beyond the Extended Self".

13. Dados coletados por Aaron C. Ahuvia et al., "Pride of Ownership: An Identity-Based Model", *Journal of the Association for Consumer Research* 3, nº 2 (Abril de 2018): 1–13, https://doi.org/10.1086/697076.

14. Ahuvia, "I Love It!".

15. Elizabeth Mehren, "Oh, Jackie! What Next? They've Got Big Plans for Those Pricey Buys", *Los Angeles Times*, 13 de Junho de 1996, https://www.latimes.com/archives/la-xpm-1996-06-13-ls-14295-story.html.

16. Carol J. Nemeroff e Paul Rozin, "The Contagion Concept in Adult Thinking in the United States: Transmission of Germs and of Interpersonal Influence", *Ethos* 22, nº 2 (2009): 158–86, https://doi.org/10.1525/eth.1994.22.2.02a00020.

17. Jennifer J. Argo, Darren W. Dahl e Andrea C. Morales, "Positive Consumer Contagion: Responses to Attractive Others in a Retail Context", *Journal of Marketing Research* 45, nº 6 (2008): 690–701, https://doi.org/10.1509/jmkr.45.6.690.

18. Chris Speed, "From RememberMe to Shelflife", *Fields*, 27 de Fevereiro de 2012, http://www.chrisspeed.net/?p=773.

19. Erich Fromm, *The Art of Loving: An Enquiry into the Nature of Love* (New York: Harper & Brothers, 1956), 17.

20. Michael I. Norton, Daniel Mochon e Dan Ariely, "The IKEA Effect: When Labor Leads to Love", *Journal of Consumer Psychology* 22, nº 3 (2012): 453–60, https://doi.org/10.1016/j.jcps.2011.08.002.

21. Peter H. Bloch, "Involvement Beyond the Purchase Process: Conceptual Issues and Empirical Investigation", *Advances in Consumer Research* 9, nº 1 (1982): 413–17.

22. Russell W. Belk, "Possessions and Extended Sense of Self", em *Marketing and Semiotics: New Directions in the Study of Signs for Sale*, ed. Jean Umikeer-Sebeok (Berlim: Mouton de Gruyter, 1987), 151–64.

23. Norton, Mochon e Ariely, "The IKEA Effect".

24. Dados coletados por Aaron C. Ahuvia, Rajeev Batra e Richard P. Bagozzi, "Love, Desire and Identity: A Conditional Integration Theory of the Love of Things", em *The Handbook of Brand Relationships*, ed. Deborah J. MacInnis, C. Whan Park e Joseph R. Priester (Nova York: M. E. Sharpe, 2009).

25. Arthur Aron, Meg Paris e Elaine N. Aron, "Falling in Love: Prospective Studies of Self-Concept Change", *Journal of Personality and Social Psychology* 69, nº 6 (1995): 1102–12, https://doi.org/10.1037/0022-3514.69.6.1102.

26. William James, *The Principles of Psychology* (Nova York: Henry Holt, 1890), 1:291.

27. Lea Dunn e JoAndrea Hoegg, "The Impact of Fear on Emotional Brand Attachment", *Journal of Consumer Research* 41, nº 1 (2014): 152–68, https://doi.org/10.1086/675377.

28. Sarah Broadbent, "Brand Love in Sport: Antecedents and Consequences" (PhD diss., School of Management and Marketing, Deakin University, 2012), https://dro.deakin.edu.au/view/DU:30062512.

CAPÍTULO 6: Encontrando-nos Nas Coisas Que Amamos

1. Mason Haire, "Projective Techniques in Marketing Research", *Journal of Marketing* 14, nº 5 (Abril de 1950): 649–56, https://doi.org/10.2307/1246942.

2. Adam Smith, *The Wealth of Nations* (Londres: W. Strahan e T. Cadell, 1776), vol. 2, bk. 5, cap., 2, https://www.marxists.org/reference archive/smith-adam/works/wealth-of-nations/book05/ch02b-4.htm.

3. Tori DeAngelis, "A Theory of Classism: Class Differences", *Monitor on Psychology* 46, nº 2 (2015): 62.

4. Ronald Inglehart, *Culture Shift in Advanced Industrial Society* (Princeton, NJ: Princeton University Press, 1990); Aaron C. Ahuvia e Nancy Y. Wong, "Materialism: Origins and

Implications for Personal Well-Being", *European Advances in Consumer Research* 2 (1995): 172– 78; Aaron C. Ahuvia e Nancy Y. Wong, "Personality and Values-Based Materialism: Their Relationship and Origins", *Journal of Consumer Psychology* 12, nº 4 (2002): 389–402, https://doi.org/10.1016/S1057-7408(16)30089-4; Nancy Wong e Aaron Chaim Ahuvia, "Personal Taste and Family Face: Luxury Consumption in Confucian and Western Societies", *Psychology & Marketing* 15, nº 5 (1998): 423–41, https://doi.org/10.1002/(SICI)1520-6793(199808)15:5<423::AID-MAR2>3.0.CO;2-9.

5. Aaron C. Ahuvia, "Individualism/Collectivism and Cultures of Happiness: A Theoretical Conjecture on the Relationship Between Consumption, Culture and Subjective Well-Being at the National Level", *Journal of Happiness Studies* 3, nº 1 (2002): 23–36, http://dx.doi.org/10.1023/A:1015682121103.

6. Dados coletados por Wong e Ahuvia, "Personal Taste and Family Face".

7. Hazel R. Markus e Shinobu Kitayama, "Culture and the Self: Implications for Cognition, Emotion, and Motivation", *Psychological Review* 98, nº 2 (1991): 224–53, https://doi.org/10.1037/0033-295X.98.2.224.

8. Dados coletados por Wong e Ahuvia, "Personal Taste and Family Face".

9. Ahuvia, "Individualism/Collectivism and Cultures of Happiness".

10. Shankar Vedantam, "You 2.0: Loss and Renewal", *Hidden Brain*, transmissão de rádio, 17 de Agosto de 2020, https://www.npr.org/2020/08/15/902891952/you-2-0-loss-and-renewal.

11. Dados coletados por Rajeev Batra, Aaron Ahuvia e Richard P. Bagozzi, "Brand Love", *Journal of Marketing* 76, nº 2 (2012): 1–16, https://doi.org/10.1509/jm.09.0339.

12. Dados coletados por Batra, Ahuvia e Bagozzi, "Brand Love".

13. Por que os dois números somados — 80% e 10% — não resultam em 100%? Porque algumas pessoas não mencionaram nenhum dos dois. Os dados provêm de Aaron Ahuvia, "I Love It! Towards a Unifying Theory of Love Across Diverse Love Objects", abreviado (PhD diss., Northwestern University, 1993), https://deepblue.lib.umich.edu/handle/2027.42/35351.

14. Dados coletados por Aaron C. Ahuvia, "Beyond the Extended Self: Loved Objects and Consumers' Identity Narratives", *Journal of Consumer Research* 32, nº 1 (2005): 171–84, https://doi.org/10.1086/429607.

15. Para outro exemplo, ver Alina Selyukh, "She Works Two Jobs. Her Grocery Budget Is $25. This Is Life Near Minimum Wage", *All Things Considered*, transmissão de rádio, 25 de Março 2021, https://www.npr.org/2021/03/26/979983739/walk-one-day-in-our-shoes-life-near-minimum-wage.

16. Nathaniel Branden, "A Vision of Romantic Love", em *The Psychology of Love*, ed. Robert Sternberg e Michael L. Barnes (New Haven, CT: Yale University Press, 1988), 224.

17. Dados coletados por Batra, Ahuvia e Bagozzi, "Brand Love".

18. Ahuvia, "I Love It!".

19. "Cartoonist Cathy Guisewite on Her Best Gift Ever", *Marketplace*, transmissão de rádio, 15 Dezembro de 2014, https://www.marketplace.org/2014/12/15/cartoonist-cathy-guisewite-her-best-gift-ever/.

20. Ahuvia, "Beyond the Extended Self".

21. Dados coletados por Ahuvia, "Beyond the Extended Self".

22. Ahuvia, Ibid.

23. Wong e Ahuvia, "Personal Taste and Family Face".

24. Dados coletados por Wong e Ahuvia, "Personal Taste and Family Face".

25. Lynn Hirschberg, "Next. Next. What's Next?", *New York Times Magazine*, 7 de Abril de 1996.

CAPÍTULO 7: Satisfação e Fluidez

1. Julie A. Mennella, Coren P. Jagnow e Gary K. Beauchamp, "Prenatal and Postnatal Flavor Learning by Human Infants", *Pediatrics* 107, nº 6 (2001): e88, https://doi.org/10.1542/peds.107.6.e88.

2. Essa observação foi feita por David Rosen como convidado no podcast *Inquiring Minds* no episódio "Generating the Element of Harmonic Surprise with David Rosen" (12 de Julho de 2021).

3. Robert M. Sapolsky, "Open Season", *The New Yorker*, 22 de Março de 1998.

4. Exceto quando especificado, as informações neste e nos parágrafos subsequentes são de Hilary Coon e Gregory Carey, "Genetic and Environmental Determinants of Musical Ability in Twins", *Behavior Genetics* 19 (Março de 1989): 183–93, https://doi.org/10.100/BF01065903.

5. Jakob Pietschnig e Martin Voracek, "One Century of Global IQ Gains: A Formal Meta-Analysis of the Flynn Effect (1909–2013)", *Perspectives on Psychological Science* 10, nº 3 (Maio de 2015): 282–306, https://doi.org/10.1177/1745691615577701.

6. Madison Troyer, "Baby Names Gaining Popularity in the 21st Century", *Stacker*, 24 de Abril de 2021.

7. Ibid, *Stacker*, 8 de Abril de 2021.

8. Maria A. Rodas e Carlos J. Torelli, "The Self-Expanding Process of Falling in Love with a Brand" (apresentação da conferência "Brands and Brand Relationships", Toronto, 20 de Maio de 2016).

9. Felix Richter, "Gaming: The Most Lucrative Entertainment Industry by Far", Statista, 22 de Setembro de 2020, https://www.statista.com/chart/22392/global-revenue-of-selected-entertainment-industry-sectors/.

10. Luke Appleby, "Gabe Newell Says Brain-Computer Interface Tech Will Allow Video Games Far Beyond What Human 'Meat Peripherals' Can Comprehend", 1 NEWS, 24 de Janeiro de 2021.

11. James J. Kellaris e Ronald C. Rice, "The Influence of Tempo, Loudness, and Gender of Listener on Responses to Music", *Psychology & Marketing* 10, nº 1 (1993): 15–29, https://doi.org/10.1002/mar.4220100103.

12. Kendra Cherry, "When and Why Does Habituation Occur?", *Verywell Mind*, 2 de Dezembro de 2020.

13. "U.S. Adult Consumption of Added Sugars Increased by More Than 30% over Three Decades", *ScienceDaily*, 4 de Novembro de 2014, www.sciencedaily.com/releases/2014/11/141104141731.htm.

14. Chiadi E. Ndumele, "Obesity, Sugar and Heart Health", Johns Hopkins Medicine, https://www.hopkinsmedicine.org/health/wellness-and-prevention/obesity-sugar-and-heart-health.

15. Office of Public Affairs, University of Utah Health, "Sweet Nothings: Added Sugar Is a Top Driver of Diabetes", 10 de Fevereiro de 2015, https://healthcare.utah.edu/healthfeed/postings/2015/02/021015_cvarticle-sugar-diabetes.php#:~:text=They%20found%20that%20added%20sugar,to%20inflammation%20and%20insulin%20resistance.

16. Dados coletados por Aaron C. Ahuvia, "Beyond the Extended Self: Loved Objects and Consumers' Identity Narratives", *Journal of Consumer Research* 32, nº 1 (2005): 171–84, https://doi.org/10.1086/429607.

17. Dados coletados por Aaron C. Ahuvia, Rajeev Batra e Richard P. Bagozzi, "Love, Desire and Identity: A Conditional Integration Theory of the Love of Things", em *The Handbook of Brand Relationships*, ed. Deborah J. MacInnis, C. Whan Park e Joseph R. Priester (Nova York: M. E. Sharpe, 2009).

18. "How the Nose Knows", 18 de Junho de 2021, *The Pulse*, produzido por Maiken Scott, podcast, https://whyy.org/episodes/how-the-nose-knows/.

19. "How the Nose Knows".

20. Stephen E. Palmer e Karen B. Schloss, "An Ecological Valence Theory of Human Color Preference", *Proceedings of the National Academy of Sciences of the United States of America* 107, nº 19 (2010): 8877–82, https://doi.org/10.1073/pnas.0906172107.

CAPÍTULO 8: O Que as Coisas que Amamos Dizem sobre Nós

1. Omri Gillath et al., "Shoes as a Source of First Impressions", *Journal of Research in Personality* 46, nº 4 (2012): 423–30, https://doi.org/10.1016/j.jrp.2012.04.003.

2. Dados coletados por Nancy Wong e Aaron Chaim Ahuvia, "Personal Taste and Family Face: Luxury Consumption in Confucian and Western Societies", *Psychology & Marketing* 15, nº 5 (1998): 423–41, https://doi.org/10.1002/(SICI)1520-6793(199808)15:5<423::AID-MAR2>3.0.CO;2-9.

3. Informações sobre os grupos de estilo de vida Mosaic estão disponíveis no site da biblioteca da University of Texas, em El Paso: https://libguides.utep.edu/comm_yang/Demographics_Now_Mosaic_Clusters.

4. Minhas impressões sobre o tema foram particularmente influenciadas por Douglas B. Holt, "Does Cultural Capital Structure American Consumption?", *Journal of Consumer Research* 25, nº 1 (1998): 1–25, https://doi.org/10.1086/209523.

5. A teoria que cerca a maioria dos meus apontamentos neste capítulo vem de Pierre Bourdieu. Seu trabalho clássico sobre o tema é *Distinction: A Social Critique of the Judgement of Taste* (Cambridge, MA: Harvard University Press, 1987).

6. Aaron C. Ahuvia et al., "What Is the Harm in Fake Luxury Brands? Moving Beyond the Conventional Wisdom", em *Luxury Marketing: A Challenge for Theory and Practice*, ed. Klaus-Peter Wiedmann e Nadine Hennigs (Wiesbaden: Gabler Verlag, 2012), 279–93, https:// doi.org/10.1007/978-3-8349-4399-6_16.

7. Tori DeAngelis, "A Theory of Classism: Class Differences", *Monitor on Psychology* 46, nº 2 (2015): 62. Veja também Antony S. R. Manstead, "The Psychology of Social Class: How Socioeconomic Status Impacts Thought, Feelings, and Behaviour", *British Journal of Social Psychology* 57, nº 2 (2018): 267–91, https://doi.org/10.1111/bjso.12251.

8. Hazel R. Markus e Shinobu Kitayama, "Culture and the Self: Implications for Cognition, Emotion, and Motivation", *Psychological Review* 98, nº 2 (1991): 224–53, https://doi.org/10.1037/0033-295X.98.2.224.

9. Nicole M. Stephens, Hazel Rose Markus e L. Taylor Phillips, "Social Class Culture Cycles: How Three Gateway Contexts Shape Selves and Fuel Inequality," *Annual Review of Psychology* 65 (2014): 611–34, https://doi.org/10.1146/annurev-psych-010213-115143.

10. Cathy Horyn, "Yves Saint Laurent Assembles a 'New Tribe'", *New York Times,* 5 de Outubro de 2010, https://runway.blogs.nytimes.com/2010/10/05/ yves-saint-laurent-assembles-a-new-tribe/?searchResultPosition=1.

11. Se você se interessa por capital cultural ou pela natureza do bom versus o mau gosto, recomendo o livro de Carl Wilson, *Let's Talk About Love: Why Other People Have Such Bad Taste* (Nova York: Bloomsbury, 2014).

12. Robert M. Lupton, Steven M. Smallpage e Adam M. Enders, "Values and Political Predispositions in the Age of Polarization: Examining the Relationship Between Partisanship and Ideology in the United States, 1988–2012", *British Journal of Political Science* 50, nº 1 (2020): 241–60, https://doi.org/10.1017/S0007123417000370.

13. Judith Martin, "Shock Your Dinner Guests: Give 'Em the Asparagus Rule", *Chicago Tribune,* 18 de Abril de 2007.

14. Richard A. Peterson e Roger M. Kern, "Changing Highbrow Taste: From Snob to Omnivore", *American Sociological Review* 61, nº 5 (1996): 900–907, https://doi. org/10.2307/2096460.

15. Para um relato oportuno e bem proveitoso sobre o assunto, ver David Brooks, *Bobos in Paradise: The New Upper Class and How They Got There* (Nova York: Simon and Schuster, 2000).

16. Holt, "Does Cultural Capital Structure American Consumption?".

17. Jane Coaston, "Is Fox News Really All That Powerful?", 30 de Junho 2021, *The Argument,* podcast, 9:51, https://www.nytimes.com/2021/06/30/opinion/power-politics-culture-war.html.

18. Paul Henry Ray e Sherry Ruth Anderson, *The Cultural Creatives: How 50 Million People Are Changing the World* (Nova York: Three Rivers Press, 2000). Esse grupo também foi chamado de "classe criativa". Ver Richard Florida, *The Rise of the Creative Class* (Nova York: Basic Books, 2002); e Brooks, *Bobos in Paradise.*

19. Dados coletados por Wong e Ahuvia, "Personal Taste and Family Face".

20. Mary Douglas e Baron C. Isherwood, *The World of Goods: Towards an Anthropology of Consumption* (Nova York: Basic Books, 1979), 85.

21. Para um excelente artigo que influenciou meu pensamento sobre o tema, ver Young Jee Han, Joseph C. Nunes e Xavier Drèze, "Signaling Status with Luxury Goods: The Role of Brand Prominence", *Journal of Marketing* 74, nº 4 (2010): 15–30, https://doi.org/10.1509/ jmkg.74.4.015.

22. Ahuvia et al., "What Is the Harm in Fake Luxury Brands?".

23. Dados coletados por Wong e Ahuvia, "Personal Taste and Family Face".

24. A partir de dados inéditos coletados para um projeto de pesquisa comercial.

25. Jack Houston e Irene Anna Kim, "Why Hermès Birkin Bags Are So Expensive, According to a Handbag Expert", *Business Insider,* 30 de Junho de 2021, https://www.businessinsider.com/ hermes-birkin-bag-realreal-handbag-expert-so-expensive-2019-6?amp.

26. Dados coletados por Wong e Ahuvia, Ibid.

CAPÍTULO 9: Por Causa da Evolução

1. David Gal, "A Mouth-Watering Prospect: Salivation to Material Reward", *Journal of Consumer Research* 38, n° 6 (2012): 1022–29, https:// doi.org/10.1086/661766.

2. Esses três primeiros estágios jamais devem ser confundidos com os três sistemas cerebrais de Helen Fisher, que fundamentam a escolha do parceiro. Não há conflito entre minha abordagem e a dela. Simplesmente traçamos os limites entre os estágios em lugares diferentes, pois a minha intenção é destacar aspectos relevantes ao amor por objetos. Mais especificamente, eu (e psicólogos em geral) dividimos o "sistema de atração" de Fisher em dois subsistemas: um para identificar parceiros com genes atraentes e outro para identificar parceiros que provavelmente serão bons pais. Ela e seus colegas discutiram algumas das razões pelas quais os psicólogos concentram sua atenção nesses dois subsistemas, bem como algumas evidências de biólogos que utilizam a mesma distinção, em Helen Fisher et al., "The Neural Mechanisms of Mate Choice: A Hypothesis", *Neuro Endocrinology Letters* 23 Suppl. 4 (2002): 92–97.

3. Beverley Fehr, "How Do I Love Thee? Let Me Consult My Prototype", em *Individuals in Relationships*, ed. Steve Duck (Newbury Park, CA: Sage Publications, 1993), 87–120, http://dx.doi.org/10.4135/9781483326283.n4.

4. Lawrence S. Sugiyama, "Physical Attractiveness in Adaptationist Perspective", em *The Handbook of Evolutionary Psychology*, ed. David M. Buss (Hoboken, NJ: John Wiley & Sons, 2005), 292–343, https://doi.org/10.1002/9780470939376.ch10.

5. Dados coletados por Aaron C. Ahuvia, Rajeev Batra e Richard P. Bagozzi, "Love, Desire and Identity: A Conditional Integration Theory of the Love of Things", em *The Handbook of Brand Relationships*, ed. Deborah J. MacInnis, C. Whan Park e Joseph R. Priester (Nova York: M. E. Sharpe, 2009).

6. Claudia Townsend e Sanjay Sood, "Self-Affirmation Through the Choice of Highly Aesthetic Products", *Journal of Consumer Research* 39, n° 2 (2012): 415–28, https://doi.org/10.1086/663775.

7. Jean-Jacques Rousseau, *A Discourse on Inequality*, trans. Maurice Cranston (Nova York: Viking, 1984), 167.

8. Helen Fisher, Arthur Aron e Lucy L. Brown, "Romantic Love: An fMRI Study of a Neural Mechanism for Mate Choice", *Journal of Comparative Neurology* 493, n° 1 (2005): 58–62, https://doi.org/10.1002/cne.20772.

9. Fisher, Aron e Brown, "Romantic Love".

10. Jon Hamilton, "From Primitive Parts, a Highly Evolved Human Brain", *Morning Edition*, transmissão de rádio, 9 de Agosto de 2010, http://www.npr.org/templates/story/story.php?storyId=129027124.

11. Claudio Alvarez e Susan Fournier, "Brand Flings: When Great Brand Relationships Are Not Made to Last", em *Consumer-Brand Relationships: Theory and Practice*, ed. Susan Fournier, Michael Breazeale e Marc Fetscherin (Abingdon, UK: Routledge, 2013).

12. Helen Fisher et al., "Defining the Brain Systems of Lust, Romantic Attraction, and Attachment", *Archives of Sexual Behavior* 31, n° 5 (2002), 413–19, https://doi.org/10.1023/a:1019888024255.

13. Sara M. Freeman e Larry J. Young, "Oxytocin, Vasopressin, and the Evolution of Mating Systems in Mammals", em *Oxytocin, Vasopressin, and Related Peptides in*

the Regulation of Behavior, ed. Elena Choleris, Donald W. Pfaff e Martin Kavaliers (Cambridge, RU: Cambridge University Press, 2013), 128–47.

14. Fisher et al., "Defining the Brain Systems of Lust, Romantic Attraction, and Attachment".

15. Aaron Ahuvia, "I Love It! Towards a Unifying Theory of Love Across Diverse Love Objects", abreviação (PhD diss., Northwestern University, 1993), https://deepblue.lib.umich.edu/handle/2027.42/35351.

16. Bernard I. Murstein, "Mate Selection in the 1970s", *Journal of Marriage and the Family* 42, nº 4 (1980), 777–92, https://doi.org/10.2307/351824.

17. Aaron C. Ahuvia e Mara B. Adelman, "Market Metaphors for Meeting Mates", em *Research in Consumer Behavior* vol. 6, ed. Janeen A. Costa e Russell W. Belk (Greenwich, CT: JAI Press, 1993), 55–83.

18. Larry Young e Brian Alexander, "Be My Territory", in *The Chemistry Between Us: Love, Sex, and the Science of Attraction* (Nova York: Current, 2012), 154–84. Ver também Freeman e Young, "Oxytocin, Vasopressin, and the Evolution of Mating Systems in Mammals"; e Hasse Walum e Larry H. Young, "The Neural Mechanisms and Circuitry of the Pair Bond", *Nature Reviews Neuroscience* 19, nº 11 (2018): 643–54, https://doi.org/10.1038/s41583-018-0072-6.

19. R. I. M. Dunbar e Susanne Shultz, "Evolution in the Social Brain", *Science* 317, nº 5843 (2007): 1344–47, https://doi.org/10.1126/science.1145463.

20. Hamilton, "From Primitive Parts, a Highly Evolved Human Brain".

21. Dunbar e Shultz, "Evolution in the Social Brain".

22. Garth J. O. Fletcher et al., "Pair-Bonding, Romantic Love, and Evolution: The Curious Case of *Homo sapiens*", *Perspectives on Psychological Science* 10, nº 1 (2015): 20–36, https://doi.org/10.1177/1745691614561683.

23. Arthur Aron, Elaine N. Aron, e Danny Smollan, "Inclusion of Other in the Self Scale and the Structure of Interpersonal Closeness", *Journal of Personality and Social Psychology* 63, nº 4 (1992): 596– 612, https://doi.org/10.1037/0022-3514.63.4.596.

24. Stephen J. Dollinger e Stephanie M. Clancy, "Identity, Self, and Personality: II. Glimpses Through the Autophotographic Eye", *Journal of Personality and Social Psychology* 64, nº 6 (1993): 1064–71, https://doi.org/10.1037/0022-3514.64.6.1064.

25. A área fusiforme da face faz parte de uma região de maior tamanho do cérebro chamada giro fusiforme. A literatura científica por vezes faz uso do termo "giro fusiforme" como sinônimo de "área fusiforme da face".

26. Josef Parvizi et al., "Electrical Stimulation of Human Fusiform Face-Selective Regions Distorts Face Perception", *Journal of Neuroscience* 32, nº 43 (Outubro de 2012): 14915–20, https://doi.org/10.1523/JNEUROSCI.2609-12.2012; Elizabeth Norton, "Facial Recognition: Fusiform Gyrus Brain Region 'Solely Devoted' to Faces, Study Suggests", *HuffPost,* 24 de Outubro de 2012, https://www.huffpost.com/entry/facial-recognition-brain-fusiform-gyrus_n_2010192.

27. Nicolas Kervyn, Susan T. Fiske e Chris Malone, "Brands as Intentional Agents Framework: How Perceived Intentions and Ability Can Map Brand Perception", *Journal of Consumer Psychology* 22, nº 2 (2012): 166–76, https://doi.org/10.1016/j.jcps.2011.09.006.

28. Carolyn Yoon et al., "A Functional Magnetic Resonance Imaging Study of Neural Dissociations Between Brand and Person Judgments", *Journal of Consumer Research* 33, nº 1 (2006): 31–40, https://doi.org/10.1086/504132.

29. Ken Manktelow, *Thinking and Reasoning: An Introduction to the Psychology of Reason, Judgment and Decision Making* (Hove, RU: Psychology Press, 2012).

30. Leda Cosmides e John Tooby, "Cognitive Adaptations for Social Exchange", em *The Adapted Mind: Evolutionary Psychology and the Generation of Culture*, ed. Jerome H. Barkow, Leda Cosmides e John Tooby (Nova York: Oxford University Press, 1992), 163–228, https://doi.org/10.1098/rstb.2006.1991.

31. Timothy D. Wilson, *Strangers to Ourselves: Discovering the Adaptive Unconscious* (Cambridge, MA: Belknap Press of Harvard University Press, 2002).

32. Association for Psychological Science, "Harlow's Classic Studies Revealed the Importance of Maternal Contact", 20 de Junho 2018, https:// www.psychologicalscience.org/ publications/observer/obsonline/harlows-classic-studies-revealed-the-importance-of-maternal-contact.html.

33. Bronislaw Malinowski, *Argonauts of the Western Pacific: An Account of Native Enterprise and Adventure in the Archipelagoes of Melanesian New Guinea* (Londres: George Routledge & Sons, 1922).

34. Melanie Wallendorf e Eric Arnould, "'My Favorite Things': A Cross-Cultural Inquiry into Object Attachment, Possessiveness, and Social Linkage", *Journal of Consumer Research* 14, nº 4 (1988): 531–47, https://doi.org/10.1086/209134.

35. Phillip Shaver et al., "Emotion Knowledge: Further Exploration of a Prototype Approach", *Journal of Personality and Social Psychology* 52, nº 6 (1987): 1061–86, https://doi.org/10.1037//0022-3514.52.6.1061.

36. Jesse Chandler e Norbert Schwarz, "Use Does Not Wear Ragged the Fabric of Friendship: Thinking of Objects as Alive Makes People Less Willing to Replace Them", *Journal of Consumer Psychology* 20, nº 2 (2010): 138–45, https://doi.org/10.1016/j.jcps.2009.12.008.

CAPÍTULO 10: O Futuro das Coisas que Amamos

1. Alejandra Martins e Paul Rincon, "Paraplegic in Robotic Suit Kicks Off World Cup", BBC News, 12 de Junho de 2014, https://www.bbc.com/news/science-environment-27812218.

2. Ambra Sposito et al., "Extension of Perceived Arm Length Following Tool-Use: Clues to Plasticity of Body Metrics", *Neuropsychologia* 50, nº 9 (2012): 2187–94, https://doi.org/10.1016/j.neuropsychologia.2012.05.022.

3. Russell W. Belk, "Extended Self in a Digital World", *Journal of Consumer Research* 40, nº 33 (2013): 477–500, https://doi.org/10.1086/671052.

4. David Pogue, "How Far Away Is Mind-Machine Integration?", *Scientific American*, 1º de Dezembro de 2012, https://www.scientificamerican.com/article/how-far-away-mind-machine-integration/.

5. Theresa Machemer, "New Device Allows Man with Paralysis to Type by Imagining Handwriting", *Smithsonian*, 14 de Maio de 2021, https://www.smithsonianmag.com/smart-news/experimental-device-allows-man-paralyzed-below-neck-type-thinking-180977729/.

6. Agence France-Presse, "A Paralyzed Man's Brain Waves Converted to Speech in a World-First Breakthrough", *ScienceAlert,* 16 de Julho de 2021, https://www.sciencealert.com/scientists-have-converted-a-paralyzed-man-s-brain-waves-to-speech.

7. "Robotic 'Third Thumb' Use Can Alter Brain Representation of the Hand", University College London, 20 de Maio de 2021, https://www.ucl.ac.uk/news/2021/may/robotic-third-thumb-use-can-alter-brain-representation-hand.

8. Richard H. Passman, "Providing Attachment Objects to Facilitate Learning and Reduce Distress: Effects of Mothers and Security Blankets", *Developmental Psychology* 13, nº 1 (1977): 25, https://doi.org/10.1037/0012-1649.13.1.25.

9. Jodie Whelan et al., "Relational Domain Switching: Interpersonal Insecurity Predicts the Strength and Number of Marketplace Relationships", *Psychology & Marketing* 33, nº 6 (2016): 465–79, https://doi.org/10.1002/mar.20891.

10. Marian R. Banks, Lisa M. Willoughby e William A. Banks, "Animal-Assisted Therapy and Loneliness in Nursing Homes: Use of Robotic Versus Living Dogs", *Journal of the American Medical Directors Association* 9, nº 3 (2008): 173–77, https://doi.org/10.1016/j.jamda.2007.11.007.

11. Amanda Sharkey e Noel Sharkey, "Granny and the Robots: Ethical Issues in Robot Care for the Elderly", *Ethics and Information Technology* 14 (2012): 27–40, https://doi.org/10.1007/s10676-010-9234-6.

12. Stacey Vanek Smith, "How a Machine Learned to Spot Depression", Public Radio East, 20 de Maio de 2015, http://publicradioeast.org/post/how-machine-learned-spot-depression.

13. James Vlahos, "Barbie Wants to Get to Know Your Child", *New York Times Magazine,* 16 de Setembro de 2015.

14. "Spotlight: Toyota Encourages Drivers to 'Friend' Their Cars", eMarketer, 6 de Julho de 2011.

15. Miguel Pais-Vieira et al., "A Brain-to-Brain Interface for Real-Time Sharing of Sensorimotor Information", *Scientific Reports* 3, nº 1319 (2013): 1–10, https://doi.org/10.1038/srep01319.

16. Tim Urban, "Neuralink and the Brain's Magical Future", *Wait But Why,* 20 de Abril de 2017, https://waitbutwhy.com/2017/04/neuralink.html.

17. Garth J. O. Fletcher et al., *The Science of Intimate Relationships* (Malden, MA: Wiley Blackwell, 2013).

18. Carolyn Parkinson, Adam M. Kleinbaum e Thalia Wheatley, "Similar Neural Responses Predict Friendship", *Nature Communications* 9, nº 332 (2018), https://doi.org/10.1038/s41467-017-02722-7.

19. Pavel Goldstein et al., "Brain-to-Brain Coupling During Handholding Is Associated with Pain Reduction", *Proceedings of the National Academy of Sciences of the United States of America* 115, nº 11 (2018): E2528–37, https://doi.org/10.1073/PNAS.1703643115.

20. Erich Fromm, *The Art of Loving: An Enquiry into the Nature of Love* (Nova York: Harper & Brothers, 1956). Publicado no Brasil com o título *A arte de amar*

Índice

A
Aaker, Jennifer, 88-90
acumulação, 65-67
Adelman, Mara, 1
Aggarwal, Pankaj, 54
Ahluwalia, Rohini, 97
Akama, Hiroyuki, 126
Aknin, Lara, 265
altruísmo, 84-86
amor, 11, 29, 70-72, 116, 161, 277, 288
   pela natureza, 6, 113
   pelas coisas, 2, 43, 73-75, 157, 248
   pelas marcas, 86-88
animais de estimação, 61, 78-80, 251
antropomórfico(a)
   objeto, 46, 101
   pensamento, 43, 57, 288
   personagem, 54
   robô, 66
antropomorfismo, 41, 44, 66, 75-77, 101, 142, 266-270, 276
Apple, 23, 112
   fãs da, 23
   marca de luxo, 24
Argo, Jennifer, 131
Ariely, Dan, 135
Aristóteles, 116, 262
Arnould, Eric, 275
Aron, Arthur, 70-72, 262
Aron, Arthur e Elaine, 116, 121, 137, 140
Arsena, Ashley Rae, 87-89
autoconceito, 117, 128, 250, 263

B
Bagozzi, Rick, 26, 126
Bartneck, Christoph, 44
Batra, Rajeev, 26, 126
Belk, Russell, 23, 94, 282
   axioma de, 266
Berger, Jonah, 107
Beverland, Michael, 63, 112
Bourdieu, Pierre, 211, 227
Branden, Nathaniel, 157
Brasel, S. Adam, 88-90
Brin, Sergey, 7
Broadbent, Sarah, 70-72, 141
Brown, Lucy, 70-72
Bunam, Simcha, 21

C
capital, 211
   cultural, 209-212, 215-219, 223-227, 233, 242
   econômico, 209, 212, 215, 231, 236
Castaño, Raquel, 39

cérebro, 36, 46, 91–92, 101, 111, 190, 206, 255, 264, 295

Chan, Cindy, 107

Chandler, Jesse, 278

Chen, Rocky Peng, 54

Christakis, Nicholas, 16

Churchill, Winston, 8

Clancy, Stephanie, 263

Clode, Dani, 284

Coaston, Jane, 228

conector(es) de pessoas, 41, 95, 142, 266–270, 291

Consiglio, Irene, 86–88

Cottle, Michelle, 228

Csikszentmihalyi, Mihaly, 182

Cutright, Keisha, 24

D

Dahl, Darren, 79–81, 131

Dalton, Pamela, 205

De Angelis, Barbara, 20

Dollinger, Stephen, 263

Dunbar, Robin, 261

Dunn, Lea, 140

Durante, Kristina, 87–89

E

efeito(s) de transmissão, 87–90, 246

Ellis, Albert, 34

Era Romântica, 146

Erdem, Tülin, 24

Erikson, Erik, 150

eu

incorporação ao, 142

interior autêntico, 146–149

projeto do, 150

F

Farquhar, Sarah (Oxfam), 132

Feinberg, Fred, 266

Fisher, Helen, 70–72, 255

Fiske, Susan, 38, 266

Fitzsimons, Gavan, 24

Fletcher, Garth, 295

fluxo, 182–188

Fournier, Susan, 73–75, 88–90

Fromm, Erich, 116, 120, 135, 296

Fürst, Andreas, 38

G

Gal, David, 245

gerador(es) de conversa, 280–289

Gillath, Omri, 207

Goldstein, Pavel, 295

Gonzalez, Richard, 87–89

Goode, Miranda, 99

Gucci e Chanel, 24

Guisewite, Cathy, 159

Gutchess, Angela, 266

H

Haire, Mason, 143

Hanks, Tom, 7, 58

Harlow, Harry, 272

Harris, Lasana, 38

Hatfield, Elaine, 83–85

Hoegg, JoAndrea, 140

Horyn, Cathy, 220

Hudson, Simon, 55

Hur, Julia, 81–83

I

identidade, 111, 123, 151

senso de, 33, 133, 262, 266, 283

individualismo, 148, 217, 218

interface cérebro-computador, 280–281, 284–288

investimento, 84–86

J

James, William, 138

Jobs, Steve, 23

Johnson, Allison, 31, 74–76
Joubert, Joseph, 14
Just, Marcel, 283

K

Kaplan, Mordecai, 108
Keller, Helen, 121
Kervyn, Nicolas, 266
Khamitov, Mansur, 99
Kim, Sara, 45, 54
Kingston, Karen, 106
Kitayama, Shinobu, 148
Kondo, Marie, 67, 243
Konrath, Sara, 125
Kotler, Philip, 1
Krumhuber, Eva, 100

L

Landon, Adam, 114
Landwehr, Jan, 48
Larson, Gary, 62
Lastovicka, John, 32
Lee, David Seungjae, 87–89
Liga de Alta Costura, 242–243
Liga de Luxo, 240–242
Liga dos Logotipos, 237–242
luxúria, 248, 255

M

Madden, Thomas, 10
Makin, Tamar, 285
Malinowski, Bronislaw, 274
Malone, Chris, 266
marca(s), 32, 79–81, 87–90, 108, 141, 166,
255
Markus, Hazel, 148
Maslow, Abraham, 116
Maxian, Wendy, 27
McGill, Ann L., 45, 49, 54
Meyers, Anne Akiko, 93

Mitchell, Tom, 283
Mochon, Daniel, 135
Modrak, Rebekah, 26
Monga, Alokparna, 76–78
Moon, Youngme, 75–77
Morales, Andrea, 131
Murstein, Bernard, 12, 257
Musk, Elon, 293
My Little Pony (desenho infantil), 108

N

Nemeroff, Carol, 131
Nicolelis, Miguel, 292
Norton, Michael, 135
Nuñez, Sandra, 39
Nussbaum, Martha, 37

O

ocitocina, 38–41, 71–73, 182

P

Palmer, Stephen, 206
Papez, Maja Golf, 112
Paris, Meg, 137
Park, C. Whan, 125
Parkinson, Carolyn, 295
Passman, Richard, 288
Paul, Pamela, 128
pessoa-coisa, 289–291
pessoa-coisa-pessoa, 94–95, 201, 266, 275,
291
pessoa-natureza-pessoa, 114
Philippe, Patek, 105
Plutarco, 276
Polk, Thad, 266

R

Ranganathan, Aruna, 85–87
Rappaport, Amelia, 173
Rapson, Richard, 83–85
Rauschnabel, Philipp, 51, 104

Reik, Theodor, 116
Reimann, Martin, 39
relacionamento(s), 11, 72–77, 86–90, 112
   vitalizadores de, 40, 101, 142, 266, 279
religião, 23–25, 134, 147
responsividade, 75–77
Revolução Industrial, 145, 235
Richins, Marsha, 105
Rodas, Maria, 184
Rosen, David, 176
Ross, Michael, 125
Rousseau, Jean-Jacques, 250
Rozin, Paul, 131

S

Sapolsky, Robert, 177
Sartre, Jean-Paul, 128
Schloss, Karen, 206
Schwarz, Norbert, 278
sensação intuitiva de afinidade, 30
Shachar, Ron, 24
Shakespeare, 276
Shankar, Maya, 151
Shimp, Terence, 10
Sirianni, Nancy, 32
Smith, Adam, 145
Sócrates, 116
Sood, Sanjay, 249
Sternberg, Robert, 14
Stilley, Karen, 97
Swaminathan, Vanitha, 31, 89–91, 97

T

telepatia consensual, 280, 294
Thomson, Matthew, 31, 74–76, 99
Toobin, Jeffrey, 128
Torelli, Carlos, 184
Touré-Tillery, Maferima, 49
Townsend, Claudia, 249
Tumbat, Gülnur, 23

U

Urban, Tim, 293

V

Van Boven, Leaf, 107
vínculo, 31, 253–258, 262

W

Wallendorf, Melanie, 275
Walmart, 5
Wang, Xijing, 100
Wan, Jing, 54
Ward, Morgan, 79–81
Watanuki, Shinya, 126
Whelan, Jodie, 31, 77–79
Wilson, Carl, 221
Wilson, E. O., 261
Wilson, Timothy D., 269
Windhager, Sonja, 46
Wozniak, Steve, 7, 23

Y

Ybarra, Oscar, 87–89
Yoon, Carolyn, 266
Young, Larry, 258

Z

Zhang, Ke, 54

Projetos corporativos e edições personalizadas
dentro da sua estratégia de negócio. Já pensou nisso?

Coordenação de Eventos
Viviane Paiva
viviane@altabooks.com.br

Contato Comercial
vendas.corporativas@altabooks.com.br

A Alta Books tem criado experiências incríveis no meio corporativo. Com a crescente implementação da educação corporativa nas empresas, o livro entra como uma importante fonte de conhecimento. Com atendimento personalizado, conseguimos identificar as principais necessidades, e criar uma seleção de livros que podem ser utilizados de diversas maneiras, como por exemplo, para fortalecer relacionamento com suas equipes/ seus clientes. Você já utilizou o livro para alguma ação estratégica na sua empresa?

Entre em contato com nosso time para entender melhor as possibilidades de personalização e incentivo ao desenvolvimento pessoal e profissional.

PUBLIQUE
SEU LIVRO

Publique seu livro com a Alta Books. Para mais informações envie um e-mail para: autoria@altabooks.com.br

 /altabooks   /alta-books   /altabooks   /altabooks   /altabooks

CONHEÇA OUTROS LIVROS DA **ALTA BOOKS**

Todas as imagens são meramente ilustrativas.

 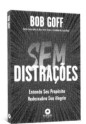

Este livro foi impresso nas oficinas gráficas da Editora Vozes Ltda.,
Rua Frei Luís, 100 – Petrópolis, RJ.